Mikael Henrik von Nauckhoff

Strategische Metalle und Seltenerdmetalle

TITEL DER SIMPLIFIED-BUCHREIHE

www.simplified.de

Mikael Henrik von Nauckhoff

STRATEGISCHE METALLE UND SELTENERD-METALLE

Investieren in Technologie-metalle und Hightech-Metalle: Indium, Wismut, Terbium & Co.

FinanzBuch Verlag

simplified

Satz: HJR, Manfred Zech, Landsberg
Lektorat und Korrektorat: Ulrike Kroneck
Druck: Konrad Triltsch, Ochsenfurt

1. Auflage 2010
© 2010 FinanzBuch Verlag GmbH
Nymphenburger Straße 86
80636 München
Tel. 089 651285-0
Fax 089 652096
info@finanzbuchverlag.de

Den Autor erreichen Sie unter:
vonnauckhoff@finanzbuchverlag.de

Bibliografische Information der Deutschen
Nationalbibliothek: Die Deutsche Nationalbibliothek verzeichnet diese Publikation in
der Deutschen Nationalbibliografie;
detaillierte bibliografische Daten sind im
Internet über **http://d-nb.de** abrufbar.

ISBN: 978-3-89879-610-1

www.finanzbuchverlag.de
Gerne übersenden wir Ihnen unser Verlagsprogramm!

Inhaltsverzeichnis

simplified

DIE SIMPLIFIED-BUCHREIHE
WWW.SIMPLIFIED.DE

EINE ZUSAMMENARBEIT VON FINANZBUCH VERLAG UND INVESTOR VERLAG

Das Vorgängerbuch »Sicher mit Anlagemetallen« widmete ich meiner damals siebenjährigen Enkeltochter Leonie und freute mich auf ihre Freude darüber.

Ihre Rezension aber war ebenso kurz wie schmerzlich:

»Das Buch ist doof, zu wenige Bilder.«

So widme ich nun dieses Buch in der Hoffnung auf ein wenig mehr Dankbarkeit einer anderen jungen Dame, ihrer Mutter. Also:

Für Martina

Vorwort

Indium? Wismut? Terbium? Was ist das denn? Nur Geduld, wir kommen dazu!

Der Vorgängerband dieses Buches erschien zur Frankfurter Buchmesse im Herbst 2009 im gleichen Verlag mit dem Titel *Sicher mit Anlagemetallen* und erfuhr großen Zuspruch.

In dem Buch *Sicher mit Anlagemetallen* beschäftigte ich mich hauptsächlich mit den vier Metallen Gold, Silber, Platin und Palladium, die nicht nur als Rohstoffe in allen denkbaren Formen und Zusammensetzungen für Schmuck und industrielle Anwendungen gehandelt werden, sondern auch als Anlagemetalle mit genormten Standards, nämlich Barren und Münzen, einen eigenen Markt haben.

Diese Anlagemetalle können vom Investor als Derivate, aber auch direkt oder in physisch ihm zugeordneter Form in der Erwartung von Preissteigerungen oder als Inflationsschutz erworben werden. Letzteres galt für alle anderen Metalle nur sehr eingeschränkt, denn wer wollte sich beispielsweise Tonnen von Kupfer in den Keller legen, sichern und später selbst einen Käufer hierfür suchen?

Aber wofür wurde denn dieses Buch über Anlagemetalle geschrieben, kann man fragen. Denn neben den Werken zu dem Thema, die seit Erfindung der Buchdruckerkunst entstanden sind und mittlerweile ganze Bibliotheken füllen – und zu denen auch heutzutage jedes Jahr neue hinzukommen –, gibt es doch fast alle Informationen auch aus dem Internet.

Nun – mir fiel auf, dass gerade die Publikationen fehlten, die nicht nur einzelne Wissensgebiete des gesamten Informationsspektrums mehr oder weniger ausführlich beleuchteten, sondern kurz gefasst die verschiedenen Aspekte für den Laien – oder besser gesagt für den Nicht-ganzfachmann – verständlich und auf einen Blick beschreiben. Hierzu gehören neben den Informationen zu Finanzanlagen eben auch Biographien, Geschichte und Geschichten, ein wenig Chemie, Physik, Anwendungen und auch einige persönliche Anmerkungen mit aktuellem Bezug.

Zum besseren Verständnis habe ich damals auch ein Blick über den Rand des Tellers geworfen – also ein Blick über die vier Anlagemetalle hinaus und habe auch die anderen Metalle und ihre Märkte zum Vergleich – je nach Metallgruppe – mehr oder weniger ausführlich erklärt. Wichtig war mir die Erkenntnis und die daraus folgende kritische Einschätzung vieler Finanzangebote, dass insbesondere in der heutigen Zeit mit ihrer hoffentlich bald überwundenen Finanz- und Eurokrise und ihren Folgen findige und auch windige Leute verunsicherten Privatinvestoren alle möglichen neue Anlageformen vermitteln wollen. Dies gilt auch für das Umfeld der in dem Buch *Sicher mit Anlagemetallen* und der in dem hier vorliegenden Buch *Strategische Metalle und Seltenerdmetalle. Investieren in Technologiemetalle und Hightech-Metalle Indium, Wismut, Terbium & Co.* besprochenen Metalle.

Die beiden Bücher wurden gezielt zur Buchmesse in Frankfurt im Herbst 2009 und nun im Herbst 2010 vorgestellt, denn die Anlageform »Physische Metalle« wurde gerade in diesen beiden Jahren – bedingt durch die Finanz- und Eurokrise – in allen einschlägigen Medien intensiv diskutiert, zunächst naturgemäß für die traditionelle Möglichkeit »Anlagemetalle«. Das Buch *Sicher mit Anlagemetallen* geht bereits in angemessenem Ausmaß auf die Finanzkrise 2008/2009 ein. Der Eurokrise 2010 widme ich mich in den Kapiteln 1 »Einleitung, Grundlagen« und 3 »Märkte, Börsen, China«.

Im Rahmen dieser Themen erlaube ich mir durchaus auch einige kleine Ausflüge mit persönlichen Anmerkungen, die Sie teilen können oder auch nicht. Der Erfolg des Buches *Sicher mit Anlagemetallen* gibt mir auch in dieser Beziehung recht und deshalb möchte ich mich an dieser

Stelle noch einmal bei allen Verfassern ganz herzlich für die vielen ausschließlich positiven Rezensionen und Kommentare bedanken.

Als logische Fortsetzung stelle ich Ihnen in diesem Buch ausführlich die »Strategischen Metalle« und die »Metalle der Seltenen Erden« vor, die viel schneller als erwartet auch für die Finanzwelt interessant geworden sind. Zusammengefasst werden sie oft auch treffend »Technologiemetalle« oder »Hightech-Metalle« genannt. Da die in der Öffentlichkeit bekannteren die Strategischen Metalle bzw. Sondermetalle sind, habe ich diese auch »Technologiemetalle I« und die erst neuerdings bekannter werdenden Metalle der Seltenen Erden »Technologiemetalle II« genannt.

Zu Beginn jedoch gehe ich der Vollständigkeit halber und zum Vergleich noch einmal kurz auf die Anlage-, Industrie- und Alkalimetalle ein.

Technologiemetalle? Strategische Metalle? Seltene Erden Metalle?

Was ist das und warum gerade diese? … werden Sie fragen.

Weckruf United Nations
In einer Meldung der Nachrichtenagentur Reuters vom Mai 2010 hat die UNEP (United Nations Environmental Program) dringend angemahnt, mehr Technologiemetalle zu recyceln, weil ansonsten in zwei bis drei Dekaden der Bedarf nicht mehr gedeckt werden könne. Gefährdet sei die Versorgung generell, insbesondere aber für die Metalle Indium, Neodym und Gallium. In dem Report wird als Beispiel für eine zunehmende Verwendung von Technologiemetallen auch eine Information von Intel angeführt, dass die Verwendung unterschiedlicher Metalle in Computerchips von elf im Jahr 1980 auf sechzig in 2010 angestiegen sei.

Und was sagt die Finanzwelt dazu?
Lassen Sie mich an dieser Stelle Jim Rogers zitieren, der mit George Soros in den Siebziger Jahren des letzten Jahrhunderts einen Fonds managte, der 4 200 Prozent Rendite brachte, während der S & P 500 Index »nur« beachtliche 50 % schaffte. 1988, als die meisten Wall Street-Strategen mit den bekannten Folgen auf den Internethype setzten, legte er dem Zeitgeist entgegen einen Rohstoff-Fonds auf, genau zum richtigen Zeitpunkt.

Jim Rogers, der ein an der Börse in Singapur notiertes Seltene-Erden-Unternehmen besitzt, befand kürzlich sinngemäß:

> *»Wenn sich die Weltwirtschaft erholt, muss sie Rohstoffe haben. Wenn sie sich nicht erholt, muss sie trotzdem Rohstoffe haben, weil sie knapp werden. So einfach ist das.«*

Börsenexperten jedenfalls sehen in den Technologiemetallen den nächsten großen Bullenmarkt, obwohl die Metalle selbst nicht wie die Industriemetalle an Börsen gehandelt werden. Gehandelt werden aber die Aktien von Minen und Produzenten und man kann sie physisch oder als Derivate erwerben.

Fazit

Sie sehen also, dass sich die Beschäftigung mit Technologiemetallen oder Hightech-Metallen lohnt. Die Entwicklung in den nächsten Jahren wird in jedem Fall spannend und zwar nicht nur bezogen auf die Preise, sondern auch in Bezug auf die politischen Entwicklungen.

Mehr zu allen Themen erfahren Sie in den folgenden Kapiteln dieses Buches. Einige Textpassagen sind, wo es sinnvoll war, abgeändert und gekürzt aus dem Buch »Sicher mit Anlagemetallen« übernommen.

Ich hoffe auf Ihr wohlwollendes Interesse!

Danksagung

Für ihre Unterstützung danke ich:

(In alphabetischer Reihenfolge)

Herr Dr. Joachim Berlenbach, Earth Resource Investment Group, Zug, Schweiz

Herr Dr. Thomas Gutschlag, Vorstand Deutsche Rohstoff AG, Heidelberg

Herr Dirk Müller, Geschäftsführender Gesellschafter, Finanzethos UG (haftungsbeschränkt), Reilingen

Herr Matthias Rüth, Geschäftsführender Gesellschafter, Tradium GmbH, Frankfurt am Main

Frau Cordula Sauerland, Markt-Daten.de, Hamburg

Herr Dipl. rer.oec. Bernd Walleczek, Geschäftsführender Gesellschafter, Multi-Invest GmbH, Frankfurt am Main

Die Abbildungen der Metalle wurden zur Verfügung gestellt von:

http://de.wikipedia.org/wiki
http://commons.wikipedia.org/wiki
http://jumk.de/mein-pse/

1   Einleitung, Grundlagen

Im Vorwort des erwähnten Buches *Sicher mit Anlagemetallen* ging es hauptsächlich um Gold, Silber, Platin und Palladium. Als das Buch verfasst wurde, war es bereits möglich, einige der sogenannten Strategischen Metalle, auch Sondermetalle genannt, in physischer Form zu erwerben und lagern zu lassen oder in Fonds und Derivate zu investieren, die diese Metalle beinhalten. Deshalb wurde in dem Buch auch diese Metallgruppe in Kurzform aufgenommen und von den 28 Metallen neun hierfür infrage kommende etwas näher beschrieben.

Hingegen wurden die 17 Metalle der Seltenen Erden auf weniger als zwei Seiten nur aufgelistet und kurz erklärt. Zwei Sätze aus dem Kapitel möchte ich hier zitieren:

>*»Die Liste der Anwendungen der Seltenerdmetalle ist lang, leider würden weitere Einzelheiten den Rahmen dieses Buches sprengen.«*

und

>*»Die Seltenerdmetalle werden zurzeit noch kaum als Anlagemöglichkeit diskutiert, das kann sich in Zukunft durchaus ändern. Im Moment wollen wir es dabei belassen.«*

Das hat sich nun, viel schneller als erwartet, geändert. Unter anderem bedingt durch die Finanzkrise 2008/2009 rücken Rohstoffe allgemein und speziell Energieträger und Metalle mehr in den Fokus auch privater Investoren, die sich bislang hauptsächlich mit Aktien, Aktienfonds und anderen Finanzinstrumenten aus der Welt der Industrie, der Medien und der Banken beschäftigt haben.

Deshalb habe ich mich Anfang des Jahres 2010 entschlossen, ein Buch über die beiden Metallgruppen zu schreiben, die zusammengefasst auch

Technologiemetalle oder Hightech-Metalle genannt werden. Die Euro-krise war zu der Zeit noch kein Thema, verleiht dem Buch aber nun zu-sätzlich eine besondere Aktualität.

Die Eurokrise

Im Band »Sicher mit Anlagemetallen« bin ich 2009 kurz auf die damalige Finanzkrise und ihre Ursachen eingegangen, weil diese meiner Meinung nach durchaus auch etwas mit dem Thema des Buches zu tun hatte. Das wurde so positiv aufgenommen, dass ich das für die derzeitige Situation in 2010 gerne wiederhole. Denn auch diese neue, wenn auch anders ge-lagerte Finanzkrise hat in Bezug auf die Wirtschaftskraft Europas und den Wert Euro gegen Dollar und Yuan selbstverständlich mit dem Thema dieses Buches zu tun. Die beiden Krisen sind auch durch die weltweite Verstrickung großer Finanzinstitutionen eng miteinander verwandt und wieder erweist sich als Problem, dass die Finanzspekulationen in ihrer Größenordnung nichts mehr mit der von Handel mit Gütern, also auch Metallen, und Dienstleistungen zu tun haben.

Das Welt-Bruttoinlandsprodukt (BIP) lag vor Ausbruch der Finanzkrise bei ca. 60 Billionen US-Dollar, das Handelsvolumen an den Finanzmärk-ten dagegen lag bei – und jetzt halten Sie sich bitte fest – 4,4 Trillionen US-Dollar, ein Viertel hiervon gehandelt an den Devisenmärkten. Das sind 4,4 Millionen Milliarden US-Dollar, das 73-Fache des Welt-BIPs!

Lassen wir aber die Finanzkrise von 2009 noch einmal kurz Revue pas-sieren:

Ihren Ursprung hatte sie im amerikanischen sogenannten »Subprime«-Markt. Wie der Name schon sagt, handelte es sich hierbei um Kredite, hauptsächlich Hypothekenkredite, die an Schuldner mit nicht erstklassi-ger Bonität zu variablen, damals niedrigen Zinssätzen vergeben wurden in der Annahme, dass der Wert der Immobilien steigen würde und somit die Kredite besichert bleiben. Diese Rechnung ging nicht auf, die Zinsen stiegen, die Kredite konnten nicht mehr bedient werden und durch im-mer mehr Zwangsversteigerungen fielen die Immobilienpreise.

Eine weltweite Kettenreaktion erfolgte, weil die Kredite eingebunden wurden in Wertpapierpakete, die zwar weltweit gehandelt, aber auch von Banken, in Deutschland insbesondere von Landesbanken mangels qualifizierter Manager, nicht verstanden wurden. Die Aktienkurse brachen drastisch ein.

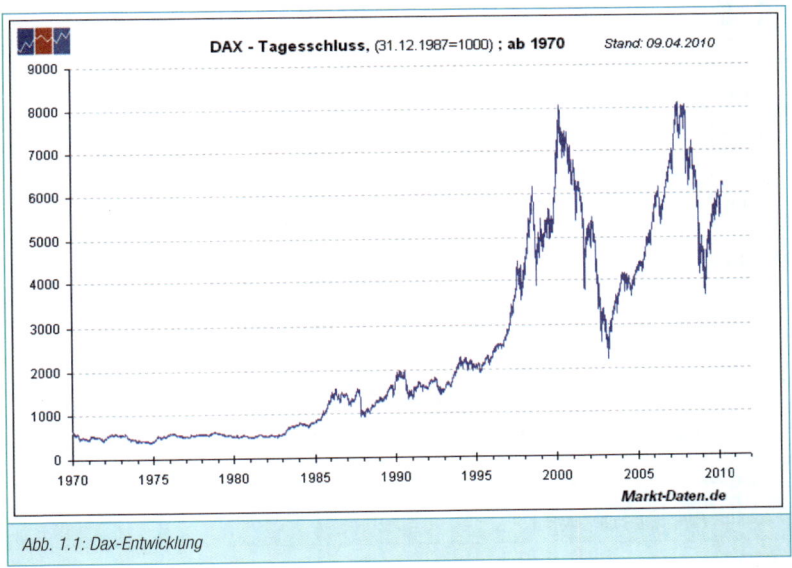

Abb. 1.1: Dax-Entwicklung

Das Ausmaß war, von der Politik wissentlich oder unwissentlich verdrängt, gewaltig – mit der Folge, dass Banken in Schwierigkeiten gerieten und sogar eine der bedeutendsten Banken, Lehman Brothers, trotz heftiger Verhandlungen mit der amerikanischen Regierung im September 2008 fallen gelassen und insolvent wurde. Bereits vorher waren die beiden größten amerikanischen Hypothekenbanken Fannie Mae und Freddie Mac zahlungsunfähig geworden und überlebten nur durch staatliche Unterstützung von bisher jeweils über 50 Milliarden US-Dollar.

Es folgte eine weltweite Kettenreaktion und bis jetzt, 2010, ist noch völlig unklar, wann wieder »normale« Verhältnisse einkehren werden, wie auch immer man diese definieren mag. Immerhin gibt es schon wieder neue

Börsengänge von Unternehmen und die Aktienkurse haben sich bis zum Beginn der Griechenlandinterventionen langsam wieder nach oben bewegt. Die Beobachtung aktueller Nachrichten für die Bewertungen in diesem Buch endet im Mai 2010.

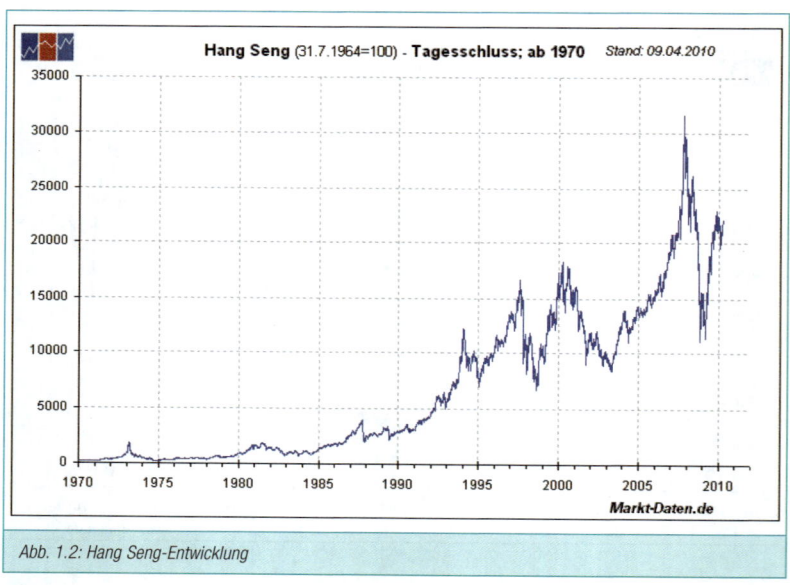

Abb. 1.2: Hang Seng-Entwicklung

Es gibt auch andere messbare Erholungen, aber die Bundesregierung musste dennoch eine weitere Kreditaufnahme in Höhe von 80 Milliarden Euro beschließen, um den Staatshaushalt 2010 zu finanzieren. Jeder vierte Euro dieses 320 Milliarden Euro großen Haushalts besteht somit aus neuen Schulden.

Der Schuldenstand der Bundesrepublik Deutschland beträgt 2010 bereits fast 1,7 Billionen oder 1 700 Milliarden Euro, das sind pro Kopf fast 21 Tsd. Euro! Als in Maastricht die Konvergenzkriterien zur Einführung des Euro beschlossen wurden, war schon klar, dass diese nicht eingehalten werden können, auch in Deutschland nicht. Es gibt nämlich ein wunderschönes kleines Schlupfloch, versteckt in einem Absatz, der da sinngemäß lautet: Bei besonderen Situationen müssen die Kriterien nicht eingehalten werden. Das kann natürlich alles bedeuten, von Naturkatastrophen über Nachwehen von Wiedervereinigungen bis hin zu Regierungswechseln oder einer »Störung des gesamtwirtschaftlichen Gleichgewichts« wie Anfang des Jahrhunderts von Bundeskanzler Gerhard Fritz Kurt Schröder verkündet.

Mitten in der großen Krise, im Mai 2010, wurde Estland in die Euro-Zone aufgenommen. Das kleine Land mit gerade einmal 1,3 Millionen Einwohnern ist das einzige, das die Maastrichtkriterien zurzeit erfüllt. Die EZB bleibt aber skeptisch.

Dabei steht Deutschland im Vergleich zu anderen Ländern gar nicht einmal allzu schlecht da. Am 7. Mai 2010 wurde von Bundestag und Bundesrat beschlossen, zusammen mit anderen Euro-Ländern, dem IWF (Internationaler Währungsfonds) und der EZB (Europäische Zentralbank) dem von Zahlungsunfähigkeit bedrohten Griechenland zu helfen, auf gut deutsch »Bailout« genannt. Es besteht berechtigte Sorge, dass weitere Länder wie Italien, Spanien, Portugal – also »alte« südliche Euro-Länder vor der Osterweiterung – mit ähnlichen Problemen folgen könnten. Noch weiß niemand genau, wo die Reise hingeht, belastbare Zahlen stehen nicht zur Verfügung. Der Euro stürzte ab und durch die geforderten drastischen Sparmaßnahmen durch die griechische Regierung in Griechenland kam es zu Unruhen mit Toten.

Noch nie zuvor habe ich Politiker, weil noch ahnungs- und hilfloser als sonst, mit so ratlosen Gesichtern ihre wie immer mehr oder weniger inhaltslosen Textbausteine absondern sehen, aber was viel schlimmer ist: Namhafte Wirtschaftsexperten, auch EZB-Chef Jean-Claude Trichet und Bundesbankpräsident Axel Weber sind völlig unterschiedlicher Meinung, was die Rettungsmaßnahmen und die Zukunft des Euro angeht. Einen solchen Fall gab es weltweit noch nie, Trichet spricht von der vielleicht schwierigsten Währungskrise seit dem Ersten Weltkrieg, und dazwischen lagen immerhin zwei schwere Inflationen.

Wie auch immer: Am 9. Mai, in der Nacht von Sonntag auf Montag vor Öffnung der Börsen in Asien beschlossen die EU-Finanzminister in einer dramatischen Krisensitzung einen Rettungsschirm in Höhe von insgesamt 750 Milliarden Euro. Der finnische EU-Kommissar Olli Rehn, zuständig für Wirtschaft und Währung, meinte hierzu in erschreckender Offenheit: »Das zeigt, dass wir den Euro verteidigen werden, koste es, was es wolle.« Und genau davor haben jetzt alle Angst, auch der ehemalige Bundesbankchef Hilmar Kopper: »Dieser Satz ist hochgefährlich. Der Markt könnte ihn testen wollen.« Sogar die simple Einschätzung des Deutsche Bank Chefs Josef Ackermann in einem Interview, dass Griechenland die aufgezwungenen Sparpläne nicht werde durchhalten können, sorgte für Aufregung und musste als Grund für einen fallenden Euro tags darauf herhalten. Dabei wird zumindest diese Einschätzung von jedem geteilt, der ein wenig rechnen kann.

Auf Betreiben der Bundesregierung soll Axel Weber nächstes Jahr neuer EZB-Präsident werden, was das Handelsblatt so kommentierte: »Wenn Weber der Sprung an die Spitze der EZB tatsächlich gelänge, wäre er der zweitwichtigste Deutsche in einem internationalen Gremium. Vor ihm stünde nur noch der Papst.«

Abb. 1.3: EURUSD

Im hier abgebildeten Chart EURUSD ist die letzte rote Kerze der Mai 2010. Ab Juli 2008 fiel der Euro, stieg ab Anfang 2009 wieder und fiel ab Beginn 2010 seit Bekanntwerden des Ausmaßes der Griechenlandschulden.

Weiter oben wurde der Begriff »Kettenreaktion« genannt. Am Tag des Bundestags- und Bundesratsbeschluss, dem 7. Mai, einem Freitag, kamen in den USA wegen der Situation in Griechenland Panik auf und die Angst vor einem weiteren »Schwarzen Freitag« wuchs, nachdem innerhalb von Minuten der Dow Jones um 10 % abstürzte (Kerze Mitte).

Abb. 1.4: Dow Jones

Grund soll aber eine Kettenreaktion, ausgelöst durch die heutigen schnellen Computer gewesen sein, weil angeblich ein Händler »B« und »M«, die nur durch das »N« auf der Tastatur getrennt nebeneinanderliegen, verwechselt haben soll. Anstatt mit Millionen handelte er mit Milliarden Dollar, im amerikanischen also »Billion« statt »Million«. Schöne Geschichte, ob sie auch stimmt? Die Situation erholte sich zwar schnell wieder, hatte aber zunächst Auswirkungen auf alle Börsen weltweit. Jetzt will man Vorkehrungen treffen, damit sich das nicht wiederholen kann.

Einer der Gründe für die Probleme ganzer Volkswirtschaften sind den Wirtschaftsnachrichten zufolge die Credit Default Swaps (CDS), Kreditderivate, die ursprünglich dazu gedacht waren, Ausfallrisiken von Krediten, Anleihen oder Insolvenzen abzusichern. Da sie aber auch unabhängig davon eintreten, ob einem Sicherungsnehmer ein Schaden entsteht, kann man sie als Derivat handeln und damit Long- bzw. Shortpositionen eingehen. Man kann also letztlich darauf wetten, ob ein Schuldner, also auch ein Land mit seinen Staatsanleihen, Probleme bekommt oder nicht. Es sind OTC (Over-the-counter), also außerbörslich gehandelte Geschäfte. Ein Swap ist nichts anderes als ein Tausch; die bekanntesten sind Währungs- und Zinsswaps als übliche Finanzinstrumente.

Einer der Wetter gegen den Euro, John Taylor, Chef des weltgrößten Devisen-Hedgefonds FX Concepts, glaubt nicht an die Euro-Rettung und wird zitiert mit den Worten:

> »Der Euro ist wie ein Huhn, dem der Kopf abgeschlagen wurde. Das Tier rennt noch Minuten kopflos umher, bis es einknickt und stirbt. Der Euro befindet sich in diesem Stadium.”

Das eigentliche Problem sind die gehebelten Spekulationen, bei denen man mit wenig Einsatz viel Geld bewegen kann. Die Größenordnungen der Spekulationen weltweit kennt niemand genau, es sind viele Billionen Euro bzw. Dollar. Schuld an der Eurokrise sind aber nicht die Spekulanten; sie versuchen nur, vorgefundene Situationen völlig legal zu nutzen und davon zu profitieren. Und das tun wir doch alle jeden Tag in jedem Lebensbereich! Oder denken Sie beim Einkauf an das Wohl von Arbeitssklaven in Entwicklungsländern, wenn Sie Preise vergleichen und das günstigste Angebot nehmen?

Das kann man nicht vergleichen? Doch, kann man, weil nun mal jeder zunächst nur an sich denkt, im Kleinen wie im Großen.

Schon der »normale« Forexhandel für das Währungspaar Euro/US-Dollar (EURUSD) beträgt ca. 2 Billionen Dollar pro Tag und gemeint ist hier wirklich die deutsche Billion gleich 1 000 Milliarden, nicht die amerikanische Billion gleich 1 Milliarde!

Es wird aber nicht nur spekuliert, sondern es werden auch Wechselkursschwankungen für internationale Geschäfte abgesichert, Hedging genannt. Nachteil dieses Instruments ist wiederum eine Aufblähung von Finanzmärkten ohne reale Gegenleistung von Gütern oder Dienstleistungen.

Vergleiche hinken und folgendes Szenario ist nur deshalb nicht möglich, weil Versicherungen verlieren würden. Aber stellen Sie sich einmal vor, nicht nur Sie hätten für Ihr Haus eine Brandversicherung abgeschlossen, sondern auch Ihre Nachbarn, aber für Ihr Haus wohlgemerkt. Die Nachbarn wetten also darauf, dass Ihr Haus abbrennt. Und jetzt raten Sie einmal, was wahrscheinlich irgendwann passieren wird?

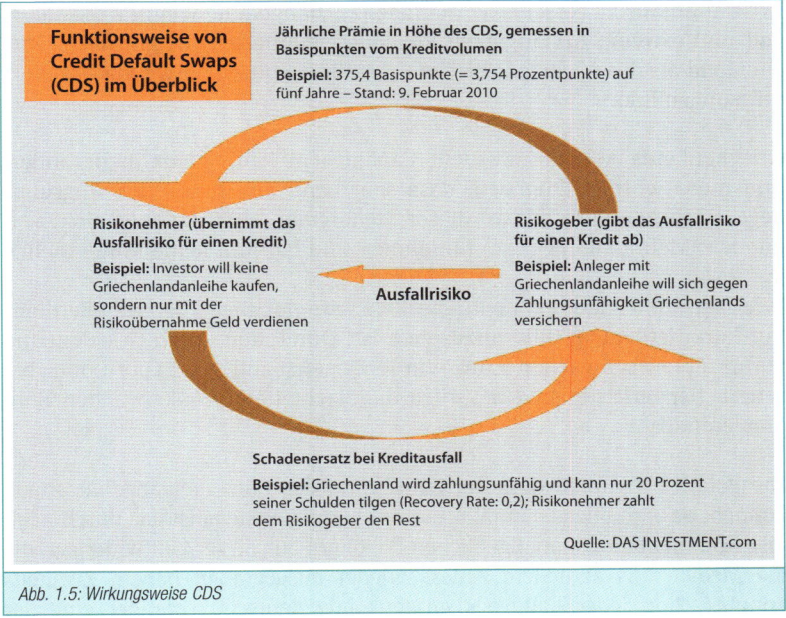

Abb. 1.5: Wirkungsweise CDS

Die genannten Länder gehen nach außen sehr unterschiedlich mit ihrer Finanzsituation um.

Bella Italia zeigt wie gewohnt einen gesunden Fatalismus. Ministerpräsident Silvio Berlusconi setzt auf anhaltenden Optimismus und handelt so, als ob es die Krise gar nicht gibt.

Spaniens Ministerpräsident Zapatero bezeichnet Spekulationen um Finanzhilfen als lächerlich, unbegründet und irrsinnig. Dabei erlebt Spanien zurzeit eine ähnliche »Subprime«-Hypothekenkrise wie die USA, wenn auch nicht in vergleichbarer Größenordnung. Durch allzu optimistische Fehlplanungen sind ganze neu gebaute Siedlungen zu Geisterstädten verkommen. Die zur Kreditbesicherung abgetretenen Grundstücke sind nichts mehr wert, Banken droht wieder einmal die Insolvenz.

In Portugal haben sich die ohnehin vorhandenen Probleme durch die Krise dramatisch verschärft: Ineffizienz, mangelnde Wettbewerbsfähigkeit und extreme Abhängigkeit von Energieimporten. Es gilt nach Griechenland als das nächste kritische Land für eventuell notwendige weitere Stützungshilfen.

Griechenlands Ministerpräsident Papandreou kann nicht mehr anders und muss wörtlich zugeben, dass sein Land am Rande des Abgrunds liegt. (Und ich kann mir an dieser Stelle einen alten Kalauer nicht verkneifen: Mein Land liegt am Mittelmeer und hat nun keine Mittel mehr).

Wie fast immer gibt es auch eine Kehrseite der Medaille, die allerdings nur kurzfristig als positiv anzusehen ist: Durch den durch Griechenland verursachten schwachen Euro wurde Deutschland ein Exportboom beschert. Längerfristig sind natürlich die Nachteile eines schwachen Euro gravierender.

Die Politik behauptet, dass bei Einführung des Euro niemand hat ahnen können, dass so etwas einmal passieren könnte. Erstens ist das durch zahllose Kommentare von maßgeblichen Politikern aus dieser Zeit widerlegt, die die Medien aus aktuellem Anlass wieder ausgegraben haben. Zweitens konnte schon jeder halbwegs mitdenkende deutsche Urlauber eine der Hauptursachen in diesen Ländern erkennen, sofern er nicht nur Sand, Wasser und Hotel sah – nämlich die mentalitätsbedingte, uralte Korruptionsproblematik. Gerne verzichtet der Deutsche auch auf eine Quittung zugunsten niedriger Preise, weist dann aber ebenso gerne mit Entrüstung auf den steuerausfallbedingten maroden Staatshaushalt seines Urlaubslandes hin.

Irgendwo habe ich einmal die schöne Bemerkung gelesen, dass der Euro ohne die deutschen Exporte ohnehin schon den Fischen im Mittelmeer Gesellschaft leisten würde (Ich weiß, dass Portugal nicht am Mittelmeer liegt).

Wenn wir schon bei Tieren sind: Schon den Begriff PIGS (engl. für Schweine) gehört? So werden aus obigen Gründen in Finanzkreisen neuerdings die Länder Portugal, Italien, Griechenland, Spanien zusammengefasst. Gemein, oder? In Italien steht das »I« in PIGS natürlich für Irland, das ähnliche Probleme hat.

Zur Ehrenrettung dieser Mentalitäten, die wir ja auch in Teilen lieben, muss man wissen, dass das, was wir Korruption nennen, in den Ländern als solche gar nicht wahrgenommen wird. Das geringste Volumen macht dabei noch die direkte Bestechung zur Erlangung von Aufträgen aus, wie es der Öffentlichkeit in den Medien gerne als Hauptproblem dargestellt wird. Es ist einfach selbstverständlich, für eine zu erbringende Leistung, auch durch eine Behörde, mit einer kleinen oder auch großen persönlichen Gegenleistung zu danken. Spätestens durch unsere aufklärerischen Medien wissen wir heute, dass das in Griechenland φακελάκι, Fakelaki, auf Deutsch »Kleiner Umschlag«, heißt.

»Schmiergeld« ist ein hässliches Wort. Und so bezeichnen deutsche Unternehmen solche finanziellen Gegenleistungen intern oft ebenso schlicht wie treffend als MZ (Meinungsbildende Zuwendungen). Bis 1999 waren sie als Position »Nützliche Abgaben«, kurz NA genannt, sogar steuerlich absetzbar. Diese Regelung war insbesondere für viele Länder außerhalb Europas auch vernünftig. Man wollte dem Umstand Rechnung tragen, dass dort ohne Zuwendungen, meist getarnt als Gebühren, Abgaben, Nutzungsrechte, Provisionen, Mieten, soziale Hilfen, Unterstützung von Organisationen etc. gar nichts geht. Firmen können bei größeren Projekten, insbesondere bei deren Abwicklung, oft nur vermuten, welche Ausgaben im Lande letztlich versteckter Korruption dienen und wer alles die Hand aufhält, ja aufhalten muss, weil viele Amtsträger in zerlumpten Uniformen so gut wie kein regelmäßiges Gehalt beziehen und deren Einkommen, von oft despotischen Regimes durchaus so gewollt, von ausländischen Firmen über inländische Umwege quasi übernommen wird.

Dies ändern zu wollen, ist lobenswert, es zu können, eine Illusion.

Das alles trifft in unserem vergleichsweise reichen Europa nicht zu, korrumpiert wird dennoch. Allein in Brüssel stehen einem Verbraucherschützer einhundert Lobbyisten aus der Industrie mit entsprechender Macht in den EU-Gremien gegenüber. Dies anzuprangern, ist konsequent und richtig, verhindern können wird man es weder in den oben genannten Ländern noch sonst wo.

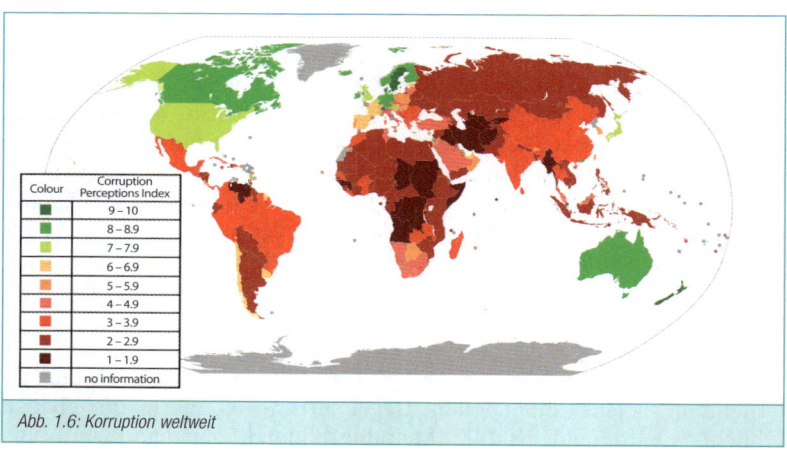

Colour	Corruption Perceptions Index
	9 – 10
	8 – 8.9
	7 – 7.9
	6 – 6.9
	5 – 5.9
	4 – 4.9
	3 – 3.9
	2 – 2.9
	1 – 1.9
	no information

Abb. 1.6: Korruption weltweit

Und Deutschland? Ist massiver von Korruption in allen Bereichen betroffen als wir alle denken. Einer, der es wissen muss, der Publizist Uwe Dolata, Kriminalhauptkommissar, Korruptionsexperte im Bund Deutscher Kriminalbeamter und Lehrbeauftragter für Anti-Korruptionsstrategien an der Fachhochschule Würzburg, beschreibt in Büchern und Publikationen erschreckende Zustände in Politik, Amtsstuben und Unternehmen. Betroffen sind alle Bereiche, nicht nur das in Medien immer wieder gerne genannte Gesundheitswesen oder der Rüstungs- und Baubereich.

Und selbst wenn Parteispenden von Unternehmen nicht direkt an Gegenleistungen gebunden sein sollten, wozu sollen sie denn wohl gut sein? Auch Lobbyarbeit und Verbindungen zwischen Abgeordneten und Konzernen sind allgegenwärtig. Die Korruption erfolgt oft nicht durch direkte und eventuell nachvollziehbare Bestechung, sondern durch die Zusicherung lukrativer Positionen, von Mandaten oder »Beratungsverträgen«, auch wenn die Leute eigentlich keinen blassen Schimmer von der Branche haben.

Zurück zum Euro:

Der Euro wurde 1999 als Buchgeld und 2002 als Bargeld eingeführt; der Vorgänger bestand aber schon seit 1972 als Verrechnungseinheit ECU (European Currency Unit), der die Währungen der bis dahin noch zur EG gehörenden Länder nivellierte.

Es wurde bereits gefordert, Deutschland möge seine Exporte zugunsten der anderen Länder zurückfahren. Mal ganz abgesehen von der schwierigen rechtlichen Umsetzung: Nach Aufgabe der starken D-Mark zugunsten des Euro wäre die Aufgabe des Status als stärkste europäische Exportnation bereits die zweite Kröte, die Deutschland wegen der Schwäche anderer europäischer Volkswirtschaften schlucken müsste.

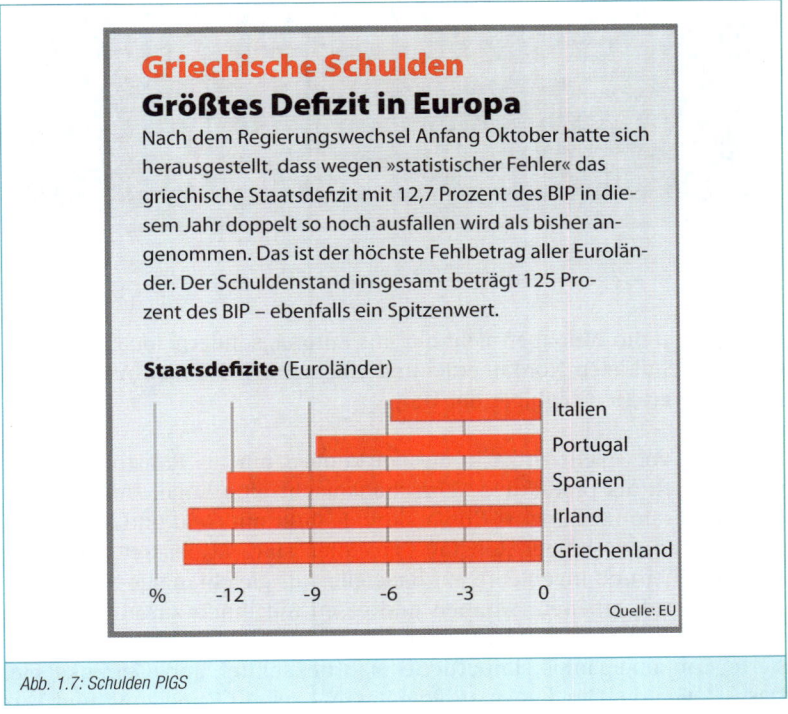

Abb. 1.7: Schulden PIGS

Gesamtschulden der EU-Länder (in % des BIP)			
Maastricht-Grenzwert: 60	2007	2008	2009 * TEILWEISE GESCHÄTZT
Belgien	84,2	89,8	97,2
Bulgarien	18,2	14,1	15,1
Dänemark	26,8	33,5	33,7
Deutschland	65,0	65,9	73,1
Estland	3,8	4,6	7,4
Finnland	35,2	34,1	41,3
Frankreich	63,8	67,4	76,1
Griechenland	95,6	99,2	112,6
Grossbritannien	44,2	52,0	68,6
Irland	25,1	44,1	65,8
Italien	103,5	105,8	114,6
Lettland	9,0	19,5	33,2
Litauen	16,9	15,6	29,9
Luxemburg	6,6	13,5	15,0
Malta	62,0	63,8	68,5
Niederlande	45,5	58,2	59,8
Österreich	59,5	62,6	69,1
Polen	45,0	47,2	51,7
Portugal	63,6	66,3	77,4
Rumänien	12,6	13,6	21,8
Schweden	40,5	38,0	42,1
Slowakei	29,3	27,7	34,6
Slowenien	23,3	22,5	35,1
Spanien	36,1	39,7	54,3
Tschechien	29,0	30,0	36,5
Ungarn	65,9	72,9	79,1
Zypern	58,3	48,4	53,2
Quelle: EU-Kommission/Eurostat]			tagesschau.de®

Abb. 1.8: Schulden in Europa

Nun besteht die Welt aber nicht nur aus Europa, sondern auch aus einem hoch verschuldeten Nordamerika und einem aufstrebenden Asien. So ist China der größte Gläubiger der USA.

Nach wie vor spielt Afrika in diesem Kontext nur als Rohstofflieferant, nicht jedoch als produktive Wirtschaftsmacht eine Rolle. Und auch in diesem Zusammenhang ist China aktiv. Es hilft mit Geld und Infrastrukturprojekten, wo immer Rohstoffe zu holen sind. Dabei treten chinesische Arbeiter und Ingenieure auf Baustellen als gleichrangige Partner der Afrikaner auf, arbeiten, wohnen und essen mit ihnen zusammen ohne die bei Europäern und Amerikanern normalen Extrawürste wie klimatisierte Containercamps, importierte Nahrungsmittel und Getränke etc. Das – sowie die Geschenke an Potentaten – schafft Zuneigung und Vertrauen solange, bis das Ziel, der Aufkauf von Minen und Rohstoffressourcen, erreicht ist. Dann allerdings ist die Gleichheit vorbei und man ist wieder unter sich.

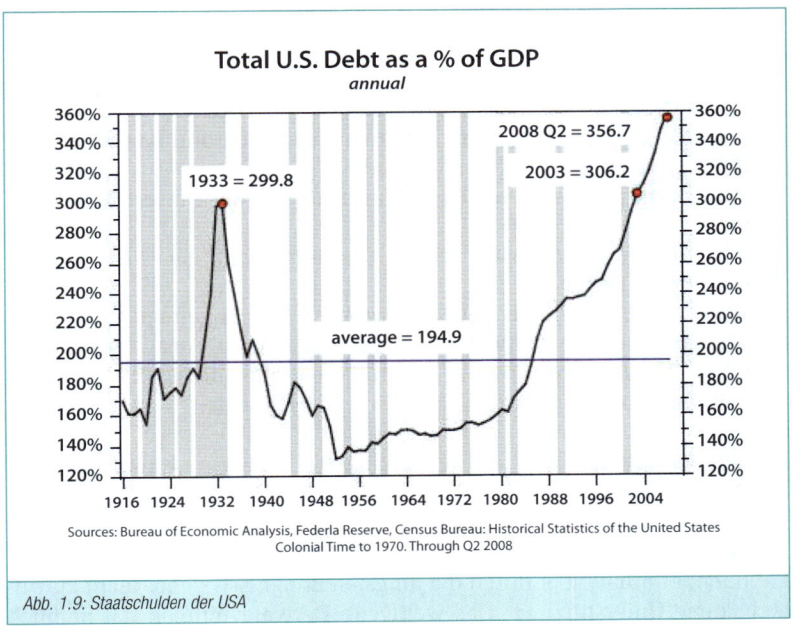

Total U.S. Debt as a % of GDP
annual

2008 Q2 = 356.7

2003 = 306.2

1933 = 299.8

average = 194.9

Sources: Bureau of Economic Analysis, Federla Reserve, Census Bureau: Historical Statistics of the United States Colonial Time to 1970. Through Q2 2008

Abb. 1.9: Staatschulden der USA

Auch der größte Teil Südamerikas wird noch lange Zeit Probleme haben, bevor sich dort eine Industrienation etabliert haben wird. Der BRIC-Staat Brasilien ist zumindest auf dem Weg dorthin. Unter BRIC-Staaten werden zusammengefasst die wirtschaftlich aufstrebenden Länder Brasilien, Russland, Indien, China; manchmal auch erweitert um Südkorea als BRICK-Staaten. Das alles lässt sich auch sehr schön an der Luftverkehrsgrafik auf Seite 43 erkennen.

Bisher haben wir uns ausschließlich mit Europa, Asien und USA beschäftigt. Aber was ist eigentlich mit Russland, dem mit Abstand flächengrößten Land der Erde? Hierzu werden Sie im Kapitel 3 »Märkte, Börsen und China« einige Überlegungen finden.

Die Situation speziell für die wirtschaftliche Konstellation Europa/USA/
Asien ist relativ neu und wirft für unser Land Fragen auf:

> Was kommt eigentlich auf uns zu?
> Was wird aus dem bisher so stabilen Euro?
> Wie können unsere horrenden Schulden zurückgefahren werden,
  außer durch eine große Inflation?
> Könnte dieser nicht sogar eine Deflation vorangehen, weil weltweit
  Regierungen sparen müssen, Löhne nicht steigen und Banken bei der
  Kreditvergabe zurückhaltender sind?
> Was sind dann »sichere« Geldanlagen mit festen Zinserträgen noch
  wert?
> Was wird aus den klassischen Altersvorsorgen einschließlich der
  staatlichen Renten?
> Was hat die Politik aus der Krise gelernt? Anders gefragt:
> Wie lässt sich die weltweite Zockerei weniger, die Auswirkungen auf
  ganze Volkswirtschaften hat, kontrollieren, ohne die notwendige Freiheit von Marktwirtschaft allzu sehr zu beschneiden?

Fragen über Fragen, die zu Recht künftige Anlageentscheidungen er-
schweren.

Der Rat zu einer Flucht in Sachwerte ist so alt wie die Geschichte der Inflationen, er erhält aber durch die jüngsten Ereignisse sicher nicht zu Unrecht neue Unterstützung. Das weltweite Derivatevolumen hat nämlich
bereits erschreckende Ausmaße erreicht, wie die Abb. 1.10 zeigt.

Sicher nicht falsch ist beispielsweise der Rat, mit den zurzeit niedrigen
Hypothekenzinsen in eigene Immobilien (natürlich in die richtigen: Lage,
Lage, Lage!) zu investieren, wenn eine kommende Inflation das Darlehen
ohne eigenes Zutun zumindest teilweise »bezahlt«. Aber was passiert
nach der Zinsbindungsfrist? Was bei Arbeitslosigkeit? Ist die Hütte zu
vermieten, wenn man wegziehen muss?

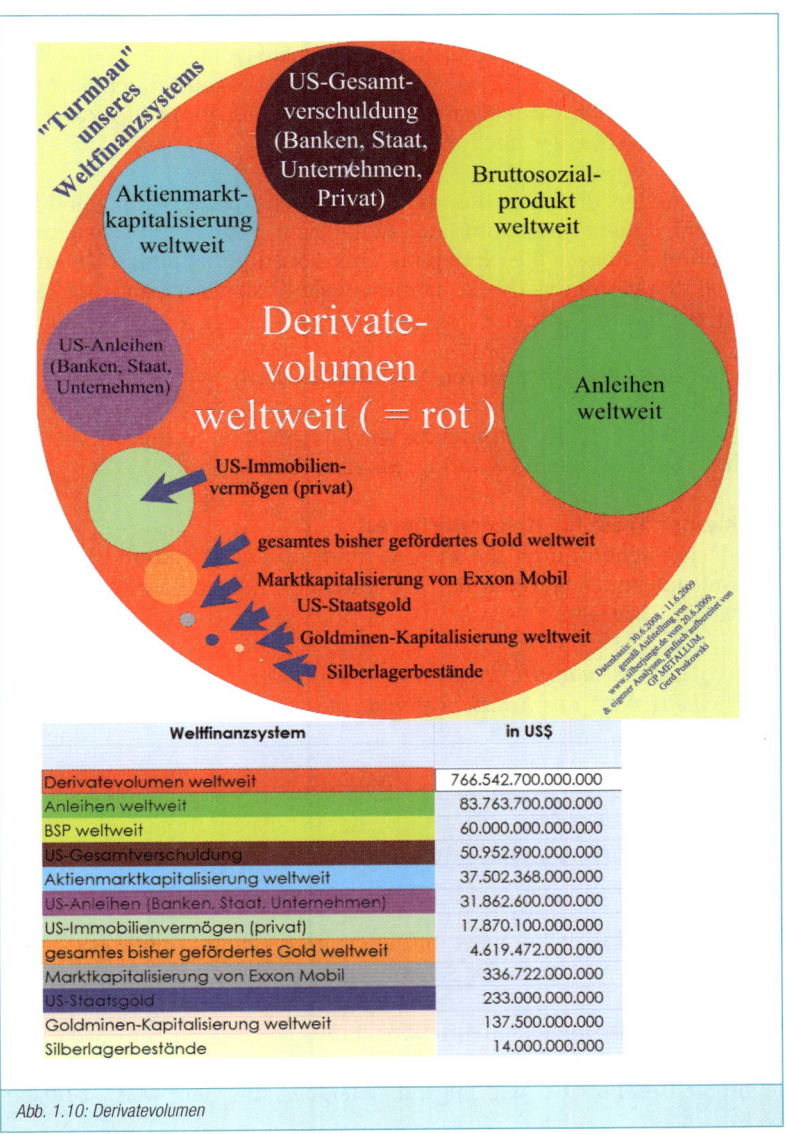

Abb. 1.10: Derivatevolumen

Weltfinanzsystem	in US$
Derivatevolumen weltweit	766.542.700.000.000
Anleihen weltweit	83.763.700.000.000
BSP weltweit	60.000.000.000.000
US-Gesamtverschuldung	50.952.900.000.000
Aktienmarktkapitalisierung weltweit	37.502.368.000.000
US-Anleihen (Banken, Staat, Unternehmen)	31.862.600.000.000
US-Immobilienvermögen (privat)	17.870.100.000.000
gesamtes bisher gefördertes Gold weltweit	4.619.472.000.000
Marktkapitalisierung von Exxon Mobil	336.722.000.000
US-Staatsgold	233.000.000.000
Goldminen-Kapitalisierung weltweit	137.500.000.000
Silberlagerbestände	14.000.000.000

Mit weniger Arbeit und Sorgen verbunden ist eine Inflationsabsicherung mit der uralten Medizin: Gold und andere Anlagemetalle (s. Kapitel 8 »Edelmetalle, Anlagemetalle«). Neu ist die Möglichkeit, in den Sachwert Technologiemetalle, also Strategische und Seltenerdmetalle zu investieren. Das werden wir noch thematisieren

Wer auf Aktien und Aktienfonds setzt: Börsenexperten empfehlen zurzeit, wohlgemerkt immer auf langfristige Sicht, Aktien von sehr großen, international aufgestellten Industrie- oder konsumorientierten Unternehmen mit Standorten weltweit, da diese viele Absicherungsmöglichkeiten bei Krisen haben.

Was hat das alles mit unseren Metallen zu tun?

Viel, sehr viel! Mehr dazu und zu der Konstellation Europa/USA/Asien erfahren Sie im Kapitel 3 »Märkte, Börsen, China«.

Ein kleiner Trost für Krisenverlierer

Wer bisher schon durch die Krise gelitten und Geld verloren hat, mag sich mit folgender Weisheit des griechischen Philosophen Epikur (341–271 v. Chr.) trösten:

> *»Reich ist man nicht durch das, was man besitzt, sondern mehr noch durch das, was man mit Würde zu entbehren weiß.«*

100 Jahre vor Epikur erkannte dies auch schon der sogenannte lachende Philosoph Demokrit (460–371 v. Chr.), der bereits ein Atommodell entwickelte und auf den der Begriff Atom, aus dem griechischen »àtomos«, unzerschneidbar, zurückgeht:

> *»Das Glück wohnt nicht im Besitze und nicht im Golde, das Glücksgefühl ist in der Seele zu Hause.«*

Schauen Sie also nicht auf Ihr Bankkonto, sondern in Ihre Seele und seien Sie mit Entbehrung und in Würde glücklich. Sie befinden sich dann in bester Gesellschaft, wie folgende Meldung aus dem März 2010 beweist:

Der russische Mathematiker Dr. Grigori Perelman löste bereits 2002 eines der schwierigsten Rätsel, die sogenannte Poincaré-Vermutung, an der sich 100 Jahre lang Mathematiker der ganzen Welt die Zähne ausbissen. Drei Jahre benötigten Kollegen, um die Richtigkeit seiner Beweise zu prüfen, dann sollte ihm die Fields-Medaille, der Nobelpreis der Mathematik, verliehen werden. Dies lehnte er ab.

So weit, so gut, aber nun sollte er nach weiteren Prüfungen eine Million Dollar Preisgeld, die ein Institut für die Lösung des Problems ausgesetzt hatte, erhalten.

Auch dies lehnte er ab mit der Bemerkung, er hätte alles, was er benötige.

Er lebt in St. Petersburg bei seiner Mutter und hat dort ein Zimmer mit einem Bett, einem Schrank, einem Tisch und einem Stuhl.

Was die Poincaré-Vermutung ist? Spannend, aber für hier und jetzt kein Thema.

Verknappung durch neue Anwendungen

Der an dieser Stelle geforderte literarische Übergang von Atomen und Mathematik zu Metallen und deren Anwendungen ist gnädigerweise nicht groß und so scheint es nun an der Zeit, sich einmal näher mit den Technologiemetallen, den sogenannten Strategischen Metallen und den Metallen der Seltenen Erden zu befassen, da es bereits ausreichend Literatur über die anderen Rohstoffe als Investitionsgrundlage gibt.

Für beide Metallgruppen findet man neuerdings in Publikationen auch den Begriff »Gewürzmetalle« oder auch »Pfeffermetalle«, da die Metalle für verschiedene Anwendungen oft nur in kleinsten Mengen zur Anwendung kommen. So befinden sich in einem kleinen Computerchip bereits bis zu 60 verschiedene Metalle, viele davon nur im Milligramm-Bereich! Bekannteste Beispiele hierfür sind Handys und Laptops, aber auch alle anderen Geräte mit elektronischen Steuerungen bis hin zu Ihrer Waschmaschine haben solche Chips. Solche Geräte finden einerseits eine immer größere Verbreitung auch in Entwicklungsländern (s. S. 39), andererseits werden deren Funktionen immer umfangreicher. Beides bedingt einen immer höher werdenden Verbrauch an »Gewürzmetallen«!

Beispiel Smartphones

Die neueste Generation, die Handy und Laptop vereint, ist das sogenannte »Smartphone«. Diese Smartphones sind Geräte in der Größe von
Handys, also hauptsächlich für den mobilen Gebrauch bestimmt, aber
mit der Funktionalität von Computern.

Hauptzielgruppe der Hersteller waren zunächst junge Menschen mit dem
Bedürfnis, auch unterwegs Online-Plattformen wie Facebook oder Twit-
ter nutzen zu können. 2008 wurden in Deutschland noch 10 Millionen
Gigabyte mobil benötigt, 2009 waren es bereits 40 Millionen Gigabyte,
Tendenz dramatisch steigend.

Es wird aber nicht lange dauern, bis solche Smartphones selbstverständ-
licher Bestandteil beruflicher und privater Nutzung aller Bevölkerungs-
gruppen werden. Schon jetzt gibt es rund 200 000 verschiedene »Apps«
(von Applications, Anwendungen), die werksseitig bereits vorhanden
sind oder die man sich online auf sein Smartphone laden kann. Einige
sind kostenlos, andere gebührenpflichtig.

Für 2010 erwartet man bereits doppelt so viele Downloads wie 2009, Tendenz auch hier steigend. Wichtigste Apps sind Internetanwendungen, E-
Mails, Navigation, Fernsehen, Foto und Video. Telefonieren und SMS
senden (»esemessen« kommt mir nicht über die Feder) kann man übrigens auch noch.

Ab 2011 soll die neue 4G-Funktechnik, auch LTE (Long Term Evolution)
genannt, installiert werden, die schneller ist als die bisherige Handy- und
DSL-Technik. Sie ermöglicht schnelle Internetverbindungen bis 100
Mbit/s und somit auch hoch auflösende Fernsehsendungen über Funk.
Der Mobilfunkstandard UMTS für Handys schafft 7,2 Mbit/s, DSL zu
Hause mit Kabel max. 50 Mbit/s. Die neue Technik könnte somit im
Laufe der Zeit auch die Festnetzleitungen für Internet und Telefonie ab-
lösen. Technisch interessant hierbei ist, dass hierfür zum Teil alte, frei
gewordene Rundfunkfrequenzen genutzt werden. Für den Empfang wird
natürlich neue Sende- und Empfangsgerätetechnik benötigt, also auch –
Sie erraten es – Strategische und Seltenerdmetalle. Das neue Mobilfunk-
netz soll in Deutschland zunächst in ländlichen Gebieten ausgebaut werden, die bisher mit DSL-Empfang benachteiligt waren.

Abb. 1.11 und Abb. 1.12: Smartphones

Lassen Sie mich diese Anwendungen nutzen, um aus eigenem Erleben die Schnelllebigkeit unserer Zeit und ihrer Technik in Erinnerung zu rufen.

Direkt nach der Wiedervereinigung 1990 hatte ich oft in den Neuen Ländern zu tun. Die Festnetztelefonie war veraltet und für private Nutzer kaum zugänglich, eine moderne noch nicht installiert. Die neue Geschäftswelt verständigte sich dort über analoge C-Netz-Telefone. Das waren Telefone, groß wie eine kleine Aktentasche, 8 Kilogramm schwer, aber immerhin mobil. Das Gerät war herausnehmbar im Kofferraum eingebaut, der Hörer, ebenfalls herausnehmbar, am Armaturenbrett. Gekostet hatte es, glaube ich mich zu erinnern, über 8 000 DM. Solch ein Telefon galt natürlich besonders in Westdeutschland auch als schick, also bauten sich viele Zeitgenossen, natürlich nur im Westen, eine Hörerattrappe für fast hundert DM an ihr Armaturenbrett.

Vorteil der analogen Technik war, dass das Netz der Sendestationen grobmaschig sein konnte und viel schneller aufgebaut werden konnte als die Festnetztelefonie.

1992 gab es dann das erste Handy in Deutschland, der Motorola-»Knochen« (vorgestellt 1983 in den USA) für das neu erstellte digitale D1- und D2-Netz. Das Handy hat sich dann aufgrund der noch lange ungenügenden Festnetzdichte in den neuen Bundesländern trotz hoher Anschaffungskosten und Nutzungsgebühren schnell eingebürgert, erst später auch im Westen. Der Grund für die bei zunehmenden Funktionen immer kleiner werdenden Handys liegt u. a. auch in der Verwendung von immer mehr Technologiemetallen.

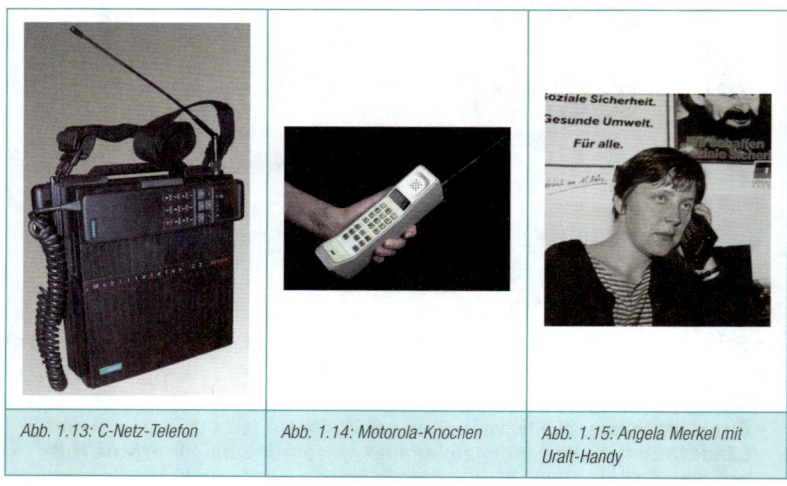

Abb. 1.13: C-Netz-Telefon   Abb. 1.14: Motorola-Knochen   Abb. 1.15: Angela Merkel mit Uralt-Handy

Im Osten war das Telefonieren mit Handys in den Neunzigern der simplen Notwendigkeit wegen so selbstverständlich, dass niemand auf die Idee kam, dies als »dekadent« oder »angeberisch« anzusehen wie anfangs im Westen. Hellmuth Karasek beschrieb für das Feuilleton im Berliner Tagesspiegel seine damalige Sicht der Dinge:

> Der heutige Handyist ist als Telefonterrorist geoutet, er erntet hasserfüllte, verachtende Blicke: Der muss es nötig haben! Ein Selbstbewusstsein, klein wie eine Erbse! Eine alberne Spezies Mensch, vorwiegend Mann. Es ist die Informationsüberflussgesellschaft, die Derartiges hervorbringt.

Die Zeiten sind lange vorbei, die heutigen Handyvieltelefonierer sind selbstverständlich Frauen. Oder doch nicht?

Beispiel E-Book

Ein weiteres Gerät, das langsam, aber sicher im Kommen ist, ist das E-Book. Auch hierfür werden unsere Metalle benötigt. Es sieht aus wie der Bildschirm eines Netbooks, allerdings in schwarz-weiß, mit wenigen Bedientasten am Rand, ist etwas kleiner als DIN A5 und speziell gedacht zum bequemen Lesen von Texten, insbesondere Büchern. Diese kann man sich entweder von Verlagen aus dem Internet herunterladen oder über Schnittstellen überspielen. Das war's auch schon, für mehr ist das Gerät nicht geeignet.

Abb. 1.16: E-Book

Erlauben Sie mir hierzu eine ganz persönliche Anmerkung aus eigener Erfahrung mit dem Versuch, Bücher mit einem Netbook (Kleines Notebook) hochkant in der Hand haltend zu lesen:

> Warum gibt es kein Gerät, das die Vorzüge eines E-Books, nämlich das geringe Gewicht und die bequeme Handhabung eines Nur-Bildschirms, mit den Vorzügen eines preiswerten Netbooks vereint? Man müsste doch nur den Bildschirm des Netbooks über eine Steckverbindung abnehmen und mit einem Kabel mit dem kleinen Rechner, der irgendwo an der Seite liegt, verbinden können. Das kann man auf einem Liegestuhl am Strand genauso handhaben wie im Bett eines Hotelzimmers, zu Hause auf der Couch oder in Bus oder Bahn. So hätte man beides immer dabei und der Bildschirm ohne Akku, der sich ja im Rechner befindet, mit nur zwei Tasten zum Blättern wäre sogar noch leichter als ein E-Book.

Der neue Tablet-PC mit Touchscreen eines bekannten Herstellers mit einer angebissenen Baumfrucht als Logo ist zwar technologisch interessant und ganz nett, zum Arbeiten aber keine Alternative, auch wenn er durch bekannt geschicktes Marketing wie ein neuer Messias als Heilsbringer in einer Sekte eingeführt wurde.

Lange kann man darüber philosophieren, welchen haptischen Wert das In-der-Hand-halten eines Buches aus »Fleisch und Blut«, sprich Papier hat, in das man Eselsohren knicken, persönliche Anmerkungen einlegen kann und in dem man mit seinem liebsten Schreibgerät und einer Schrift, der man die Emotion ansieht, Passagen unterstreicht und freundliche oder wütende Bemerkungen hinterlässt. Und einen ganz praktischen Vorteil hat das gute alte Buch auch noch: Mit einem Griff ins Regal hat man es samt allen Anmerkungen zur Hand. Und wer wollte schon auf die Möglichkeit verzichten, wegen eines ausgeliehenen und nie zurückgegebenen Buches wieder mal mit alten Bekannten ins Gespräch zu kommen?

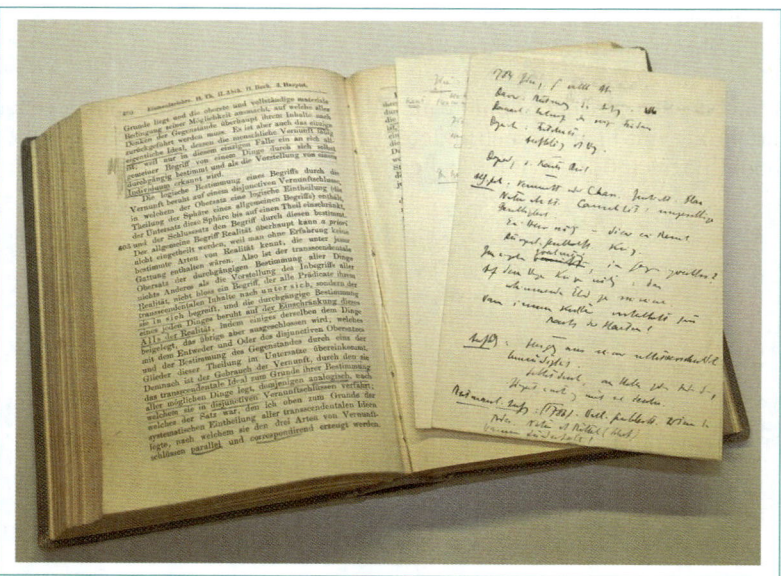

Abb. 1.17: Buch mit Anmerkungen

Aber der große Vorteil eines E-Books ist nun mal nicht von der Hand zu weisen: Durch eingebaute oder externe Speicher kann der Leser jederzeit fast unbegrenzt viele Bücher oder andere Publikationen mit sich führen. Auch der FinanzBuch Verlag hat bereits Bücher als Downloads für E-Books im Angebot, auch das Buch »Sicher mit Anlagemetallen«.

Beispiel Entwicklungsländer

Obige Neuerungen beziehen sich momentan noch auf Anwendungen in reichen Industrieländern. Elektronik in Form von einfachen Computern, Handys, Fernsehgeräten und Fotoapparaten findet man jedoch zunehmend auch in Entwicklungsländern. Hersteller haben bereits preiswerte Geräte speziell für diese Märkte entwickelt. Insbesondere Schulen werden durch Entwicklungshilfeprojekte an der Teilhabe an Computeranwendungen und Internet unterstützt.

Abb. 1.18: Billigcomputer

Abb. 1.19: Schule in Afrika

Beispiel Haushalt

Die Entwicklung von Elektronik für den Hausgebrauch geht natürlich auch weiter. Es wird nicht mehr lange dauern und dann werden selbstverständlich alle 3-D-fähigen Fernseher auch Computer und Bildtelefone sein; Haushaltsgeräte werden drahtlos vernetzt und viele Anwendungen werden entwickelt werden, die wir uns noch gar nicht vorstellen können. Heizen, Kühlen, Kochen, Spülen, Waschen, Bügeln, Überwachen und was es sonst noch alles gibt, wird erfasst werden. Dafür wird schon die Industrie sorgen.

Lassen Sie mich in diesem Zusammenhang mit einem weit verbreiteten Irrtum aufräumen. Nicht der Kunde verlangt nach immer mehr, wie gerne behauptet wird, sondern der Wettbewerbsdruck der Anbieter kreiert immer mehr Neues. Und das ist gut so, hält es doch die Wirtschaft auf Trab und schafft Arbeitsplätze – wenn auch nicht immer bei uns.

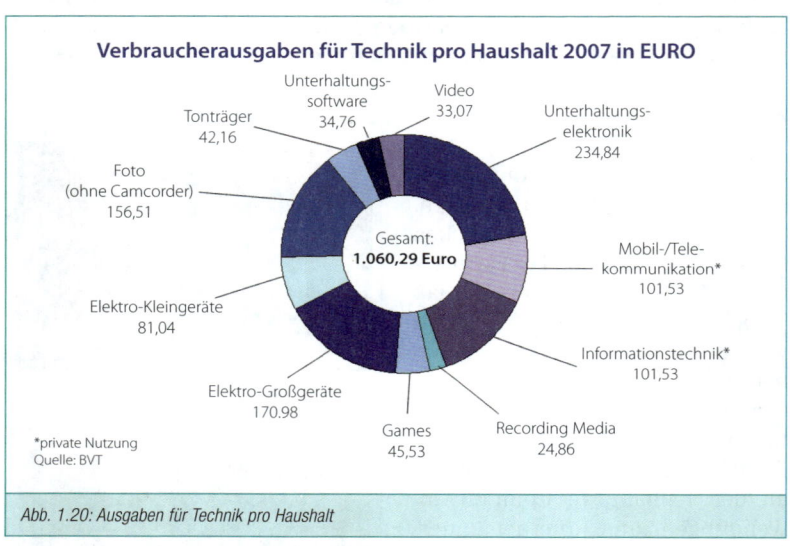

Abb. 1.20: Ausgaben für Technik pro Haushalt

Beispiel Autos

Nehmen Sie das Beispiel Autos: Nicht Kunden haben vor Jahren die Autoindustrie angebettelt, man möge doch bitte, bitte endlich Säcke in Lenkrad und Armaturenbrett einbauen, die sich bei einem Unfall aufblasen, weil der Sicherheitsgurt ihnen nicht mehr ausreiche.

Und es waren auch nicht die Kunden, die es überhaupt nicht gut fanden, dass man noch zu seinem Auto laufen müsse, um dessen Tür aufzuschließen und die Ansicht äußerten, man benötige deshalb hierfür dringend eine Fernbedienung.

Das und vieles andere waren Erfindungen von Autoherstellern bzw. ihrer Zubehörlieferanten, um sich vom Wettbewerb abzusetzen und neue Bedürfnisse zu schaffen, die vorher kein Mensch hatte. Dabei wird dem Verbraucher nicht gesagt, dass die vielen zusätzlichen Einrichtungen in Autos, die der Bequemlichkeit und der Sicherheit dienen, zusätzliches Gewicht bedeuten, das beschleunigt und abgebremst werden will und auch mehr Strom verbraucht. Beides wirkt sich nachteilig auf den Treibstoffverbrauch aus, bei dessen Verbrauch ja auch Fortschritte gemacht wurden, und kompensiert somit teilweise diese Errungenschaften. Der erste VW-Golf von 1974 wog je nach Ausstattung leer zwischen 750 und 800 kg, der Golf von heute 1 150 bis 1 400 kg.

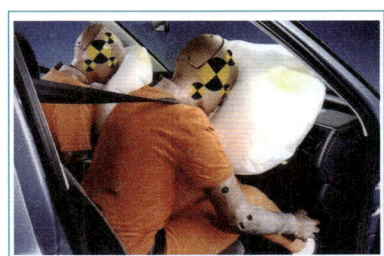

Abb. 1.21: Airbag

Und so wird es weitergehen. Belegen lässt sich das sehr schön am Beispiel der Autoindustrie in Ost und West vor der Wende. Die Menschen in der DDR hätten gerne bessere Autos gehabt, wie sie sie aus dem Westen kannten. Der fehlende Wettbewerb hatte ihnen Trabbis und Co. beschert mit endlos langen Wartezeiten. Anders im Westen, wo der Wettbewerb laufend für neue Innovationen und dennoch kurze Lieferzeiten sorgte.

Abb. 1.22: Funk-Autoschlüssel

Abb. 1.23: Trabant

Abb. 1.24: Modernes Fahrzeug

Dieser Wettbewerb führt auch zu einer immer intensiveren Verwendung von hochwertigeren Materialien und von Elektronik mit der Folge, dass auch für Autos immer mehr Strategische und Seltenerdmetalle benötigt werden.

Beispiel Flugverkehr

Nicht nur für elektronische Anwendungen, auch als hochwertige Materialien für besonders beanspruchte Bauteile – nicht nur Turbinen – werden Strategische und Seltenerdmetalle für sogenannte Superlegierungen benötigt. Bestes Beispiel hierfür ist der Flugverkehr, der einen rasanten Aufschwung nimmt. Er ist neben Internet der Hauptantriebsmotor für die weltweite Vernetzung, die Zunahme von Seefracht ist deren Ergebnis.

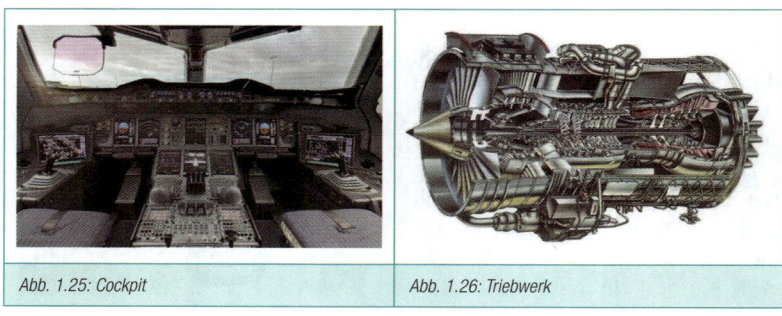

Abb. 1.25: Cockpit   Abb. 1.26: Triebwerk

An der Grafik Abb. 1.27 kann man sehen, dass der Luftverkehr sich zurzeit hauptsächlich auf Europa, Asien und Nordamerika konzentriert.

Gemessen werden die Passagierflüge meist in RPK (Revenue Passenger Kilometres), Passagierkilometern. Das ist die Anzahl der Passagiere multipliziert mit den geflogenen Kilometern pro Jahr. Dieser Luftverkehr wächst um ca. 5 % pro Jahr. Für das Jahr 2015 werden bereits 9 000 Milliarden Passagierkilometer prognostiziert.

Diese Zahl bezieht sich aber nur auf Passagierflüge. Rechnet man pro Passagierflug mit zwei Frachtflügen, kommen wir jetzt schon weltweit auf ca. 100 000 Flugbewegungen pro Tag, Privat- und Militärflüge nicht eingerechnet.

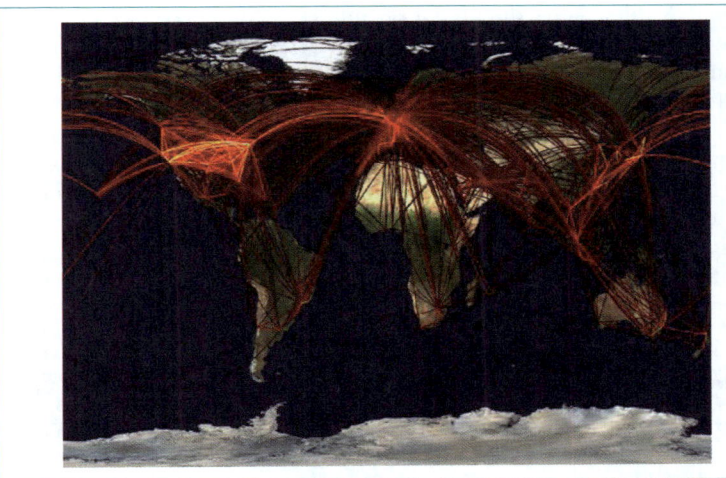

Abb. 1.27: Luftverkehr weltweit

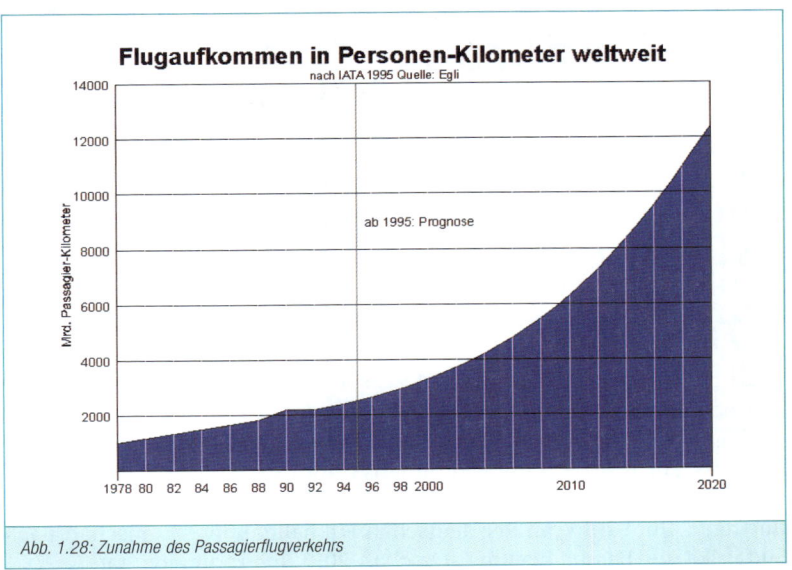

Abb. 1.28: Zunahme des Passagierflugverkehrs

Benötigt werden konsequenterweise immer mehr Flugzeuge aller Größenordnungen, obwohl Flugzeuge generell durch regelmäßige Wartung, Austausch von beanspruchten Teilen und Einbau von Systemen mit neuerer Technologie eine hohe Lebenserwartung haben.

Bekanntestes Beispiel ist der amerikanische Bomber Boeing B 52, der 1952 erstmals flog und bis 2040 in Dienst bleiben soll. Würde man dann noch ein Dutzend Jahre drauflegen, wäre ein Flugzeugtyp aus der technisch ansonsten eher kurzlebigen Welt des Militärs 100 Jahre lang geflogen! Fast unvorstellbar, denken Sie nur mal an die vielen technologischen Quantensprünge vom Jahr 1900 bis zum Jahr 2000.

Abb. 1.29: Airbus A 380

Kürzlich wurde das bisher größte Passagierflugzeug, der Airbus A 380, in Betrieb genommen, ein Flugzeug vollgestopft mit neuesten Technologien in allen Bereichen. Mit Wohlwollen nehme ich als Frankfurter zur Kenntnis, dass der erste A 380 der Lufthansa mit dem Kennzeichen D-AIMA auf den Namen »Frankfurt am Main« getauft wurde und seinen Jungfernflug am 6. Juni 2010 mit der deutschen Fußballnationalmannschaft nach Südafrika zur Fussballweltmeisterschaft 2010 unternommen hat.

Abb. 1.30: Die B 52

Apropos Südafrika: Die deutsche Wirtschaft profitiert in großem Ausmaß von der Weltmeisterschaft in vielerlei Hinsicht, aber man muss auch zur Kenntnis nehmen, dass 2009 China Deutschland als wichtigsten Handelspartner Südafrikas abgelöst hat.

Sonstige Anwendungen

Natürlich gibt es noch unendlich viele andere Anwendungen für unsere Metalle. Denken Sie nur an Kraftwerkstechnik mit und ohne Nukleartechnologie, Maschinenbau, Medizintechnik, Chemie, Lichttechnik und vieles mehr.

Mehr dazu erfahren Sie bei den Beschreibungen der einzelnen Metalle in den entsprechenden Kapiteln.

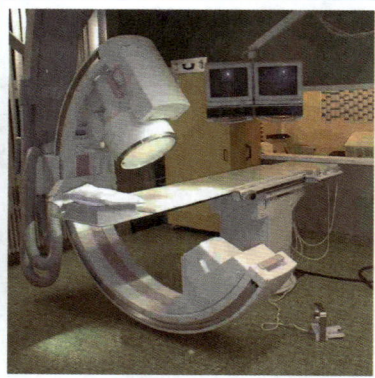

| Abb. 1.31: Kernkraftwerk Biblis | Abb. 1.32: Medizintechnik |

Zu diesem Buch

Bevor wir nun endlich zu den Kapiteln »Strategische Metalle, Sondermetalle« und »Seltene Erden Metalle« kommen, auf die Sie nach dieser Einleitung sicher schon gespannt sind, schicke ich zum besseren Verständnis eine kurze Betrachtung über Rohstoffe im Allgemeinen und Metalle
im Besonderen voraus.

Auch werde ich vorher noch einmal auf generelle Anlagemöglichkeiten,
Märkte und Börsen eingehen. In diesem Zusammenhang müssen wir uns
noch einmal ausführlich mit China beschäftigen, weil dieses Land einerseits als Verbraucher für die beiden Metallgruppen Strategische und Seltenerdmetalle eine bedeutende Rolle spielt, andererseits als Lieferant für
Letztere fast eine Monopolstellung inne hat.

Übernommen werden in leicht abgeänderter Form einige Passagen aus
dem Buch »Sicher mit Anlagemetallen«. Sie sind zum besseren Verständnis notwendig, so beispielsweise die Erklärungen zum Periodensystem
der Elemente oder auch die Fachbegriffe über Rohstoffvorräte.

Aber auch in diesem Buch werden Sie nicht nur streng sachlich über wissenschaftliche, technische und finanzielle Aspekte informiert werden, sondern als unterhaltende Auflockerung einiges über Personen, Geschichte und Geschichten erfahren. Auch werde ich Sie mit einigen Zitaten von klugen Menschen beglücken.

Da dieses Buch aber auch als Nachschlagewerk dienen soll und nicht jeder Leser die gleichen Interessen hat, werden Sie die Informationen getrennt zusammengefasst und klar gegliedert vorfinden. Und Sie können, wie sich das im Vorgängerbuch »Sicher mit Anlagemetallen« gut bewährt hat, Stichworte im Stichwortverzeichnis getrennt gruppiert nach Begriffen aus der Finanzwelt, technische/wissenschaftliche Begriffe, Eigennamen und Metalle aufsuchen.

Fazit
Zunächst ordnen wir die Rohstoffe, erklären Märkte und Börsen, erläutern in einem eigenen Kapitel das komplexe Thema Minen und Recycling, danach das Periodensystem der Elemente und befassen uns ein wenig mit der spannenden Geschichte von Wissenschaft und Technik.

Dann kommen wir zu den Metallen, listen chemische und physikalische Eigenschaften auf, beleuchten kurz die Metallgruppen Anlagemetalle, Industriemetalle und Alkalimetalle und wenden uns dann dem eigentlichen Thema dieses Buches zu, nämlich den beiden Metallgruppen *Strategische* oder *Sondermetalle* und Metalle der *Seltenen Erden*, auch *Seltenerdmetalle* genannt.

Am Ende des Buches finden Sie eine Liste von Internetportalen, in denen Sie sich über Themen, die mit Rohstoffen und unseren Metallen in Verbindung stehen, weiter informieren können. Diese Auflistung ist natürlich unvollständig.

2 Rohstoffe

Bevor wir zu den Metallen kommen, wollen wir uns mit den Rohstoffen, zu denen die Metalle ja auch zählen, etwas allgemeiner beschäftigen. Rohstoffe sind natürliche Ressourcen, die in der Natur gewonnen werden und entweder in ihrem Urzustand konsumiert bzw. verwendet werden oder als Arbeitsmittel und Ausgangsmaterialien weiterverarbeitet werden. Insofern lassen sich Rohstoffe in viele Kategorien unter unterschiedlichen Gesichtspunkten einteilen.

> Man kann beispielsweise eine Einteilung in **organische** und **anorganische** Rohstoffe vornehmen. Organische Rohstoffe entstammen der Tier- und Pflanzenwelt, anorganische Rohstoffe der unbelebten Natur, also Gesteine, Wasser, Luft etc.
> In diesem Kontext sind so wirtschaftlich bedeutende Rohstoffe wie Öl und Kohle, die ja auch fossile Rohstoffe genannt werden, den organischen Rohstoffen zuzuordnen. Mineralien sind meist anorganischen Ursprungs, Ausnahmen sind beispielsweise die Mineralöle oder auch Ihre hoffentlich nicht vorhandenen Nierensteine.
> Man kann Rohstoffe auch einteilen in **erneuerbar** und **nicht erneuerbar** oder in **Primär-** und **Sekundärrohstoffe**. Letztere sind wiederaufbereitete Abfallstoffe.

Man kann sich aber auch ihre Herkunft in unserer Geosphäre anschauen: Diese unterteilt man von oben nach unten in die Atmosphäre (Troposphäre, Stratosphäre etc.), dann kommt die Biosphäre, also das Leben in und auf der Erdoberfläche, parallel dazu die Hydrosphäre (hiervon 94 % Meerwasser) incl. Kryosphäre (Eis) mit den in Wasser lebenden Organismen und schließlich die Lithosphäre, die Erdkruste.

In der Finanzwelt geht man naturgemäß andere Wege, denn hier spielen ausschließlich Märkte eine Rolle. Dass diese wiederum auch Schwankungen unterliegen, die in unserer belebten und unbelebten Natur begründet sind, hat etwas Tröstliches. Schließlich ist der Mensch nur ein Teil dieser Natur, Betonung liegt auf nur.

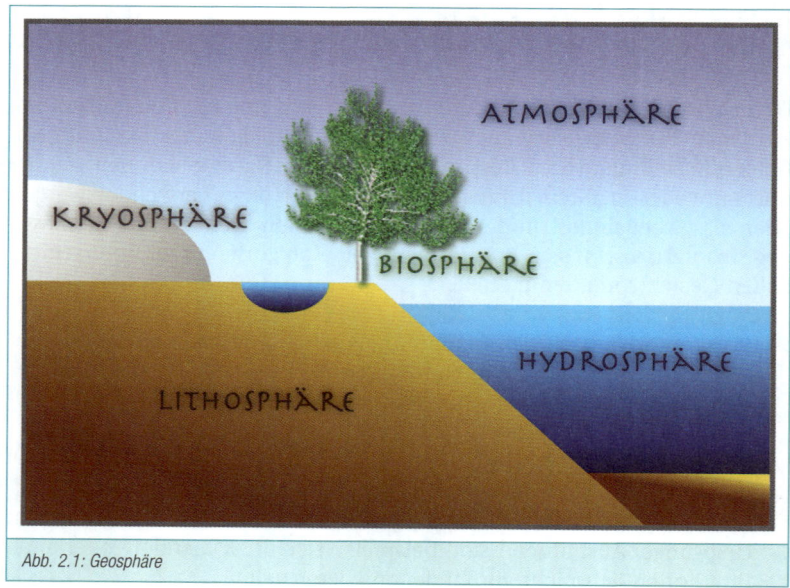

Abb. 2.1: Geosphäre

Vielleicht ist es am Anfang in diesem Zusammenhang einmal ganz nützlich, die wirkliche Bedeutung und die Größenordnungen in Erinnerung zu rufen, wenn wir schon so selbstverständlich von unserer Erde und ihren Rohstoffen wie von einer x-beliebigen Ware sprechen. Letztlich sind alle für uns erreichbaren Stoffe der Erde Rohstoffe, auch das Meerwasser und der Sand in der Wüste.

Keine Sorge, wir werden uns nicht in philosophischen Betrachtungen verlieren. Aber:

Nach wissenschaftlichen Erkenntnissen entstand vor etwa 4,5 Milliarden Jahren die Sonne und später in der Folge unser Sonnensystem. Nach weiteren 4,5 Milliarden Jahren wird sich die Sonne dramatisch aufblähen und erlöschen. Wer aber nun glaubt, wir hätten erst Halbzeit, irrt. Denn bereits in circa 1 Milliarde Jahren wird die Temperatur auf unserer Erde unerträglich hoch werden und alles Leben vernichten.

Wir befinden uns also jetzt schon auf dem absteigenden Ast!

Der Chemieprofessor und Rektor der Ludwig-Maximilians-Universität 1957/58 in München, Dr. Egon Wilberg, brachte die Bedeutung des ganzen Themas während einer Vorlesung einmal sehr schön auf den Punkt:

> »Die Frage, ob eine große Atombombenexplosion zur Vernichtung der Erde führen könnte, ist nicht von der Hand zu weisen. Sie wäre aber ohne nachhaltige Folgen, da es sich bei der Erde nur um einen Stern niederer Ordnung handelt.«

Ein Stern, der uns nicht braucht. Das hat er eindrucksvoll im April 2010 bewiesen, als in Island der Vulkan Eyjafjalla mit seiner Asche mal eben den Flugverkehr eines ganzen Kontinents und darüber hinaus lahmlegte und Island somit den Europäern erneut Milliardenverluste verursachte. Vorher brachte die Finanzkrise des kleinen Landes (Stichwort Kaupthing Bank) Ähnliches zustande, was fast zwangsläufig den Spruch kreierte: »Give us cash, don't give us ash!«

Vulkane haben übrigens auch etwas mit unseren Agrarrohstoffen zu tun: Vulkanasche ist besonders fruchtbar. Deshalb haben sich schon vor langer Zeit weltweit viele Menschen in der Nähe von Vulkanen angesiedelt.

Rohstoffe als Finanzinstrumente

Der belebten und der unbelebten Natur entsprechen auch die grundsätzliche Einteilung der Märkte mit ihren auch mental und regional unterschiedlich geprägten Lieferanten und Kunden. Zumindest gilt Letzteres insbesondere in unserem Kulturkreis, wenn es um die physische Verwertung der Materialien geht und Händler und Verbraucher direkt mit der Ware konfrontiert sind.

In Form von weltweiten Finanzderivaten gehandelt, ist es dem Investor, der nicht direkt aus der Branche kommt, meist ziemlich gleichgültig, wie glücklich die Tiere waren, bevor sie ihre Schweinebäuche hergeben mussten, ob zu viel Zucker dick macht oder ob durch zu viel Sojaanbau die Umwelt zerstört wird. Auch dass der Begriff »Saisonalität« nicht nur etwas mit Börsenschwankungen, sondern auch etwas mit Jahreszeiten zu tun hat, ist ihm egal. Saisonale Börsenkurse sehen keine Kinder, die mit großen Augen im Frühjahr die Geheimnisse einer Blumenwiese entdecken, im Sommer im Wasser plantschen, im Herbst Drachen steigen lassen und im Winter jeden Hügel zum Rodeln nutzen.

Ihrer Meinung nach gehört das überhaupt nicht hierher? Gut, also weiter im Text:

Der englische Begriff für Rohstoffe in der Finanzwelt ist nicht »raw« oder »basic materials«, sondern *Commodities*. Sie finden ihn auch in deutschen Publikationen, nicht nur in Abkürzungen wie ETC (Exchange Traded Commodities, Erklärung im Kapitel 3 »Märkte, Börsen und China«). Das ist so, also bitte merken. Schließlich suchen Sie auf einem Bahnhof ja auch nicht mehr die Fahrplanauskunft, sondern, leider, den »Servicepoint«.

Börsengehandelte Rohstoffe lassen sich prinzipiell unterscheiden in:

- **Agrarrohstoffe (Soft Commodities)**
- **Energetische Rohstoffe**
- **Industrierohstoffe**

Die folgenden Auflistungen sind nicht von einer übergeordneten Institution »genormt«, sondern beinhalten die weltweit meist gehandelten Rohstoffe. Es gibt auch viele länderspezifische Märkte mit kleinen Börsen, beispielsweise für Gewürze in Indien.

Zu den Agrarrohstoffen zählen in alphabetischer Reihenfolge:

Bauholz, Baumwolle, Hafer, Kaffee, Kakao, Lebendrind, Mais, Mastrind, Molkereiprodukte, Orangensaft, Palmöl, Reis, Schweinebäuche, Sojabohnen, Sojamehl, Sojaöl, Weizen, Zucker.

Abb. 2.2: Globale Preise für Agrarrohstoffe

Aber gibt es nicht weltweit auch Tee, Apfelsaft, Gerste, Wolle, Hähnchen, Olivenöl, Salz und tote Ziegen? Warum sind diese und viele andere nicht aufgeführt? Bitte haben Sie noch ein wenig Geduld, denn im nächsten Kapitel kommen wir zu einem ganz wichtigen Punkt, der für das Verständnis des Themas dieses Buches wichtig ist und der die Frage beantwortet: Das sind die Börsen!

Zu den energetischen Rohstoffen zählen:

Benzin, Erdgas, Ethanol, Heizöl, Kohle, Rohöl sowie der Sonderfall Strom. Sonderfall deshalb, weil Strom ja über den Zwischenschritt Wärme die Energieform ist, in die die energetischen Rohstoffe meist umgewandelt werden, sofern sie nicht Antrieben für Autos, Flugzeuge, Schiffe etc. dienen.

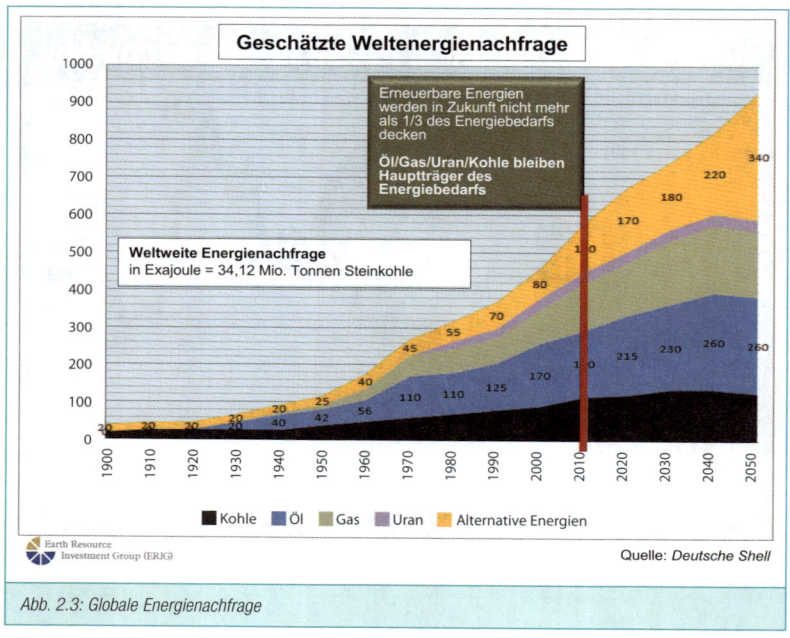

Abb. 2.3: Globale Energienachfrage

Die energetischen Rohstoffe entstammen alle der belebten Natur (Fossile Rohstoffe), anders als beispielsweise die Metalle. Für die Einschätzung von Lagervorkommen wichtig ist die Altersdatierung von Fossilien aus Tier- und Pflanzenwelt, für die es viele wissenschaftliche Methoden gibt, darunter auch sehr einfache.

Billy Wilder (1906–2002, »Manche mögen's heiß«) schlug beispielsweise eine solche vor für die Beantwortung der Frage, wie alt wohl die Schauspielerin Mae West (1893–1980) sei: Man müsse ihr nur ein Bein absägen und die Jahresringe zählen.

Im Gegensatz zu der Liste der börsengehandelten Agrarrohstoffe beinhaltet die Aufzählung fast alle Stoffe, die zur Energiegewinnung genutzt werden. Aus Gründen, die nicht näher erläutert werden müssen, sind nicht aufgeführt Wasser, Wind, Sonne und Geothermie, auf die wir weiter unten zu sprechen kommen, sowie Sonderstoffe mit lokalen Märkten wie Holzpallets, Stroh u. a. Fehlt noch Uran für Kernkraftwerke, hierzu kommen wir im Kapitel 11 »Strategische Metalle«. Die folgende Abbildung zeigt den jährlichen Ölverbrauch pro Person in bbl (Barrel, Fass, ca. 159 Liter) in verschiedenen Ländern bezogen auf deren Bruttoinlandsprodukt. Rot hervorgehoben ist China.

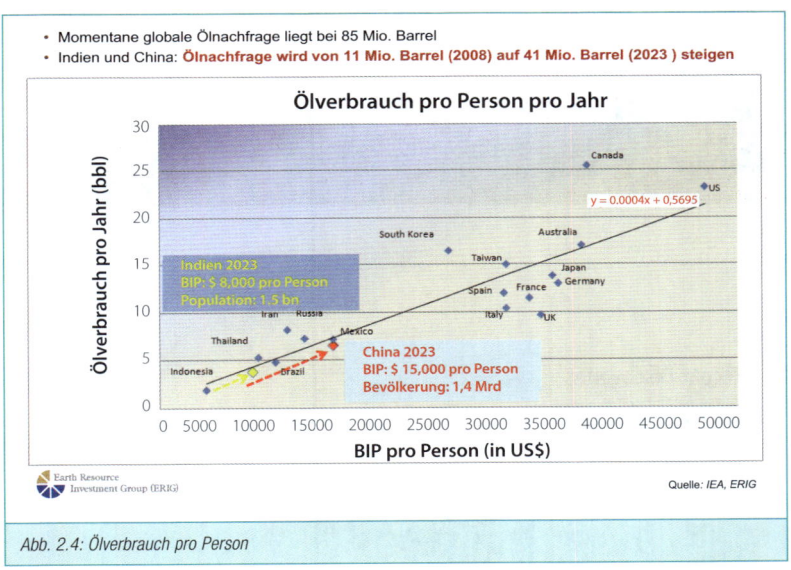

Abb. 2.4: Ölverbrauch pro Person

Die Abbildungen zeigen, dass neu entdeckte Öllagerstätten immer tiefer liegen und man im Gegensatz zu früher, als noch in Küstennähe exploriert werden konnte, jetzt schon Wassertiefen von mehreren tausend Metern überbrückt werden müssen, bevor das eigentliche Bohren beginnt. In der Abbildung 2.5 Öllagerstätte auf S. 56 zeigen die grauen Punkte oben bisherige Offshore-Förderstätten im Golf von Mexiko, die roten Punkte neue in wesentlich tieferen Gewässern.

Wie schwierig und gefährlich diese Ölförderung sein kann, zeigt das Schicksal der Ölplattform »Deepwater Horizon«, die im April 2010 im Golf von Mexiko rund 80 km vor der Küste von Lousiana explodierte, sank und eine Ölpest verursachte.

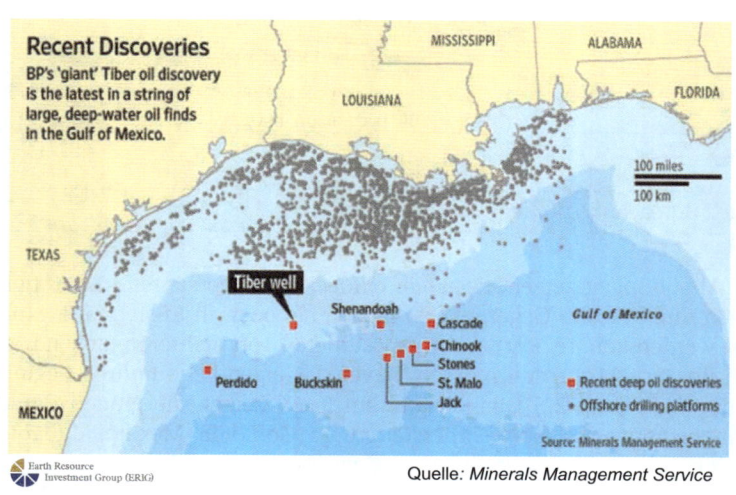

Abb. 2.5: Öllagerstätten

Abb. 2.6: Brennende Ölplattform

In den Zeitungen gab es 2009 Schlagzeilen, dass BP ein neues »riesiges« Ölfeld entdeckt habe. Dieses in der Abbildung 2.5 »Öllagerstätten« eingezeichnete Tiberfeld (Tiberwell) liegt 11 000 m tief und enthält 3 Milliarden Barrel Öl. Davon kann der Tiefe wegen nur ein Drittel gefördert werden. Bei einem momentanen Ölverbrauch von ca. 85 Millionen Barrel Öl pro Tag reicht diese Lagerstätte zur Deckung der globalen Nachfrage für gerade einmal 12 Tage!

Neuerdings gibt es eine russische Theorie, die besagt, dass Erdöl nicht nur aus fossilen Tier- und Pflanzenresten besteht. Die Kohlenwasserstoffe könnten auch anorganischen Ursprungs sein, was mit einigen auf den ersten Blick sehr einleuchtenden Indizien belegt wird. An dieser Stelle können wir nicht weiter darauf eingehen, aber falls sich das bewahrheiten würde, wären die Vorräte an Erdöl nahezu unerschöpflich. Fachleute bezweifeln aber diese Theorie.

Ein weiterer Sonderfall energetischer Rohstoffe ist Kohlendioxid (CO_2), das mittels Zertifikaten aus Gründen des Klimaschutzes als Verschmutzungsrecht gehandelt wird (Emissionshandel). Über Sinn oder Unsinn dieses Marktes kann man trefflich streiten, wir lassen es hier.

Regenerative, erneuerbare Energien

Was wir aber nicht lassen, ist eine kurze Betrachtung der sogenannten regenerativen Energien, die auch Rohstoffe sind und als solche für die Erzeugung von Elektrizität genutzt werden. Diese sind Wasser, Wind, Sonne, Geothermie und Gezeiten, die aber nicht als Wert gehandelt werden, sondern ganz im Gegenteil kostenlos zur Verfügung stehen. Bioenergie aus nachwachsenden Rohstoffen, die in engerem Sinne auch zu den erneuerbaren Energien zählt, lassen wir hier einmal außen vor.

Alle diese Energien werden schon seit Urzeiten lokal unterschiedlich genutzt, aber in der heutigen Zeit sind sie natürlich in Bezug auf ihre Effizienz erforscht und in entsprechender Technik verpackt. Überall werden auch unsere Technologiemetalle benötigt, sei es für Steuerungen, in Turbinen, Windrädern und den Stromtransport.

Sonnenenergie hat zwei direkte Anwendungen, die von Laien oft verwechselt werden. Da ist einmal die Nutzung der Wärme in Sonnenkollektoren, die Solarthermie, um damit Strom in Dampfturbinen zu erzeugen und die Nutzung des Lichts in Solarzellen, die Photovoltaik, um direkt Gleichstrom zu erzeugen. Gleichstrom generell hat wesentlich geringere Leitungsverluste als der bisher in Hochspannungsleitungen genutzte Drehstrom, sodass künftig solche Netze ausgebaut werden. Man kann Strom durch regenerative Energien zentral in großen Einheiten, beispielsweise durch Solarkraftwerke in der Sahara oder Windparks in der Nordsee oder dezentral in kleinen Einheiten in Verbrauchernähe erzeugen. Beides hat Vor- und Nachteile.

Die **Industrierohstoffe** kann man mit den sechs Industriemetallen gleichsetzen. Unsere beiden Metallgruppen Sondermetalle und Seltenerdmetalle sind also ausgenommen, obwohl in vielen Publikationen manche von ihnen fälschlicherweise auch als Industriemetalle bezeichnet werden. Das ist verzeihlich, es sind nun mal Metalle und sie werden ausschließlich industriell verarbeitet. Manche Quellen zählen auch die Edelmetalle dazu, solange nicht ihre Verwendung als Anlagemetalle in Form von Barren und Münzen gemeint ist.

Alle anderen Metalle, also auch unsere **Strategischen Metalle** und die **Metalle der Seltenen Erden**, die Thema dieses Buches sind, zählen in diesem börsentechnischen Sinne nicht zu den Industrierohstoffen, obwohl sie natürlich industriell genutzte Rohstoffe sind.

Strategische Metalle und Seltenerdmetalle werden nicht an Börsen gehandelt!

Aber sie werden gebraucht! Folgende Aussagen zeigen den Ernst der Situation. In den Kapiteln, in denen die Metalle einzeln beschrieben werden, erfahren Sie mehr dazu.

Die Verknappung teurer Rohstoffe »wird uns in den kommenden Jahrzehnten nicht mehr loslassen«, ist der wissenschaftliche Direktor des Berliner Instituts für Zukunftsstudien und Technologiebewertung (IZT), Rolf Kreibich, überzeugt. Insgesamt 22 Rohstoffe und 32 Zukunftstechnologien haben die Forscher gemeinsam mit dem Fraunhofer-Institut für System- und Innovationsforschung (ISI) unter die Lupe genommen: Es wird in absehbarer Zeit in vielen Bereichen zu ernsthaften Engpässen kommen.

Die Nachfrage nach dem besonders knappen Metall Indium, um das sowohl die Displayindustrie als auch die Photovoltaikhersteller konkurrieren, wird bis 2030 mehr als dreimal so hoch sein wie die derzeitige Produktion, erläutert IZT-Forscher Lorenz Erdmann, einer der Autoren der vom Bundeswirtschaftsministerium in Auftrag gegebenen Studie. Dabei seien die Hersteller von Displays im Vorteil, weil bei ihren Produkten der Preis des teuren Rohstoffs deutlich weniger ins Gewicht falle als bei Solarzellen. »Wir rechnen damit, dass Rohstoffengpässe den massenhaften Ausbau der Solarenergie begrenzen werden«, urteilt Erdmann.

Für viele derartige Metalle, die zum Beispiel wegen ihrer hohen Temperaturbeständigkeit, ihrer Flexibilität oder ihres Korrosionsschutzes begehrt sind, sagen die Forscher eine ähnliche Verknappung voraus. Die Nachfrage nach Neodym wird demnach bis 2030 das Vierfache der heutigen Produktion betragen, diejenige nach Gallium sogar das Sechsfache.

Die Vorkommen der teuren Hightech-Metalle ist auch deshalb äußerst begrenzt, weil sie oft nur als Nebenprodukt bei der Förderung anderer Rohstoffe abfallen. Indium beispielsweise findet sich in kleinen Mengen in Zinkminen. Die Wiederverwertung scheidet in vielen Fällen aus, weil die Rohstoffe zusammen mit anderen Metallen verarbeitet werden und sich kaum wieder trennen lassen. Auch der Bedarf lässt sich nur schwer abschätzen, da diese zum Teil auch in der wenig transparenten Rüstungsindustrie gebraucht werden.

Zudem sind die gefragten Metalle auf der Welt sehr ungleich verteilt. Das größte Vorkommen an Lithium, unverzichtbar für die Entwicklung von Batterien für Elektroautos, liegt beispielsweise in Bolivien. China dagegen dominiert die Produktion von Neodym zu 97 % und »hat sich bereits Reserven in Afrika gesichert«, wie Kreibich erläutert. »Da bahnen sich internationale Konflikte an.« In manchen Ländern hat der Krieg um teure Rohstoffe bereits begonnen. Im Bürgerkrieg in der Demokratischen Republik Kongo steht auch der Zugang zum Roherz Coltan auf dem Spiel: Daraus wird das begehrte Tantal gewonnen, das beispielsweise für neue Handys gebraucht wird.

Auf den umkämpften Rohstoffmärkten herrsche bereits heute eine »bewusste Verknappung durch Spekulation«, stellt Kreibich fest – selbst wenn die Lieferverträge für solche begehrten Güter meist langfristig laufen und daher nur wenig Spielraum für Spekulanten herrscht. Zum Schutz der Zukunftstechnologien fordert der IZT-Direktor eine internationale oder zumindest europäische Agentur, die über die Märkte wachen solle. »Wie von den G-20 für die Finanzmärkte beschlossen, brauchen wir Transparenz«, sagt Kreibich. Das sollte sich seiner Meinung nach auf dem Markt für Metalle und Rohstoffe »doch besser regulieren lassen als virtuelle Finanztransaktionen«.

Letzteres ist meines Erachtens ein frommer Wunsch ohne Aussicht auf Erfolg, wenn man die Fast-Monopolstellung Chinas als Lieferant vieler Metalle berücksichtigt. Damit ist nicht nur das Land selbst gemeint, sondern auch die Nutzungsrechte Chinas an vielen Vorkommen weltweit.

Recycling

Schon im Vorwort hatte ich auf den dringenden Aufruf der UN, mehr Technologiemetalle zu recyceln, hingewiesen.

Im Kapitel 4 »Minen, Recycling« werden wir uns ausführlich mit dem Recycling von Strategischen und Seltenerdmetallen beschäftigen, aber natürlich gibt es Recycling auch für fast alle anderen Rohstoffe, die nicht aufgegessen oder verbrannt werden. Damit werden wir schon durch Mülltrennung im täglichen Leben konfrontiert: Es gibt große und kleine Behälter entweder pro Haus oder an öffentlichen Plätzen für Glas, Papier, Kunststoffe, Kleidung, Batterien, Biomüll etc. und an separaten Abgabestellen oder mittels Sperrmüllabfuhren für Elektrogeräte, Metalle, Bauabfälle, Chemikalien und vieles mehr.

Ein großer Teil dieser Materialien sind ebenfalls Rohstoffe, die aufbereitet oder nur sortiert gehandelt werden und nicht alle sind legalen Ursprungs. Bedingt durch ihren Wertzuwachs in den letzten Jahren werden speziell Metalle gerne von Baustellen etc. entwendet. Kupferkabel auf Großrollen beispielsweise werden bereits geschützt durch den Endlosaufdruck »Gestohlen von ...« und auf stillgelegten Güterbahnhöfen sind schon ganze Gleisanlagen verschwunden.

Abb. 2.7: Geländerdiebstahl

Rohstoffe als Indikatoren

Börseninsider wissen, dass Rohstoffe oft, nicht immer, Frühindikatoren für Aktienbörsen sein können. 2009 gaben Kupfer und Öl das Startsignal für eine Erholung des Marktes. 2010 in Zeiten der Griechenlandkrise könnte es umgekehrt sein, was einen guten Zeitpunkt für ein Investment bedeuten kann, jedoch nicht muss.

Auch muss man wissen, dass Rohstoffpreise grundsätzlich auch bei einer zwangsläufigen Tendenz zu Preissteigerungen aufgrund von Verknappung durch Marktteilnehmer gewollt starken Schwankungen unterliegen können.

Rohstoffindizes

Es gibt mehrere Rohstoffindizes, die nach ganz unterschiedlichen Kriterien von verschiedenen Institutionen gewichtet werden. Nur beispielhaft werden die bekanntesten nachfolgend alphabetisch geordnet aufgeführt und deren nicht aktuelle Zusammensetzung als Tortengrafik abgebildet. Diese ändert sich laufend, sie kann in Finanzportalen aktuell nachgeschaut werden. Rohstoffindizes können auch zusammengesetzt sein aus Indizes der einzelnen Rohstoffe. Die Gewichtung kann sich beziehen auf Wirtschaftsfaktoren, Liquidität, Konsumverhalten u. a.

Da keine Börsenwerte, werden Technologiemetalle in keinem Index gelistet.

CMCI (Constant Maturity Commodity Index) von UBS Bloomberg
Dieser Index ist eine Indexfamilie aus 28 Rohstoffkontrakten mit unterschiedlichen Fristigkeiten und sehr komplex gewichtet.

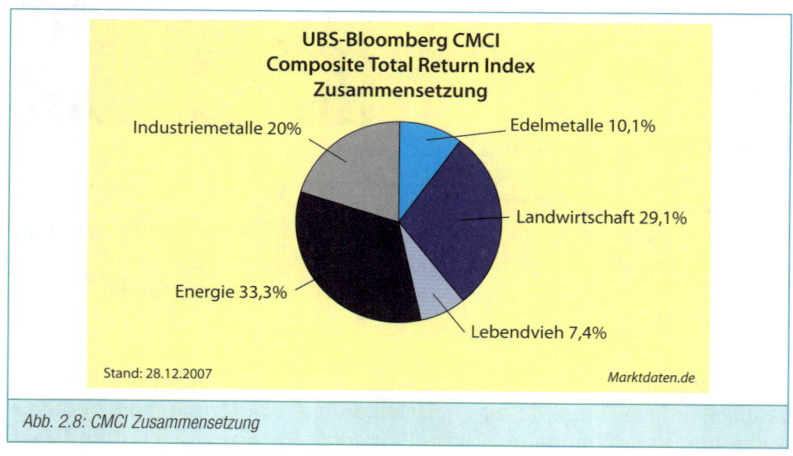

Abb. 2.8: CMCI Zusammensetzung

CRB von Reuters
Er wurde 1957 ins Leben gerufen und ist damit der älteste Index. Er durchlief viele Revisionen, von ursprünglich 28 Rohstoffen sind heute noch 17 gelistet.

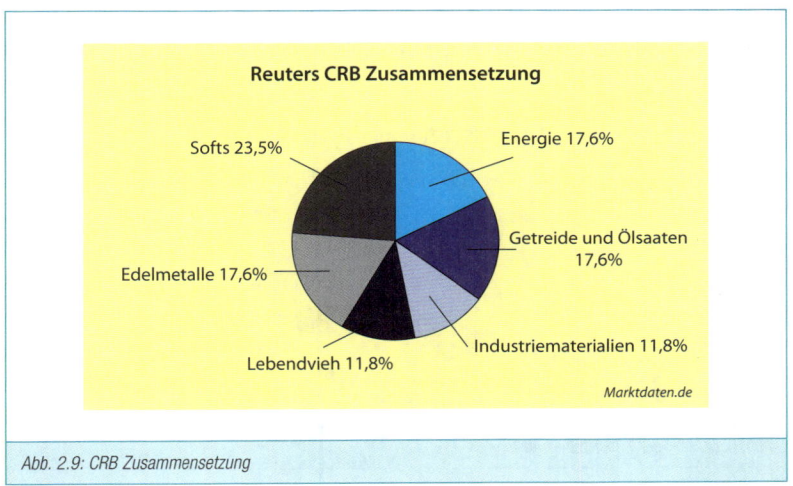

Abb. 2.9: CRB Zusammensetzung

DJ-UBSCI (Dow Jones – UBS Commodity Index)

Der Index enthält 19 verschiedene Rohstoffe. Er wurde 1998 ins Leben gerufen.

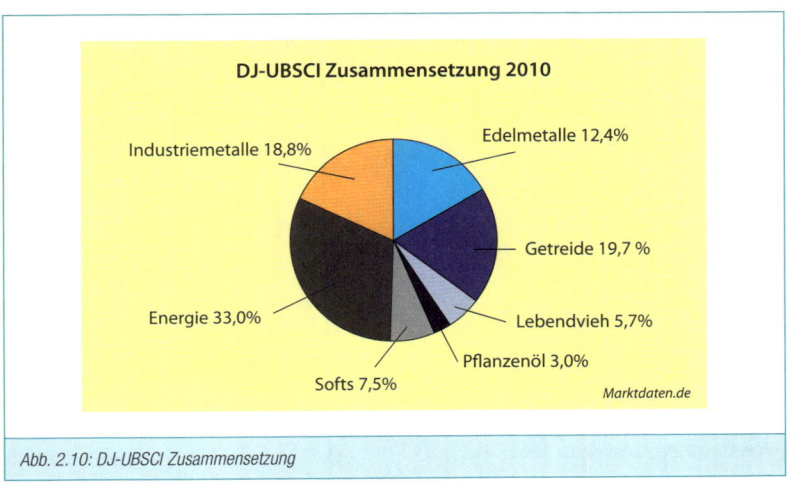

Abb. 2.10: DJ-UBSCI Zusammensetzung

GSCI (S&P Goldman Sachs Commodity Index)

Dieser Index enthält 24 verschiedene Rohstoffe, er ist sehr energielastig.

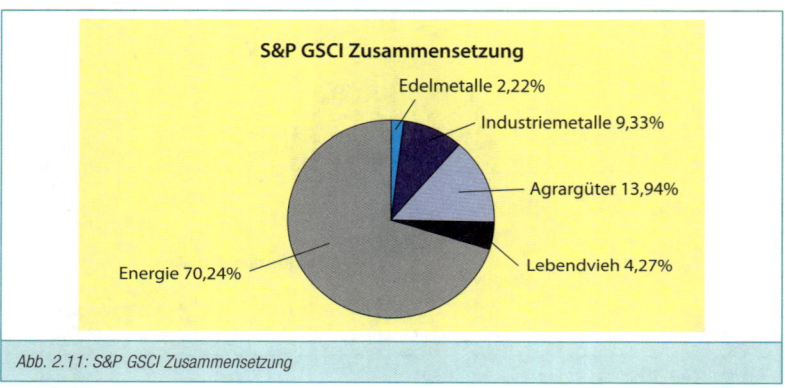

Abb. 2.11: S&P GSCI Zusammensetzung

RICI (Rogers International Commodities Index)

Dieser Index wurde 1998 von Jim Rogers (s. Vorwort) entwickelt. Er ist breitgefächert und enthält 36 Rohstoffe. Eine Tortengrafik liegt nicht vor, aber ein Chart.

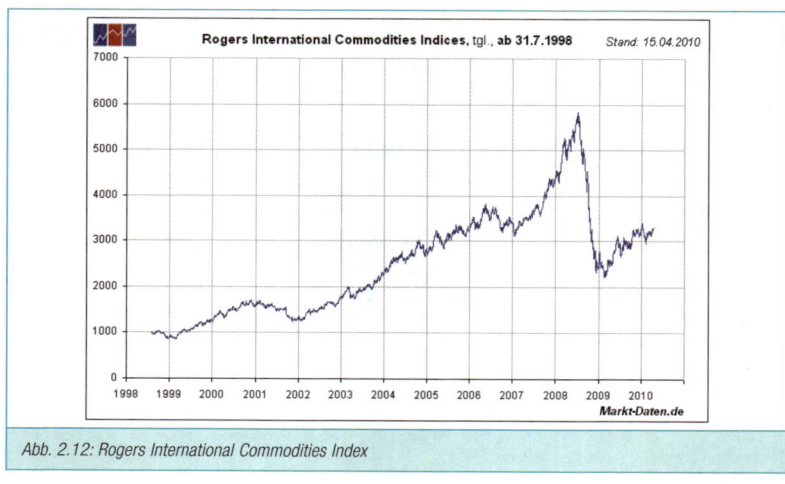

Abb. 2.12: Rogers International Commodities Index

SPCI (Standard & Poor's Commodity Index)

Der Index wurde 2001 aufgelegt, die Daten bis 1970 zurückgerechnet. Enthalten sind 17 verschiedene Rohstoffe. Seit 2008 wird dieser Index nicht mehr gepflegt.

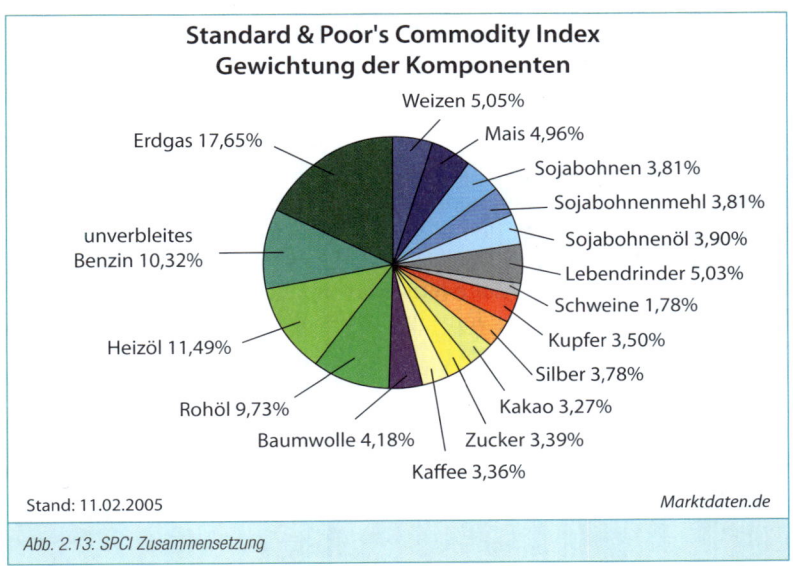

Abb. 2.13: SPCI Zusammensetzung

Rohstoffe als physisches Investment

Bisher gab es für Kleinanleger nur wenige Möglichkeiten, in direkten Besitz und nicht über die Umwege von Bankderivaten zu investieren. Einmal abgesehen von Kunstwerken, Sammlerstücken, Anteilen an Unternehmen als Teilhaber oder mit Aktien, die man als Bruchteileigentum an einem Unternehmen ansehen kann, waren dies letztlich nur Immobilien, Edelmetalle und Edelsteine. Auch die meisten Rohstoffe waren hierfür nicht geeignet.

Nun bieten neuerdings Unternehmen an, direkt in den physischen Besitz von Technologiemetallen, also in Strategische Metalle und Metalle der Seltenen Erden zu investieren. Das ist vielversprechend, bietet es doch die direkte und unmittelbare Teilhabe an wahrscheinlich erheblichen Wertzuwächsen. Allerdings macht es keinen Sinn, diese Metalle selbst einzulagern, da sie nicht wie Edelmetalle zur nächsten Bank oder zum Juwelier gebracht werden können, wo sie mit einfachen Mitteln auf ihren Wert überprüft werden können.

Diese Metalle werden mit genau einzuhaltenden Lieferformen, Liefermengen, Verpackungen und Spezifikationen gehandelt, die nur von Fachhändlern garantiert werden können. Hinzu kommt, dass bei einer Einlagerung der Metalle durch den Metallhändler in einem Zoll- bzw. Mehrwertsteuerfreilager, das in Deutschland sein kann, für den Investor bei Kauf und Verkauf keine Mehrwertsteuer anfällt. Eine Abgeltungssteuer bei einem Verkauf mit Gewinn gibt es bei Waren, die diese Metalle ja sind, ohnehin nicht.

Anders als bei Beteiligungen an Minen und Produzenten ist es bei einer Beteiligung an physischen Metallen dem Metall gleichgültig, wo es herkommt. Es kann also auch aus Recycling bereits verarbeiteten Materials stammen.

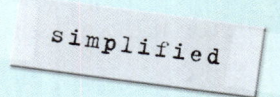

3 Märkte, Börsen und China

In diesem Kapitel wollen wir uns mit den generellen Möglichkeiten beschäftigen, mit denen man in Rohstoffe investieren kann und uns explizit mit dem Land China beschäftigen, weil dieses in Bezug auf unser Hauptthema Strategische und Seltenerdmetalle eine herausragende Rolle spielt.

Märkte

Was ist eigentlich Markt?

Blöde Frage? Nein, ganz und gar nicht. Einerseits leicht zu verstehen, andererseits ungeheuer komplex. Denn ein Markt kann völlig divergierende Interessen zusammenführen, die man sonst durchaus auch mit Gewalt, sprich Krieg, vertreten könnte. Er kann aber auch, wenn dies nicht gelingt, zu Gewalt und Krieg führen.

Wenn Sie im Supermarkt ein Paket Zucker kaufen, sind Sie bereits Marktteilnehmer auf dem großen Gebiet der Agrarrohstoffe. Wenn Sie nun an der Supermarktkasse für fünf Pakete einen anderen als den am Regal angebrachten Preis aushandeln wollen, wird sich Ihre Bedeutung als Marktteilnehmer allerdings schnell relativieren.

Schon anders sieht das auf dem Wochenmarkt aus: Dort kann man bei Abnahme größerer Mengen durchaus etwas handeln oder, wenn nicht, es einige Meter entfernt bei einem anderen Händler versuchen. Bei diesem handelt es sich aber oft, wie in der »großen« Wirtschaft auch und nicht erkennbar für den Kunden, nicht um einen Konkurrenten, sondern um einen Anbieter aus dem gleichem Familienunternehmen.

Noch anders funktioniert es bei Händlern an den entsprechenden Börsen, die genormte Qualitäten und Größenordnungen handeln. Ein Börsenhändler kann die Marktlage und die damit verbundenen Preise anhand von veröffentlichten Charts und Tabellen erkennen. Er kann kaufen bzw. verkaufen, ohne Preise aushandeln zu müssen. Je nach Höhe seines Angebots bzw. seiner Nachfrage nimmt aber auch er Einfluss auf die Kurse.

Abb. 3.1: Händler auf der Rohstoffbörse in New York

Für viele Rohstoffe, nicht nur Agrarrohstoffe, gibt es gar keine Börsen, sondern nur den direkten Handel zwischen zwei oder mehr Parteien. Natürlich richten sich die Preise nach den Interessen dieser Parteien, vergleichbar mit einem Handel auf dem Flohmarkt.

Wenn Sie beispielsweise altes Geschirr sammeln, sind Sie gegebenenfalls bereit, für ein bestimmtes Stück einen wesentlich höheren Preis zu zahlen als jemand, der zwar Gefallen an dem Teil findet, das gleiche Stück aber nur als Gebrauchsgegenstand erwerben will.

Ähnlich verhält sich das bei unseren Strategischen Metallen und den Metallen der Seltenen Erden, für die es keine Börsen gibt. Wenn ein solches

Metall für eine bestimmte Anwendung dringend benötigt wird, wird es an diesen Interessenten zu einem höheren Preis verkauft werden können als an einen Verbraucher, der dieses Metall für seinen Zweck auch durch ein preiswerteres ersetzen oder auf für ihn bessere Zeiten warten kann.

Dennoch gibt es natürlich nachzuvollziehende Marktpreise, die man auch im Internet finden kann. Händler wissen allerdings, dass in der Handelspraxis Preise oft davon abweichen. Das hängt unter anderem auch davon ab, ob das von einem Verarbeiter gesuchte Metall bei dem Stammlieferanten momentan in der gewünschten Menge vorrätig ist oder nicht.

Börsen

Abb. 3.2: Börse in Frankfurt am Main

In den täglichen Börsennachrichten werden Sie zunächst meist informiert über die weltweit wichtigsten Aktienindizes wie Dax (Frankfurt am

Main), Dow Jones (New York), Nikkei (Tokio), Hang Seng (Hongkong) und andere. Das sind die Werte der wichtigsten Aktienunternehmen in den jeweiligen Ländern. Zumindest die Frankfurter Aktienbörse finden wir täglich in unseren Fernsehnachrichten abgebildet.

Neben den Informationen über Aktien und Unternehmen finden wir fast immer auch Berichte über zwei wichtige Rohstoffe, die u. a. als Stimmungsbarometer für wirtschaftliche Entwicklungen angesehen werden: Rohöl und Gold. Diese unterscheiden sich aber ganz wesentlich und die Preisentwicklungen werden deshalb auch unterschiedlich interpretiert: *Rohöl wird für industrielle Zwecke gebraucht und verbraucht, Gold (fast) nicht.*

Und nun kommen wir zu dem im Kapitel Rohstoffe angesprochenen wichtigen Punkt:

Das sind die Börsen!

Für die zuerst genannten Rohstoffe und ihre Indizes gibt es weltweit große und kleine Börsen wie auch für Aktien und ihre Indizes. Das bedeutet, dass wir problemlos jeden Tag Zugriff auf entsprechende Werte und Charts über verschiedene Zeiträume haben. Die Zuordnung ist, wie beispielsweise bei den aufgeführten Agrarrohstoffen, oft einfach nur historisch bedingt.

Die danach aufgeführten Rohstoffe werden nicht oder allenfalls an regionalen Börsen gehandelt.

Warenterminbörsen
Im Kapitel 8 »Edelmetalle, Anlagemetalle« werden Sie Informationen finden über die LBMA (London Bullion Market Association) und die LPPM (London Platinum & Palladium Market), die zweimal täglich die Preise für Gold, Silber, Platin und Palladium festlegen. Diese Institutionen sind aber keine Börsen.

Die weltgrößten Rohstoffbörsen und somit auch Börsen für Metalle aller Art finden sich historisch begründet in den USA und in Großbritannien. Rohstoffmärkte generell, also auch Metallmärkte sind Dollarmärkte. Anleger müssen also neben den Metallkursen immer auch die Devisen-kursentwicklung im Auge behalten.

NYMEX (New York Mercantile Exchange) und COMEX (New York Commodities Exchange)

Die NYMEX ist die weltgrößte Warenterminbörse auch für Anlagemetalle. In der NYMEX ist 1994 auch die COMEX (New York Commodities Exchange) aufgegangen. Das ist etwas verwirrend, weil nun die NYMEX einerseits den Oberbegriff darstellt, andererseits die Namen NYMEX und COMEX für die jeweiligen Handelsinhalte stehen. Deshalb heißt sie offiziell auch COMEX Division.

Ursprünglich wurde die NYMEX 1872 unter dem Namen »Butter and Cheese Exchange of New York« gegründet. Dann kamen Trockenfrüchte, Geflügel und Konserven dazu und sie wurde umbenannt und erhielt den heutigen Namen NYMEX.

Historisch bedingt finden wir die Anlagemetalle bei beiden Börsen. So reihen sich Platin und Palladium mit anderen Metallen wie Stahl und Uran in eine lange Liste anderer Rohstoffe und Energie bei der NYMEX ein; bei der COMEX finden wir Aluminium, Gold, Kupfer und Silber.

CME (Chicago Mercantile Exchange)

Die CME ist ein Ableger der 1848 gegründeten CBOT (Chicago Board of Trade), der heute noch führenden Börse für landwirtschaftliche Rohstoffe. Die CME hieß im Gründungsjahr 1898 noch »Chicago Butter and Egg Board«, bevor weitere Rohstoffe hinzukamen. Heute werden dort auch Aluminium, Kupfer und Zinn gehandelt.

LME (London Metal Exchange)

Die LME ist der größte Handelsplatz für Industriemetalle in Europa und einer der größten der Welt. Die Wurzeln als »Royal Exchange« reichen zurück bis 1571, die mit dem heutigen Geschäft vergleichbare Börsenhandelsgesellschaft »London Metal Market and Exchange Company« wurde 1877 gegründet. Anfänglich wurde nur Kupfer gehandelt, später auch die anderen Industriemetalle Aluminium, Blei, Nickel, Zink und Zinn. Der Umsatz wird auf rund 2 000 Milliarden US-Dollar pro Jahr geschätzt.

TOCOM (Tokyo Commodity Exchange)

Auch in Asien gibt es Rohstoffbörsen, die für Metalle bedeutendste ist die TOCOM, die 1984 aus dem Zusammenschluss von drei Börsen hervorgegangen ist. Gehandelt werden neben anderen Rohstoffen Gold, Silber, Platin und Palladium.

Contango, Backwardation

Insbesondere bei den Industriemetallen sind Terminmärkte entscheidender als Kassamärkte. In einem Terminkontrakt, einem Future, werden Termin, Menge und Preis festgelegt. Wenn nun der Preis eines auslaufenden unter dem eines neuen Futures liegt, nennt der Fachmann dies Contango-Situation, im umgekehrten Fall Backwardation-Situation. Der Normalfall ist die Contango-Situation.

COT, CFTC

Um den Rohstoffmarkt transparenter zu machen, wurde 1974 in den USA die Commodity Futures Trading Commission (CFTC) gegründet. Ihre Aufgabe ist es, alle Informationen über Handelsbewegungen zu sammeln, diese zu überwachen und zu regulieren. Anders als bei Aktien erhalten die Marktteilnehmer Insiderinformationen, die größere Manipulationen verhindern sollen. Daten werden einmal wöchentlich im Commitment of Traders (COT)-Report veröffentlicht.

Indizes

Für Aktien gibt es schon sehr viele Indizes, die nach verschiedensten Kriterien geordnet sind. Dies können sein: Länder, Erdteile, Branchen, Technologien etc. Am bekanntesten in der deutschen Öffentlichkeit sind zweifellos die auf den Seiten 69 und 70 erwähnten.

Es gibt aber auch viele Rohstoffindizes mit sehr unterschiedlichen Gewichtungen. In diesen sind dann zum Teil auch Edelmetalle und/oder Industriemetalle enthalten, allerdings sind das zusammengenommen in den einzelnen Fonds meist nicht mehr als 20 Prozent. Mehr dazu finden Sie im Kapitel »Rohstoffe«.

Die ETs

Nein, natürlich folgt jetzt keine Abhandlung über Extra-Terrestrische, die »nach Hause telefonieren« wollen, wie im Spielfilm von Steven Spielberg von 1982, obwohl die Heimatwelten unserer ETs auch manchmal etwas seltsam anmuten.

Vielmehr wollen wir uns mit den »Exchange Traded«-Produkten beschäftigen, wobei »exchange traded« für »börsengehandelt« steht.

Nachdem es lange Zeit nur einigermaßen leicht zu verstehende ETFs (Exchange Traded Funds) und ETCs (Exchange Traded Commodities) gab, finden wir neuerdings auch die Begriffe ETP (Exchange Traded Products) und ETN (Exchange Traded Notes).

Aber der Reihe nach:

ETFs, Exchange Traded Funds, sind börsengehandelte Indexfonds, also Fonds, die nicht aktiv gemanagt werden, sondern einen Index abbilden.

Dies können Aktienindizes wie Dax oder Dow Jones, Rentenindizes, Kredit-, Geldmarkt-, Rohstoff- und Währungsindizes sein. Vorteile sind Transparenz und geringere Kosten. Nachteil ist die feste Bindung an den Index, allerdings hat die Vergangenheit gezeigt, dass die Performance der meisten aktiv gemanagten Aktienfonds nicht besser war als bei den vergleichbaren Indexfonds. Ausnahmen bestätigen auch hier die Regel, sonst hätten Tausende von Fonds ja keinerlei Existenzberechtigung.

Der amerikanische Wirtschaftsnobelpreisträger von 1970, Paul Anthony Samuelson (1915–2009), brach eine Lanze für Indexfonds, »... damit sich die Revolverhelden von Fondsmanagern an Indexfonds die Zähne ausbeißen können.«

ETFs für Anlagemetalle beispielsweise bilden deren Kursverlauf nach und bieten die Möglichkeit, ohne direkte Investitionen in physische Anlagemetalle Anteile zu zeichnen. Dies ist zu geringen Kosten möglich, da kein Ausgabeaufschlag und keine Managementkosten anfallen. Man muss aber wissen, dass Rohstoff-ETFs (gilt auch für Rohstoff-ETCs) nicht unbedingt die Marktpreise direkt abbilden, sondern die der zugehörigen Futures. Das kann zu Rollgewinnen, aber auch zu Rollverlusten führen.

Gemäß Fondsrichtlinien soll eine Streuung der Anlage gewährleistet sein, ein einzelner Rohstoff beispielsweise kann durch einen ETF nicht abgebildet werden.

Es können, müssen aber nicht, Edelmetalle als physische Absicherung von Edelmetall-ETFs durch die Emittenten eingelagert sein.

Das ETF-Börsensegment gibt es seit 2000, zunächst für europäische Aktienindizes. Es gehört zu dem am schnellsten wachsenden, mittlerweile (Stand 2010) haben Anleger rund 1 Billion Dollar investiert. Dabei profitieren ETFs im Wesentlichen von drei Hauptargumenten: Sie sind transparent, günstig und leicht verständlich.

Wichtig: Ein ETF hat den juristischen Status eines Sondervermögens, kann also nicht in die Insolvenzmasse des Emittenten eingehen.

ETCs, Exchange Traded Commodities, sind ebenfalls börsengehandelte Wertpapiere, die physisch gelagerte Rohstoffe (Commodities) zum Inhalt haben.

Folgende Definition ist wörtlich der »Deutsche Börse Group« entnommen:

»ETCs sind offen strukturierte Wertpapiere, die Anleger wie Aktien fortlaufend während der gesamten Handelszeit an der Börse auf Xetra handeln können. Investoren bekommen somit schnellen und transparenten Zugriff auf eine breite Palette von Rohstoffen, ohne dabei Terminkontrakte erstehen oder Rohstoffe physisch beziehen zu müssen. Wie bei Aktien können auch beim Handel mit ETCs Market-, Limit- und Stop-Loss Orders aufgegeben werden. Die kleinste handelbare Einheit ist ein Stück. ETCs sind ähnlich ausgestaltet wie börsengehandelte Indexfonds (ETFs) und haben mit diesen viele Vorteile gemeinsam: Sie sind offen strukturiert, kostengünstig und ihre Preisbildung ist transparent. Sie haben eine unbegrenzte Laufzeit, werden an der Börse gehandelt und bieten zudem ein hohes Maß an Liquidität. Rechtlich gesehen stellen ETCs jedoch unbefristete, besicherte Schuldverschreibungen des jeweiligen

Emittenten dar und nicht Sondervermögen in Form einer Fondsstruktur.«

Ende 2009 wurden aber auch schon Währungs-ETCs eingeführt, wodurch die bisherige eindeutige Zuordnung zu Rohstoffen verloren geht.

Auf Anlagemetalle bezogen sind dies also Papiere, deren Wert physisch eingelagertes Gold, Silber, Platin und Palladium abbilden. Während anfänglich nur einige Gold-ETCs aufgelegt wurden, ist mittlerweile ein regelrechter Boom entstanden und es gibt ETCs für alle Metalle einzeln oder in Kombinationen mit unterschiedlichen Schwerpunkten.

Besichert sind diese Wertpapiere durch den Gegenwert der eingelagerten Metalle im Wert von inzwischen mehreren Milliarden Euro, sie sind aber kein Sondervermögen, sondern unterliegen dem Emittentenrisiko.

Beide Anlageformen, ETFs und ETCs, sind in der Finanzkrise sprunghaft gewachsen, insbesondere Ende 2008 nach dem Bekanntwerden der Insolvenz von Lehman Brothers. Es gab gewaltige Umschichtungen zu Lasten von anderen Anlageformen, insbesondere Aktien und Aktienfonds.

Viele Edelmetalle sind in London eingelagert. Im Großhandel vor den Zeiten von Gold- und Silber-ETCs bedeutete dies, dass Barrenbestände einfach unterschiedlichen Handelspartnern zugeordnet wurden, ohne diese physisch zu trennen. Bei ETCs müssen sie auch physisch zugeordnet werden.

ETNs, Exchange Traded Notes, sind Schuldverschreibungen ähnlich ETCs, sie beziehen sich aber nicht auf Rohstoffe, sondern auf andere Assetklassen. Diese können sein, wie bei den ETFs, Währungen, Aktienindizes und anderes. Sie werden besichert oder unbesichert angeboten. Ein ETN ist in Gegensatz zu einem ETF kein Sondervermögen. ETNs sind noch weitgehend unbekannt, ein ETN wurde bisher von einem Anbieter für einen Volatilitätsindex emittiert.

ETPs, Exchange Traded Products, sind nicht einheitlich geregelt. ETP wird von einigen als Sammelbegriff für alle ETs genutzt, die Deutsche

Börse versteht darunter den Oberbegriff für ETC und ETN, nicht aber für ETF.

Die ETs können sehr komplizierte Produkte sein. So kann bei ETFs die Abbildung eines Index durch derivate Instrumente wie Total Return Swaps nachgestellt werden, was wiederum Auswirkungen auf die Besicherung hat. Im Gegensatz zu den ETCs und den ETNs ist dieses Instrument allerdings durch die europäischen Fondsrichtlinien begrenzt. Besicherungen können auch erfolgen mit Gold oder über Schuldverschreibungen, wobei hierbei die von den in jüngster Zeit viel gescholtenen Ratingagenturen Standard & Poor's, Moody's und Fitch Ratings vorgenommenen Bewertungen der Emittenten eine große Rolle spielen. Generell ist es nicht so einfach, die von den Instituten gebotenen Sicherheiten zu bewerten. Interessenten sollten sich sehr ausführlich informieren.

Zertifikate
Zertifikate sind rechtlich gesehen Schuldverschreibungen von Banken und können, müssen aber nicht börsengehandelt sein. Sie können ebenfalls unterschiedliche Basiswerte haben. So gibt es Index-, Basket-, Bonuszertifikate und andere.

Einer breiten Öffentlichkeit bekannt wurden Zertifikate in Zusammenhang mit der Pleite der Investmentbank Lehman Brothers. Die »Lehman-Zertifikate«, die auch in Deutschland vertrieben wurden und aufgrund des großen Namens als besonders sicher angesehen wurden, waren damals Bestandteil jeder Nachrichtensendung.

Anlagemöglichkeiten in Technologiemetalle
Für unsere beiden in diesem Buch zu besprechenden Metallgruppen, die Strategischen oder Sondermetalle sowie die Seltenerdmetalle, gilt also:

Es gibt für diese Metalle, von wenigen Ausnahmen abgesehen, keine Börsenkurse!

Diese Metalle unterliegen meist dem Handel zwischen Parteien, die frei von Börsenvorgaben nur ihren Interessen entsprechend den Kaufpreis aushandeln können. Das liegt auch daran, dass der Markt und das Handelsvolumen bei Weitem nicht so groß sind wie bei den anderen Metallen.

Dennoch unterliegen auch diese Preise selbstverständlich den Marktgegebenheiten und sind entsprechend Angebot und Nachfrage hoch oder niedrig, aber durch das Fehlen entsprechender Publikationen sind Markt und Preise nicht so transparent wie bei einem Börsenmarkt.

Das wird sich in Zukunft mit zunehmendem Interesse der Öffentlichkeit zumindest für einige Metalle ändern. Nur Anwender, Verarbeiter, spezialisierte Händler und ein kleiner Kreis von Finanzexperten kannten die Begriffe *Strategische Metalle* und *Seltenerdmetalle*, aber bei Weitem nicht die meisten der einzelnen Namen und Anwendungen.

Für den Anleger bestand bisher nur die Möglichkeit, in Aktien von Minenunternehmen oder Produzenten zu investieren, wenn man andere Beimischungen wie bei ETFs oder ETCs vermeiden wollte. Wie im folgenden Kapitel »Minen, Recycling« näher ausgeführt, sind solche Unternehmen aber für einen Laien sehr schwer zu beurteilen. Nun ist es auch möglich, direkt in solche Metalle zu investieren. Hierfür werden die Metalle einzeln oder als zusammengestellte Warenkörbe angeboten, an denen ein Investor dann einen Eigentumsanteil besitzt. Gelagert werden die Metalle bei einem Händler, der die Marktfähigkeit sicherstellt.

Es ist auch eine Art Vermögensverwaltung möglich, innerhalb derer Metalle je nach Marktlage von Experten umgeschichtet werden.

Cost Average Effect

Prinzipiell gibt es zwei Möglichkeiten, sein Geld anzulegen. Einmal als Einmalanlage mit der Option, die Anlage bis zu einem Zeitpunkt X zu halten, der entweder vorgegeben ist oder selbst gewählt werden kann. Es gibt aber auch die Sparanlage, bei der kleinere Beträge periodisch in gleichlangen Zeiträumen, meist Monate, eingezahlt werden können. Bei schwankenden Kursen hat diese Methode den Vorteil, dass man automatisch mit einem gleich hohen Betrag bei niedrigem Kursstand viele Anteile kauft, bei hohem Kursstand wenige Anteile.

Man kann das Prinzip anschaulich wie folgt erklären:

Anteile kaufen ist vergleichbar mit Einkaufen auf dem Wochenmarkt. Frau Einfalt und Frau Geistreich kaufen im Jahr öfter Ananas.

1 Stück kostet	Frau Einfalt kauft immer 5 Stück	Frau Geistreich immer für 20,- €
im Frühjahr 2,- €	5 Stück = 10,- €	20,- € = 10 Stück
im Sommer 10,- €	5 Stück = 50,- €	20,- € = 2 Stück
im Herbst 1,- €	5 Stück = 5,- €	20,- € = 20 Stück
im Winter 3,- €	5 Stück = 15,- €	21,- € = 7 Stück
ausgegeben haben sie	80,- €	81,- €
erhalten haben sie	**20 Stück**	**39 Stück**

Fazit:

Wer regelmäßig einen festen Betrag investiert, beachtet automatisch das wirtschaftliche Prinzip:

Wenig kaufen bei hohen Preisen, viel kaufen bei günstigen Preisen.

Der Anleger erhält so unterm Strich über einen längeren Zeitraum mehr Anteile.

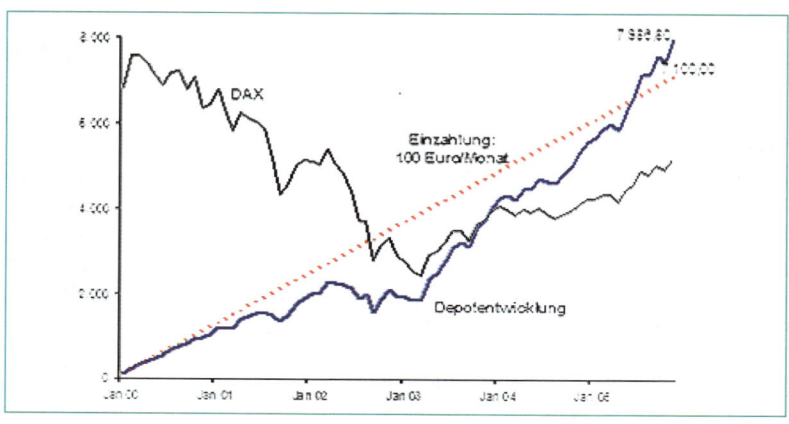

Anlageverhalten

Wie man sein Geld richtig anlegt, ist nicht Thema dieses Buches. Hierzu sind ganze Bibliotheken mit schlauen Büchern bestückt worden.

Für seine »Portfoliotheorie« erhielt 1990 der amerikanische Wirtschaftswissenschaftler Harry Max Markowitz (geb. 1927) zusammen mit Merton Howard Miller (1923–2000) und William Sharpe (geb. 1934) den Wirtschaftsnobelpreis. Schon daran kann man erkennen, wie komplex das Thema betrachtet werden kann.

Das Prinzip für den normalen Sterblichen ist einfach: Wer wenig hat, sollte vorrangig auf Kapitalerhalt achten, wer viel hat, kann auch mal was riskieren. Zugegebenermaßen ist das arg platt, aber eben auch richtig. Und die alte Börsenweisheit »Nicht alle Eier in einen Korb« wurde schon früh von dem griechischen Philosophen Epiktet (50–125) vorweggenommen:

> *»Man darf das Schiff nicht an einen einzigen Anker und das Leben nicht an eine einzige Hoffnung binden.«*

China

> *»Ich sage nur: China, China, China!«*

So warnte Kurt Georg Kiesinger (Bundeskanzler 1966–1969) im letzten Jahr seiner Amtszeit einst vor der »gelben Gefahr«. Heute dreht sich alles mehr denn je um China. Kein Tag ohne Meldungen aus diesem Land, die uns entweder staunen lassen oder betroffen machen. Und direkt oder indirekt haben alle mit unseren Metallen zu tun, denn einerseits wird China der größte Markt werden, andererseits kommen viele Metalle aus China, die Seltenerdmetalle beispielsweise zu über 90 Prozent. Hinzu kommt, dass China weltweit Minen, Lieferfirmen und Verarbeiter aufkauft. Deshalb müssen wir uns natürlich ausführlich mit diesem Land beschäftigen.

Aber wo soll man da nur anfangen?

Vielleicht ganz einfach mit einigen Meldungen nur aus März 2010, die die ganze von uns zumindest so empfundene Widersprüchlichkeit dieses Landes aufzeigen:

> Der Telekommunikationsausrüster Huawai konnte 2009 seinen Gewinn auf 2 Milliarden Euro mehr als verdoppeln. Den Umsatz bei Mobiltelefonen konnte er mehr als verzehnfachen.
> Der chinesische Geely-Konzern hat den Autobauer Volvo, 1927 in Schweden gegründet, von Ford gekauft. Schweden hofft, 16 000 Arbeitsplätze im Lande halten zu können. Schon 2005 hatte der PC-Hersteller Lenovo IBM übernommen.

Abb. 3.3: Skyline Shanghai bei Nacht

> Der chinesische Armaturenhersteller Joyou geht in Deutschland an die Börse. Der Börsengang soll ein Volumen von über 100 Millionen Euro haben. Das Unternehmen kooperiert mit Grohe und will mit dem Geld aus dem Börsengang seine Expansion finanzieren.

Abb. 3.4: Chinas Expo Pavillon

> Der chinesische Goldminenbetreiber Zijin Mining konnte seinen Gewinn 2009 gegenüber 2008 um 520 Millionen Dollar erhöhen.

> Die China Petroleum & Chemical Corp. erwirbt für 2,5 Milliarden Dollar 55 Prozent an der angolanischen Sonangol. Dies ist das staatseigene Mineralölunternehmen. An Angolas Küste werden 5 Millionen Barrel Öl vermutet, wobei zurzeit fünfmal mehr Vorkommen neu entdeckt werden als ausgebeutet werden können.

> Die fünftgrößte Geschäftsbank Chinas, die Bank of Communications, hat im vierten Quartal 2009 wegen vorausschauender Rückstellungen einen Nettogewinn von (nur!) 1,1 Milliarden Dollar erzielt.

> Die Konjunkturprogramme ließen die Industrieproduktion um fast 20 Prozent und die Einzelhandelsumsätze um 17 Prozent wachsen.

> China richtet 2010 die Weltausstellung Expo in Shanghai aus. Sie bricht alle Rekorde, ist dreimal größer als in Hannover vor zehn Jahren und somit die größte Expo aller Zeiten. Offiziell wurden über 30 Milliarden Dollar investiert, zwei neue Flughafenterminals, 100 neue U-Bahn-Stationen und 300 neue Hotels gebaut. 80 Millionen Besucher werden erwartet.

Das offizielle Motto lautet »Bessere Stadt, besseres Leben«. Grün soll die Expo werden und das in Shanghai, das mit extremer Luftverschmutzung zu kämpfen hat. So findet auch folgerichtig während der Expo die »Green Vehicle Expo« statt, die größte Elektroauto-Messe aller Zeiten (Mehr zum Elektroauto im Kapitel 10 »Alkalimetalle« unter »Lithium«). Eröffnet wurde die Expo im Mai 2010 mit, natürlich, dem größten Feuerwerk, na? Richtig, aller Zeiten!

Soweit ein kleiner Auszug der für China positiven Nachrichten aus der Welt der Wirtschaft in nur einem Monat. Für unser Verständnis sind solche positiven Meldungen eigentlich nur denkbar in einem Umfeld von Freiheit und Marktwirtschaft und in einer sozial funktionierenden, toleranten Gesellschaft.

Aber es gibt eben auch die andere Seite Chinas, die uns immer wieder erschreckt. Auch diese Meldungen stammen nur aus dem März 2009:

> Nach der Affäre um Google wurden die Internetzensuren weiter verschärft. Registrierer von Domain-Namen müssen mit Antrag und Ausweis persönlich vorstellig werden, das Netzwerk Facebook und das Videoportal Youtube wurden für Chinesen gesperrt.
> Amnesty International hat seinen Bericht über Todesstrafen und Hinrichtungen in der Welt vorgelegt. Aber China konnte nicht in die Untersuchungen einbezogen werden, weil mittlerweile die Zahlen dort nicht mehr veröffentlicht werden. Amnesty International geht von mehreren Tausend Hinrichtungen im Jahr 2009 aus, davon viele an Regimegegnern. Das neue Selbstbewusstsein Chinas zeigt sich auch bei diesem Thema. So wurde erstmals seit 60 Jahren ein Brite hingerichtet. Die historisch schwierigen Beziehungen zu Japan wurden 1972 einigermaßen normalisiert, nun wurden erstmals seit fast 40 Jahren drei Japaner hingerichtet. China verbat sich jede Einmischung nach den diplomatischen Protesten aus Großbritannien und Japan.
> Innerhalb einer Woche gab es in China fünf Bergwerksunglücke. Allein 2009 starben in chinesischen Kohlebergwerken mehr als 2 600 Arbeiter. Wenn man in den Fernsehnachrichten die Bilder von den Zuständen der Bergwerke über Tage sieht, mag man sich die unter Tage gar nicht erst vorstellen. Dabei wurden angeblich in 2005 aufgrund der vielen Unglücke über 7 000 Bergwerke von den

zuständigen Behörden stillgelegt und die Sicherheitsvorschriften verschärft.

> Durch die anhaltende Dürre in Südwestchina sind 50 Millionen Menschen in ihrer Existenz bedroht. Trinkwasser wird mit Tankwagen in die Dörfer geliefert, Vieh muss notgeschlachtet werden, die Felder vertrocknen. Experten führen die Dürre auf Klimaveränderungen durch den Drei-Schluchten-Damm und durch Bergbauprojekte zurück.

> In Nordchina wütete der bisher stärkste Sandsturm. Peking war mit einer Staubschicht bedeckt, der Flughafen musste zeitweise geschlossen werden. Grund sind die sich ausbreitenden Wüsten durch Überweidung, die Abholzung von Wäldern, die Ausbreitung der Städte.

> In einem Zoo im Nordosten Chinas hat man elf sibirische Tiger aus Geldmangel einfach verhungern lassen. Sibirische Tiger sind fast ausgerottet, der Wildbestand dieser größten Tigerart wird auf unter 500 Tiere geschätzt.

> Chinesische Sicherheitsbehörden gingen brutal gegen Bauern in Tibet vor, die sich Anordnungen widersetzt hatten. Viele wurden schwerverletzt in Krankenhäuser eingeliefert, Verwandte oder Pressevertreter durften sie nicht besuchen. Ein Mönch wurde wegen Boykottaufrufen zu Tode geprügelt.

Es gibt aber auch eine traurige Meldung ganz anderer Art, deren Veröffentlichung man im prüden China nicht erwartet hätte: Das China Population Communication Center und die Shanghai Academy of Social Sciences haben in einer gemeinsamen Untersuchung festgestellt, dass 40 Prozent aller Ehepaare in China mit ihrem Sexualleben unzufrieden sind.

Unabhängig von solchen einzelnen Meldungen müssen wir die Gesamtsituation Chinas im Auge behalten. Das offiziell Volksrepublik China genannte Land ist mit 1,3 Milliarden Menschen das bevölkerungsreichste der Erde und das größte in Asien.

Der Hauptteil der Bevölkerung, mehr als 90 %, lebt im Osten des Landes. Bildlich darstellen lässt sich das gut mit der »Heihe-Tengchong Linie«. Dort wachsen immer mehr Millionenstädte. Laut einer McKinsey Studie kann man davon ausgehen, dass China in den nächsten 15 Jahren ein Äquivalent von 10 New York Citys bauen wird, auch weil so viele Bauern in die Städte drängen.

Abb. 3.5: China

Der ehemalige Bundespräsident Horst Köhler bemerkte zu dem Thema anlässlich seines Expo-Besuchs: »China wird auf absehbare Zeit noch stark auf sich selbst konzentriert sein, um die Entwicklungsunterschiede zwischen der unglaublich dynamischen Entwicklung an der Küste und der anhaltenden Armut und den sozialen Spannungen im Inland auszugleichen.«

Geschichte
Zurückverfolgen lässt sich eine viertausend Jahre alte Geschichte mit entsprechenden Hochkulturen und Kaiser-Dynastien. Die bei uns bekannteste ist die Ming-Dynastie (1368–1644). Und warum? Wegen der teuren Vasen, die stellvertretend für sehr Wertvolles so gern zerdeppert werden!

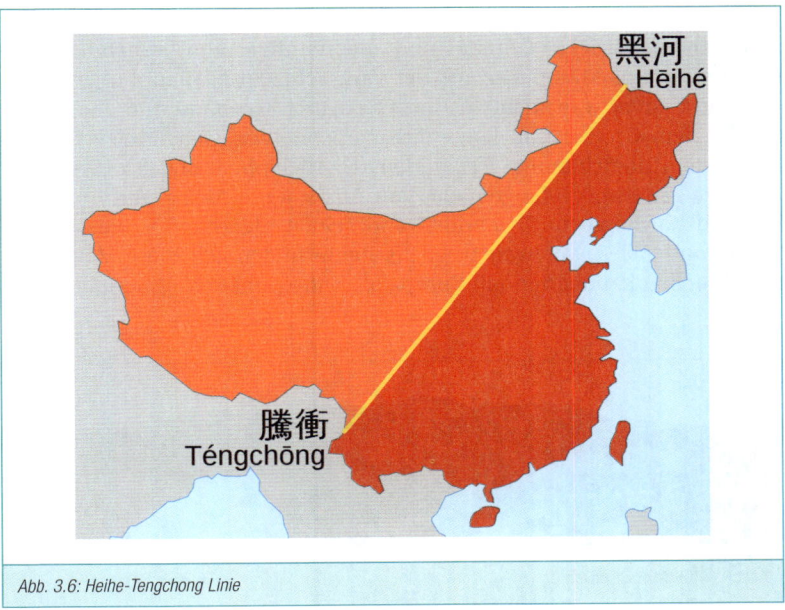

Abb. 3.6: Heihe-Tengchong Linie

Andere bedeutende Ereignisse der letzten Jahrhunderte sind:

> 1211: Dschingis Khan fällt in China ein
> 1275–1292: Marco Polo bereist China
> 1644: Sturz der Ming-Dynastie
> 1839–1842: Erster Opiumkrieg
> 1856–1860: Zweiter Opiumkrieg
> 1851–1864: Taiping-Aufstand
> 1900: Boxeraufstand
> 1911: Sturz der Qing-Dynastie
> 1949: Gründung der Volksrepublik China durch Mao Zedong
> 1989: Massaker auf dem Platz des himmlischen Friedens
> 2008: Olympische Sommerspiele in Peking
> 2010: Weltausstellung Expo in Shanghai

Wenn wir Europäer an Geschichte denken, fängt diese meist an vor etwa 2000 Jahren mit Jesus Christus und anderen diversen Geschehnissen an Orten rund ums Mittelmeer und der Varusschlacht im Teutoburger Wald. Und kurz davor war noch was mit Cäsar und Kleopatra und einem Alexander dem Großen und lange davor irgendetwas Geheimnisvolles mit Nofretete, Tutenchamun, Pyramiden, Hieroglyphen und so. Stimmt's? Amerika gab es noch lange nicht, von Afrika – mit Ausnahme von Ägypten und Karthago (und Hannibal und seinen Elefanten) – wusste man nichts und Asien war weit weg. Bis heute findet sich diese Haltung in den üblichen Landkarten mit Europa als Mittelpunkt (Nullmeridian) wieder.

Abb. 3.7: Die Chinesische Mauer

Die Chinesen haben in der Beziehung ein völlig anderes, länger zurückreichendes und viel verwurzelteres Selbstverständnis, aber auch sie sahen natürlich ihr Land als Mittelpunkt der Welt an, von uns sinozentrisches Weltbild genannt. Dieses suchte man zu schützen, die Tausende Kilometer lange chinesische Mauer ist ein Beispiel. Sie ist neben ihrer Länge aber auch das größte Bauwerk der Welt in Bezug auf Volumen und Masse.

Das riesige China war immer mit sich selbst beschäftigt, so gab es auch keine nennenswerten Eroberungsbestrebungen im Sinne von Kolonien auf anderen Kontinenten, obwohl China im 15. Jahrhundert die mächtigste Flotte der Welt mit gewaltigen, neunmastigen Schiffen mit beeindruckenden Einrichtungen hatte. Im Gegenteil: China selbst wurde noch im 19. Jahrhundert Opfer kolonialer Bestrebungen mit der Folge vieler Kriege bis zur Gründung der Volksrepublik 1949. Chinesen haben bis heute die Demütigungen nicht vergessen, denen sie von japanischer,

aber eben auch europäischer Seite mit teilweise rassistischen Zügen ausgesetzt waren.

Ich kann mich sehr gut an Gespräche mit in Hongkong lebenden Englän-
dern erinnern, kurz bevor 1997 Hongkong von Großbritannien an China
zurückgegeben wurde. Für diese war es völlig undenkbar, künftig einem
Chinesen, ob Behördenvertreter oder Firmenleiter, unterstellt zu sein.
Viele gingen allein aus diesem Grunde zurück nach England. Offiziell
thematisiert wurde dieses Problem nach den Rassismus-Erfahrungen mit
dem »Dritten Reich« natürlich nie.

Seit Ende der 1970er-Jahre unter Deng Xiaoping (1904–1997) versucht
China einen eigenen Weg mit einer »Sozialistischen Marktwirtschaft«,
was sich eigentlich widerspricht. Gemeint ist eben nicht »Soziale Marktwirtschaft« in unserem Sinne. Und so sieht die Praxis auch aus: Sozialis-
tische Armut, Hunger und Elend stehen völlig selbstverständlich einer
brutal kapitalistischen Wirtschaft mit gewaltigem Reichtum gegenüber,
der richtige Weg ist noch nicht so recht gefunden.

Aber: Aus China wurde in ganz kurzer Zeit eine gewaltige Wirtschaftsmacht, bedingt auch durch seine pragmatische Diktatur mit wirtschafts-
politischen Entscheidungen, die nicht lange zwischen Parteien diskutiert
und verwässert werden. Während in Berlin zehn Jahre über einen Flug-
hafen diskutiert wurde, hat China in der gleichen Zeit mal eben einhundert gebaut.

Helmut Schmidt, Sie wissen schon, Smoky, wurde einmal gefragt, wer
denn seiner Meinung nach der größte Reformpolitiker der Geschichte gewesen sei und er antwortete nicht »Ich«, sondern »Deng Xiaoping«.
Schon Deng erkannte in seiner Weitsichtigkeit übrigens sehr früh:

»Der Nahe Osten hat sein Öl, wir haben die Seltenen Erden.«

Aus chinesischer Sicht ist man mit dem eingeschlagenen Weg erfolgreich
und man hat bei aller Höflichkeit ausländischen Gästen gegenüber, die
bei jedem Besuch gebetsmühlenartig Demokratie und ein menschenwür-
digeres Rechtssystem einfordern, keinerlei Intentionen in dieser Richtung.
Andererseits kommt ein Teil der chinesischen Bevölkerung durch die Glo-

balisierung, durch Internet und durch immer häufigere Kontakte zu Menschen aus demokratisch geprägten Ländern langsam, aber sicher mit freiheitlicheren Einstellungen in Berührung. Eine Demokratisierung des ganzen Landes aber wird sich daraus nach Meinung von Insidern noch lange nicht ergeben. Man hofft auf den Sonderstatus von Hongkong, wo vieles mehr an Meinungsäußerung möglich ist als im großen Rest des Landes. Heute heißt die offizielle Marschrichtung »Sozialismus chinesischer Prägung«, das ist nichts anderes als staatlich kontrollierter Kapitalismus.

Und dieser wird genutzt. Die junge Generation Chinas ehrt ihre Eltern, hat aber mit deren Lebenserfahrung einer Kulturrevolution in den sechziger und siebziger Jahren des letzten Jahrhunderts und mit ihrer totalen und totalitären Gleichmacherei nichts mehr zu tun. Sie denken unternehmerisch und träumen von Fortschritt und Wachstum.

An dieser Stelle bietet es sich an, einige Worte zum größten Land der Erde, Russland, zu verlieren, das bis jetzt zu kurz kam. An dieser Stelle deshalb, weil sich auch die russische Wirtschaft nach dem Zusammenbruch des Kommunismus anders entwickelte als die westlicher Staaten nach dem Krieg. Zu China gibt es durchaus Parallelen. Und diese werden zunehmend auch von diesen beiden Staaten gesehen, spätestens seit 2008, als die Grenzstreitigkeiten der beiden sich bis dahin feindlich gegenüberstehenden Länder endgültig bereinigt wurden. Parallelen gibt es auch zu der sehr unterschiedlichen Bevölkerungsdichte in den Ländern. Ähnlich wie bei der Aufteilung der chinesischen Bevölkerung westlich und östlich der Heihe-Tengchong Linie lebt auch in Russland 80 % der Bevölkerung in einem Teil des Landes, dort aber im Westen nahe Europa. Weite Teile im Osten sind kaum besiedelt.

Interessant zu beobachten ist das zunehmende Verständnis füreinander und eine immer selbstbewusstere Haltung Amerika gegenüber. Man ist sogar so weit, sich bei Treffen hochrangiger Politiker beider Seiten bis einschließlich der Staatspräsidenten unverhohlen über die USA und deren schwindende Bedeutung lustig zu machen.

China hat schon Verträge in großem Umfang über Gaslieferungen aus Russland abgeschlossen; im Kleinen baut sich der Handel in den Grenzregionen aus.

Und Russland sucht weiterhin seine Rolle zwischen dem ihm mental näher liegenden westlichen Nachbarn Europa einerseits und dem erstarkten südöstlichen Nachbarn China andererseits. Rohstoffe spielen hierbei eine zentrale Rolle.

Wirtschaft

Der Austausch von Ansichten geht dennoch auch zwischen Europa und China zunehmend voran, wie die Vorausschau des Flugverkehrs bis 2023 zeigt:

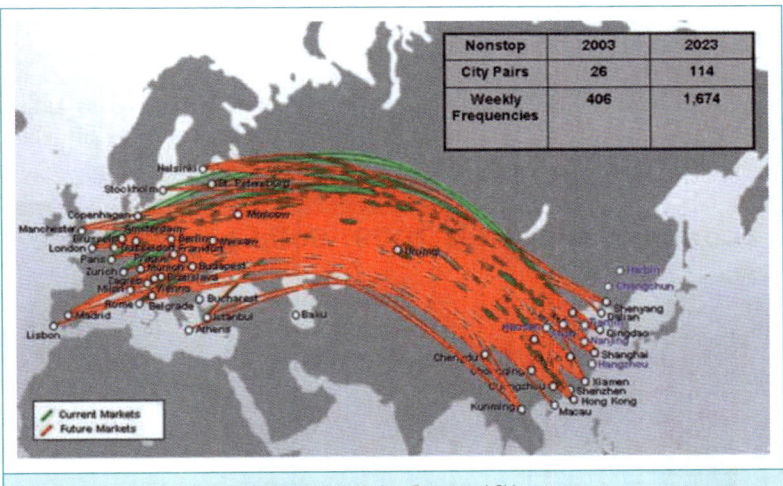

Nonstop	2003	2023
City Pairs	26	114
Weekly Frequencies	406	1,674

Abb. 3.8: Heutiger und zukünftiger Flugverkehr zwischen Europa und China

Mittlerweile ist China der größte Gläubiger der USA, ein Großteil seiner gigantischen Währungsreserven, über 2,5 Billionen Dollar, ist in US-Staatsanleihen, aber auch in Euro angelegt. Die chinesische Notenbank geht immerhin so weit, europäische und amerikanische Banken vor immer noch allzu vielen faulen Krediten in ihren Bilanzen zu warnen. Die Folge könnte sein, dass ganze westliche Industrienationen einschließlich Großbritannien und USA in China ihre Kreditwürdigkeit verlieren könnten. Solch selbstbewusstes Auftreten wäre vor zwanzig Jahren noch undenkbar gewesen.

Lustig ist die Begründung für die Zahlung einer deutschen Entwicklungs-hilfe in Höhe von 27,5 Millionen Euro an China anno 2010. Laut Angaben des Entwicklungshilfeministeriums geht es hierbei um Beratung beim Umwelt- und Klimaschutz und im Rechtsbereich. Die Hilfen sollen aber auslaufen.

Sehen wir uns doch einmal einige Zahlen und Grafiken an, die die Situa-tion anschaulich erklären. Fangen wir an mit dem Vergleich von Bruttoin-landsprodukten (BIP, GDP) der asiatischen Länder und USA und Europa; die Exporte von Singapur, Taiwan, Korea und China nach der Finanzkrise; die Währungsreserven in Milliarden USD und die Staatsverschuldungen in Prozent des Bruttosozialprodukts.

Indien hat hierbei eine Sonderstellung. Man geht davon aus, dass Indien in seinen Zuwächsen China mit einem Abstand von zehn bis fünfzehn Jahren nachfolgt.

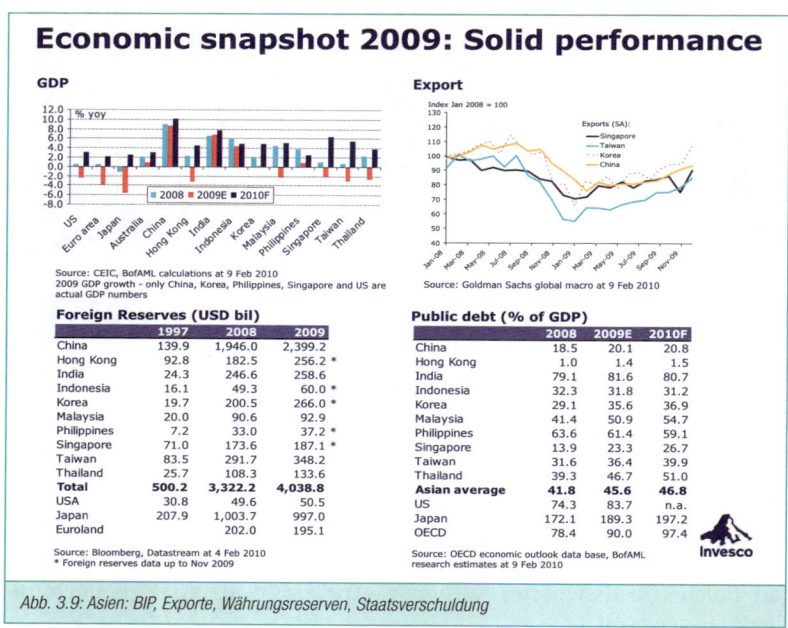

Abb. 3.9: Asien: BIP, Exporte, Währungsreserven, Staatsverschuldung

Fällt Ihnen auf, wie unterschiedlich die Zahlen der meisten asiatischen Länder im Vergleich zu dem früheren asiatischen Spitzenreiter Japan sind? Das hat seinen Grund, und deshalb heißt es bei vielen Untersuchungen und Grafiken mit Vergleichen oft: »Asia ex Japan«.

Der Einkommenszuwachs in Asien ohne Japan hat sich in den letzten zehn Jahren fast verdoppelt. Gegenüber allen anderen asiatischen Staaten, die in jeder Beziehung Zuwächse verzeichnen, ist Japan mittlerweile ein saturiertes Industrieland ähnlich wie Deutschland. Es hat genauso wie wir Mühe, den Standard zu halten. Das Bruttoinlandsprodukt Chinas, Indiens, Indonesiens und der Philippinen wächst seit einigen Jahren stetig, das von USA, Europa und Japan stagniert bzw. sinkt.

Für Vergleiche werden immer wieder gerne Autos genommen. Also schauen wir einmal auf den Vergleich von Autoverkäufen von 1990 bis 2009 zwischen USA und China und rechts zwischen USA, EU, Japan und Asien ausgenommen Japan.

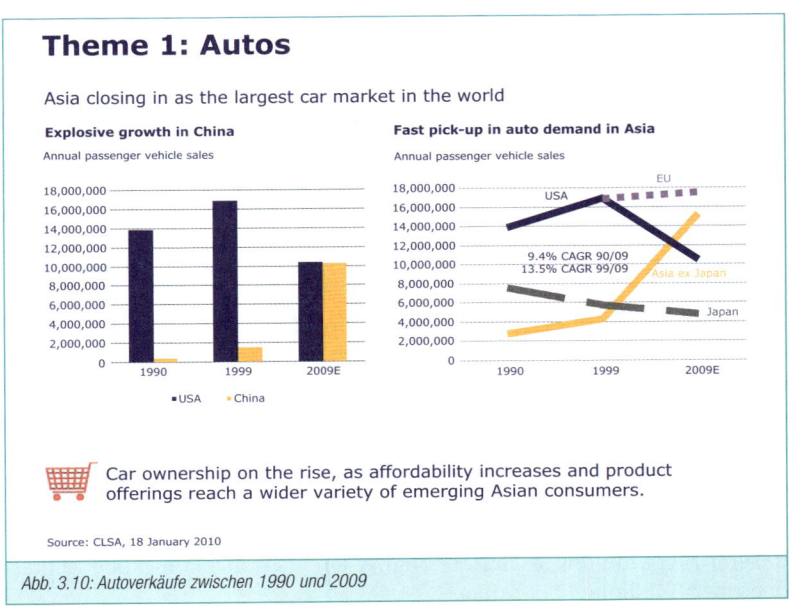

Abb. 3.10: Autoverkäufe zwischen 1990 und 2009

Die größte Autofabrik der Welt steht seit 2010 nicht mehr in Wolfsburg, sondern, ebenfalls vom VW-Konzern, mit einer Kapazität von 1 Million Autos pro Jahr in Anting bei Shanghai. China ist schon jetzt der größte Automarkt der Welt, im Jahr 2010 werden 10 Millionen Fahrzeuge gekauft. Den Bedarf in zehn Jahren schätzt man auf 20 Millionen Autos pro Jahr.

Der Einkommenszuwachs macht sich natürlich auch im sonstigen täglichen Leben der Chinesen bemerkbar. So geht der Trend, natürlich in den Städten zuerst, von der Deckung der Grundbedürfnisse hin zu Luxusartikeln. Der Bedarf an Chauffeur-Fahrzeugen ist in China so groß geworden, dass alle deutschen Premiumhersteller in China Langversionen mit großer Beinfreiheit im Fond anbieten, die es in Europa nicht gibt.

Ein zweifelhafter Zuwachs in Sachen Luxus ist die Entwicklung der ehemaligen portugiesischen Kolonie Macao in der Nähe von Hongkong zum neuen Spielerparadies, das Las Vegas bei den Umsätzen schon abgelöst hat.

In unserem täglichen Leben sind wir geradezu umzingelt von Importen aus China, und das ist nicht nur Kleidung und Elektronik. Dabei macht Europa nur zwanzig Prozent des Exportvolumens Chinas aus, doppelt so viel geht in die anderen asiatischen Länder, Japan ausgenommen.

Wenn Fondsmanager ihre internationalen Aktienfonds bewerben, wird meist der Vergleichsindex MSCI World Index herangezogen. MSCI steht für den amerikanischen Finanzdienstleister Morgan Stanley Capital International. Der Index beinhaltet ca. 50 % US-Aktien und ca. 35 % europäische Aktien. Wenn denn Asien so stark ist, wäre es dann nicht sinnvoller, Asien viel mehr zu gewichten? Oder sich direkt den MSCI Asia-Pacific ex Japan Index anzuschauen? Dieser hat die Ländergewichtung 26 % China, 18 % Südkorea, Taiwan 16 %, Indien 13 %, Hongkong 12 %.

Als letzte Grafik zeige ich Ihnen den voraussichtlichen Investitionsbedarf Asiens allein in die Infrastruktur bis 2020, unterteilt in neue Anlagen (blau) und Ersatzinvestitionen (rot). Die amerikanische Trillion entspricht unserer Billion, die amerikanische Billion (bn) ist entsprechend unserer Milliarde. Insgesamt benötigt Asien also ungefähr 8 000 Milliarden oder 8 Billionen US-Dollar.

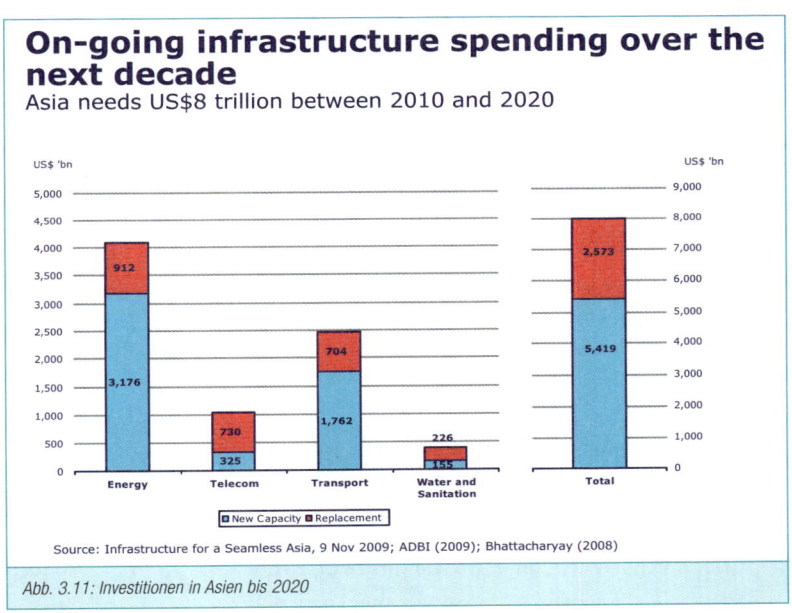

Abb. 3.11: Investitionen in Asien bis 2020

Den neuen Großprojekten und Wolkenkratzern, in die dabei investiert wird, sieht man das neue Selbstbewusstsein durchaus an und maoistische Bescheidenheit war in China früher vielleicht mal eine Zier, aber die heutigen Projekte folgen letztendlich infrastrukturellen Notwendigkeiten und sind nicht nur von Größenwahn bestimmt wie die sinnlosen Albernheiten in Dubai – bei aller Wertschätzung für die dort umgesetzten internationalen Ingenieurleistungen.

Zum Thema »China« kommen wir noch einmal zurück in direktem Zusammenhang mit den Metallen, ihrer Herkunft und der Beteiligungsmöglichkeiten.

Natürlich darf man bei all den schwindelerregenden Wirtschaftszahlen Chinas nicht die Probleme übersehen, deren Ursachen in genau diesen Zahlen liegen: wirtschaftliche Überhitzung, Inflationsgefahr, soziale Spannungen, massive Umweltprobleme, Landflucht, Wohnungsnot in den Städten. Die in Abb. 3.3 auf S. 80 gezeigte Skyline von Shanghai beispielsweise lässt die oft unsäglichen Wohnbedingungen der 18 Millionen Einwohner nicht erkennen.

Manche Volkswirtschaftler sehen China zurzeit in einer riesigen Spekulationsblase. Es fehlt im Land noch an unternehmerischer Erfahrung, einen möglichen Abwärtstrend vorherzusehen und damit richtig umzugehen.

Währung
Wichtig ist das Verstehen der Währungszusammenhänge. Die chinesische Währung heißt offiziell »Renminbi«, übersetzt »Volkswährung«.

Der Renminbi

Die chinesische Abkürzung ist RMB, die internationale CNY.

Die Einheiten sind Yuan = 10 Jiao = 100 Fen.

Der Wechselkurs zum Euro war am 16.04.2010:

1 EUR = 9,238 CNY   1 CNY = 0,108245 EUR

1 Yuan entspricht also ca. 11 Eurocent, abhängig vom Dollarkurs

---

Die chinesische Zentralbank sorgt mit Devisenmarktinterventionen dafür, dass die Währung an den US-Dollar gekoppelt ist. Das wiederum hat zur Folge, dass der Renminbi stark unterbewertet ist und China dadurch Kostenvorteile hat. Der Forderung der USA, Europas und der Nachbarn in Asien, die Dollarbindung aufzuheben, hat sich China bisher widersetzt. Aber es kommt Bewegung ins Spiel. So hat China schon zugesagt, die Angelegenheit zu prüfen mit dem Ziel, langfristig seine Währung in kleinen Schritten freizugeben. Das hätte weitreichende Folgen. Zwar würden Chinas Exporte verteuert, aber Importe wie beispielsweise deutsche Autos verbilligt.

Billiger für China werden aber auch Rohstoffe aus aller Welt und teurer für die Welt die Seltenerdmetalle aus China! Im Gesamtzusammenhang darf man auch die enormen Dollar- und Euroreserven Chinas nicht übersehen, mit denen es Einfluss nehmen kann. Die anderen wichtigen asiatischen Währungen wie Singapur-Dollar, Indonesiens Rupiah, Koreas Won und Indiens Rupie werden ebenfalls hiervon beeinflusst.

Wie weit der Wettbewerb durch Preisvorteile geht, zeigt folgende Meldung vom Mai 2010: Der chinesische Staatskonzern Covec, eine Tochter der chinesischen Eisenbahn, hat einen Teilauftrag über 340 Millionen Euro zum Ausbau einer Autobahn in Polen erhalten. Das Angebot lag um 40 Prozent unter dem deutscher Firmen, auch weil Covec Arbeiter aus China einfliegen wird und keine Kredite benötigt, also subventioniert wird. Erfüllungsbürgschaften werden erstellt durch chinesische Banken, die in Europa nicht zugelassen sind. Finanziert wird das Ganze auch mit EU-Mitteln, also Steuergeldern. Umgekehrt wäre das nicht möglich.

USA – Asien/Europa

Gehen wir doch noch einmal zurück zu der in der Einleitung genannten Konstellation USA, Asien und Europa und ihren Beziehungen zueinander.

Wir müssen uns darüber im Klaren sein, dass die Interessen der USA sich in Richtung Asien, aus amerikanischer Sicht also in Richtung Westen verschieben. Die wichtigeren Handelspartner der USA werden in Zukunft nicht mehr in Europa, Deutschland eingeschlossen, sein. Auch die Interessen des amerikanischen Präsidenten Barack Obama und damit seiner Administration gehen auch bedingt durch seine ihn prägende Jugend eher in Richtung Asien, nicht nach Europa oder Afrika. Er wurde in Honolulu geboren und besuchte in Jakarta, Indonesien, die Schule. Die Wurzeln der bisherigen weißen amerikanischen Elite, deren Vorfahren meist aus Europa kamen, sind ihm fremd. Nun gehören die Pazifikinseln Hawaii zu den USA und auch Indonesien ist nicht China. Aber immerhin gehört es zu Asien und Europa ist eben ganz weit weg. Erinnert sei in diesem Zusammenhang an den Begriff »Chindonesia« für China, Indien und Indonesien, der für die sprunghaft steigende Wirtschaftskraft dieser drei asiatischen Länder steht.

Diese Ausrichtung gilt aus asiatischer Sicht in Richtung Osten, also USA, genauso. Die Chinesen sind ein wissbegieriges Volk, schon Konfuzius

(551–479 v. Chr.) predigte zu seiner Zeit, dass Lernen das höchste Gut sei. China sendet seine Elite nach einem gnadenlosen Auswahlprozess in Schulen und Universitäten gerne zum Studieren ins Ausland, meist nach Amerika. Sogar chinesische Regierungsbeamte studieren an der Elite-Uni Harvard das Fach Verwaltung. So ist es nicht verwunderlich, dass in beiden Richtungen sich immer mehr Beziehungen aufbauen.

Übrigens waren schon im 19. Jahrhundert für den Eisenbahnbau in den USA zwischen West- und Ostküste Tausende von chinesischen Gastarbeitern im Einsatz. Sie zeichneten sich gegenüber den Einheimischen durch Fleiß, Auffassungsgabe, Ideenreichtum, Disziplin und Genügsamkeit aus. Hop Sing, der chinesische Koch, der in den Jahren um 1870 spielenden Fernsehserie »Bonanza«, war ein Kind dieser Zeit.

Heute bildet China neben anderen Naturwissenschaftlern Jahr für Jahr 500 000 Ingenieure aus.

Und wo bleibt Deutschland, dessen Wohlstand ausschließlich auf Naturwissenschaften und Ingenieurleistungen und den daraus resultierenden Exporten von Gütern und Dienstleistungen beruht? Fast drei Millionen Menschen haben nicht einmal einen Schulabschluss! Und vorhandene Lehrstellen können nicht besetzt werden, weil viele Bewerber, wenn sie überhaupt erscheinen, weder rechnen noch schreiben noch einen vernünftigen Satz formulieren können, von Allgemeinbildung ganz zu schweigen. Deutsche Unternehmen suchen händeringend nach Ingenieuren und wo? In Osteuropa und in Asien!

Im September 2009 erschien in der Bild-Zeitung folgender Artikel von »Mister Dax«, Herrn Dirk Müller. Die ganze unsere Wirtschaft betreffende Chinaproblematik ist in dieser Betrachtung kurz und treffend geschildert. Für die Abdruckgenehmigung danke ich Herrn Müller und der Ethosgroup.

Mister Dax über die wirtschaftliche Entwicklung in China:

> *Seit vielen Monaten warne ich vor einer Entwicklung, die kaum jemand auf dem Radar hat, oder die einfach niemand sehen will.*

Von Washington über London und Paris bis Berlin hoffen die Regierungen, dass die chinesische Binnennachfrage anspringt und uns als Konjunkturlokomotive aus dem Schlamassel zieht. Ich halte diese Hoffnung für gefährlich. Wenn es China gelingt, die Binnennachfrage über das Niveau der kritischen Masse zu bringen, was zweifellos passieren wird, gehen unsere Probleme erst richtig los.

»Kritische Masse« heißt, dass die Nachfrage aus der eigenen Bevölkerung so groß wird, dass die chinesischen Fabriken für die eigene Bevölkerung produzieren. Sie sind dann nicht mehr auf Exporte nach Europa und Amerika angewiesen. Jetzt könnte man denken: »Toll! Dann können wir ja auch prima nach China exportieren und uns geht's wieder prima.«

Es wird allerdings vollkommen übersehen, dass China daran überhaupt kein Interesse haben kann, dass wir von seinem Aufschwung profitieren. Wir holen keine Rohstoffe aus dem Boden, wir können nichts zu Billigpreisen produzieren.

Im Bereich Hightech hat China fast aufgeschlossen und wird uns in absehbarer Zeit eingeholt haben. Die Produktpalette, die wir nach Asien liefern, wird immer kleiner. Wir haben es ihnen ja auch beigebracht und jahrelang viele Patente verschenkt, um ein bisschen kurzfristigen Marktzugang zu bekommen. Selbst die Solaranlagen kommen inzwischen zu 70 Prozent aus China. China wird uns nach dem Erreichen der kritischen Masse für nichts mehr benötigen.

Ganz im Gegenteil. Zum ersten Mal in der Geschichte der Menschheit kommen wir jetzt an den Punkt, an dem Rohstoffe knapp werden. Bislang ging es nur um Förderkosten und Lieferwege. Jetzt kommt echte Knappheit dazu.

In Europa kommen auf 100 Einwohner 50 PKW. In China nicht einmal zwei PKW auf 100 Einwohner. Wenn die Chi-

nesen diese Quote auch nur auf sechs PKW erhöhen, wird es mit der Lieferung von Eisenerz eng. Von anderen Materialien wie seltene Erden ganz abgesehen. Hier ist bislang auch nur China mit 1,3 Milliarden Menschen berücksichtigt. Die umliegenden asiatischen Staaten einbezogen kommen da über drei Milliarden Menschen zusammen, die nach Fortschritt und Wohlstand lechzen.

Es wird also ein Kampf um Rohstoffe entstehen, wie er in der Geschichte noch nicht da war. Meinen Sie, in einer solchen Phase hat China Interesse daran, die Rohstoffkonkurrenten Europa und USA aufzupäppeln? Wenn sie ihre eigene Bevölkerung langfristig auf ein ähnliches Niveau bringen wollen, wie es der Westen bereits ist – und das ist das erklärte Ziel –, muss man vom exakten Gegenteil ausgehen. Sie müssen uns als Rohstoffkonkurrenten ausschalten.

Die aktuelle Entwicklung läuft exakt in diese Richtung. Die chinesischen Konjunkturhilfen sind ganz klar daran gekoppelt, dass nur chinesische Lieferanten davon profitieren dürfen. Die deutsche Abwrackprämie durften alle Autohersteller kassieren. Unter den 10 größten Profiteueren war nur ein deutscher Autobauer, nämlich VW. Die deutschen Politiker staunen über die bösen Chinesen, ohne im Ansatz zu verstehen, was hier vor sich geht.

China kauft seit Monaten weltweit alle Arten von Industrierohstoffen wie Erze in Südamerika, Afrika und Australien. China kauft ein Bergbauunternehmen nach dem anderen. Die Erfahrung der letzten Jahre zeigt, dass China die von diesen Unternehmen geförderten Erze fast vollständig nach China leitet.

Im Bereich der »seltenen Erden« – sehr seltene, aber industriell besonders wichtige Minerale – bestimmt China inzwischen über 97 Prozent der Weltproduktion. Ohne »seltene Erden« kein Elektroantrieb, kein Akku, keine Energiesparlampe (das wäre jetzt wieder positiv zu sehen …). Den Ex-

port dieser »seltenen Erden« hat China in den letzten Monaten stark beschränkt.

Wir merken überhaupt nicht, wie China einen Usain-Bolt-Sprint hinlegt, um sich die Rohstoffe zu sichern und wir sind noch nicht einmal losgelaufen, sondern staunen über diese seltsame Entwicklung, die wir nicht verstehen.

Es wird höchste Zeit, dass sich unsere Politiker mit diesem Thema beschäftigen und die Rohstoffversorgung der Bundesrepublik langfristig sichern, anstatt sich mit Dienstwagenaffären und Geburtstagsfeiern aufzuhalten. Uns läuft die Zeit weg!

Lassen Sie mich den Ausflug nach »China« aus aktuellem Anlass beenden mit dem chinesischen Sprichwort »Jeden Monat ein Huhn stehlen« und einer Erklärung, was darunter zu verstehen ist.

Dai Ying, ein Beamter des Song-Staates während der Frühling- und Herbst-Periode (722 bis 481 vor Chr.), beschloss, die Steuern zu senken. Er fragte Mengzi, den bedeutendsten Nachfolger von Konfuzius: »Ich möchte die Steuern senken. Wir haben aber in diesem Jahr nicht genug Staatseinkünfte, um die Steuern so viel zu senken, wie ich möchte. Was hältst du davon, wenn wir in diesem Jahr einen kleinen Steuererlass machen und erst im nächsten Jahr die volle Steuerermäßigung durchführen?«

Mengzi sagte: »Es gibt einen Mann, der jeden Tag ein Huhn von seinem Nachbarn stahl. Man sagte zu ihm: ›Das tut kein anständiger Mann.‹ ›Gut, dann werde ich nur einmal im Monat ein Huhn stehlen und im nächsten Jahr stehle ich dann gar nicht mehr.‹ Da er wusste, dass er etwas Schlechtes tat, war er verpflichtet, sofort damit aufzuhören. Warum bis zum nächsten Jahr warten?«

Das chinesische Sprichwort »Jeden Monat ein Huhn stehlen« bezieht sich also auf diejenigen, die wissen, dass sie falsch handeln und sich trotzdem nicht sofort bessern.

Kommt uns das bekannt vor?

4 Minen, Recycling

Beide Möglichkeiten müssen wir uns anschauen, obwohl für Recycling bisher noch keine nennenswerte Möglichkeit einer finanziellen Beteiligung besteht, von einzelnen Aktiengesellschaften abgesehen. Auf Messen, die sich mit Finanzanlagen, Rohstoffen und Metallen beschäftigen, habe ich jedenfalls bisher keinen Aussteller gefunden, der diese Branche vertritt und Beteiligungen, in welcher Form auch immer, anbietet. Dies gilt für unsere Metalle, für Kunststoffrecycling gibt es Anbieter. Das wird sich meines Erachtens sehr schnell ändern.

Minenunternehmen allerdings findet man viele – kleine und große, neue und etablierte, und zwar sowohl als direkte Beteiligungsmöglichkeit als auch eingebunden in Fonds namhafter Emissionshäuser.

Wann eigentlich ist eine Ressource knapp? Wie soll man das definieren?

Man kann Knappheit beziehen auf das weltweite Vorkommen insgesamt. Nach diesem Verständnis sind bekanntermaßen Gold und Platin knapp, aber auch Metalle, die das Hauptthema dieses Buches ausmachen, wie beispielsweise Gadolinium oder Indium.

Knappheit lässt sich aber auch beziehen auf die Verfügungsmöglichkeit, wenn der Abbau des Metalls besonders schwierig ist. Scandium beispielsweise ist weltweit reichlich vorhanden, aber es findet sich nur fein verteilt im Erdreich. Es gibt keine Lagerstätten mit hohen Konzentrationen. Also ist die Gewinnung aufwendig.

Minen

In Kapitel 2 »Rohstoffe« sprachen wir von der Geosphäre. Schauen wir uns die Herkunft von Energierohstoffen und Metallen an, stellen wir fest, dass alle aus der Lithosphäre, der Erdkruste, herausgeholt werden müssen. Sie liegen dort, wenn auch selten, entweder in direkt verwendbarer Form oder in Form von Erzen, chemischen Zusammensetzungen oder verunreinigt mit fremden Stoffen. Sie sind entweder oberflächennah und können in Gruben abgebaut werden, oder sie liegen tiefer in der Erde, auch unterhalb von Ozeanen, und müssen von dort mit großem technischem und damit finanziellem Aufwand nach oben geholt werden.

Begriffe Knappheit, Reichweite, Ressource und Reserve

Alle Rohstoffe in der Erdkruste werden seit Jahrhunderten mit den jeweils vorhandenen wissenschaftlichen Möglichkeiten auf deren Vorkommen untersucht. Die Wissenschaft ist heute so weit, dass sie aufgrund bereits bekannter Bodenformationen voraussagen kann, ob die Einlagerung bestimmter Stoffe wahrscheinlich oder eher unwahrscheinlich ist. Dies bedeutet in der Praxis, dass das gezielte Suchen auf bestimmte Lokalitäten eingegrenzt werden kann. Andererseits kann man daraus ableiten, dass neue zufällige Entdeckungen von Bodenschätzen größeren Ausmaßes zwar nicht auszuschließen, aber doch eher unwahrscheinlich sind. Ausnahme ist der Meeresboden in großen Tiefen. Hier steht man naturgemäß noch am Anfang.

Generell muss uns bewusst sein, dass die Rohstoffvorräte in der mit unseren Möglichkeiten erreichbaren Erdkruste endlich sind. Der Anstieg von Förderung und Verbrauch ab Fund eines Rohstoffs über Fördermaximum und schließlich Abnahme der Förderung und aufgrund steigender Preise auch des Verbrauchs ähnelt als Kurve aufgezeichnet einer Glocke. Bei einigen Rohstoffen wie beispielsweise Erdöl gehen Fachleute bereits davon aus, dass das weltweite Fördermaximum, genannt Peak (Spitze) bereits erreicht ist. Dies ist aber umstritten.

Um diese Rohstoffvorräte mit ihren unterschiedlichen Betrachtungsansätzen in Fachberichten nicht jedes Mal langatmig erklären zu müssen, haben sich einige Begriffe etabliert, die kurz, knapp und dennoch ausführlich genug die jeweilig gemeinte Situation beschreiben.

Unter **absoluter Knappheit** wird die generelle voraussichtliche Erschöpfung eines Rohstoffs verstanden. **Relative Knappheit** bedeutet eine momentane Engpasssituation beispielsweise durch Lieferengpässe aufgrund von Förderproblemen.

Der Begriff **Reichweite** wird in Jahren differenziert. Man unterscheidet

> **statische Reichweite**, bei der die bekannte förderbare Reserve durch den aktuellen Verbrauch dividiert wird,
> **dynamische Reichweite**, die einen voraussichtlichen Verbrauchszuwachs mit einrechnet und
> **effektive Reichweite**, die Preissteigerungen zum Ende hin einkalkuliert mit der Folge, dass sich die rechte Seite der oben geschilderten Glockenkurve immer weiter abflacht und der Rohstoff nie ganz versiegen wird.

Die statische Reichweite wurde beispielsweise bei der bekannten Studie des Club of Rome von 1972 »Die Grenzen des Wachstums« zugrunde gelegt. Diese Studie führte damals in der Öffentlichkeit zu heller Aufregung. Sagte sie doch aus, dass aus damaliger Sicht in Kürze die für die Menschheit wichtigsten Rohstoffe durch den ungehemmten Raubbau verschwunden sein würden. Sie berücksichtigte allerdings nicht den technischen Fortschritt und die sich ändernde wirtschaftliche Situationen und ging somit in ihren Ausblicken fehl.

Wen dieses Thema näher interessiert: Die 350 Seiten lange Studie incl. ihrer 23 Seiten Literaturhinweise mit dem Titel »Trends der Angebots- und Nachfragesituation bei mineralischen Rohstoffen« beschäftigt sich schwerpunktmäßig mit Industrie- und Nebenmetallen. Erstellt wurde die Studie vom Rheinisch-Westfälischen Institut für Wirtschaftsforschung (RWI Essen), dem Fraunhofer-Institut für System- und Innovationsforschung (ISI) und der Bundesanstalt für Geowissenschaften und Rohstoffe (BGR).

Einen beruhigenden Satz aus dieser Studie möchte ich hier zitieren:

»Die gesamte Ausstattung der Erdkruste mit einem bestimmten Rohstoff ist zumeist millionenfach umfangreicher als dessen Reserven, welche die bei derzeitigen Preisen wirtschaftlich gewinnbaren Rohstoffvorkommen darstellen.«

Die Branche trennt sorgfältig in Beteiligungen an Explorationen, also Investitionen in die bevorstehende Ausbeutung neuer Minen einerseits und

Beteiligungen in bereits vorhandene Minen mit neuem Kapitalbedarf andererseits, vergleichbar mit etablierten Industrieunternehmen. Diese Beteiligungen kann man entweder direkt zeichnen, Unternehmen hierfür findet man im Internet und auf Anlegermessen, oder als Aktien bzw. Aktienfonds kaufen. Man muss aber wissen, dass neu entdeckte Vorkommen bis zu zehn Jahre benötigen, bis sie nennenswert zur Weltproduktion beitragen.

Explorationsunternehmungen zu bewerten sollte man Experten überlassen. Viele Firmen glänzen in Verkaufsprospekten mit Zahlen, die für den Fachmann völlig wertlos sind. Wie komplex eine Bewertung ist, sollen folgende, grundlegend wichtige Angaben aufzeigen, wobei diese nur der Beginn einer Bewertung sind:

Die **Ressource** beschreibt die Menge an vorhandenem Erz im Boden, wobei eine Gehalts-Untergrenze (cut-off grade) festgelegt wird, die als gerade noch abbaubar gilt (z. B. 0,4 g/t Au im Tagebau). Es gibt **inferred** (abgeleitete), **indicated** (angezeigte) und **measured** (gemessene) Ressourcen, wobei der Unterschied im Abstand der Bohrungen und in der Kontinuität der Vererzung zwischen den Bohrungen besteht.

Eine **Reserve** ist der abbaubare und ausbringbare Teil einer Ressource. Verluste entstehen insbesondere durch die Struktur des Abbaus und bei der Abtrennung des Erzes vom Gestein. Eine Reserve kann 10 %, aber auch > 50 % kleiner sein als die entsprechende Ressource. Nach einer Machbarkeitsstudie lassen sich angezeigte Ressourcen in **probable** (wahrscheinliche) Reserven und **gemessene** Ressourcen in **proven** (nachgewiesene) Reserven umwandeln.

Für die Bewertung unterscheidet man deshalb auch in Kurzform **M + I Ressourcen** (**M**easured und **I**ndicated) und **2P Reserven** (**P**roven und **P**robable).

Bei der Betrachtung der Wirtschaftlichkeit eines Abbaus gehen natürlich viele andere Aspekte in die Berechnungen ein. Hierzu gehören die Lage und die Infrastruktur, die soziale Situation, die Umweltsituation, die politische und rechtliche Situation und die notwendigen finanziellen Klärungen von Kosten, Finanzierung, Marketing etc.

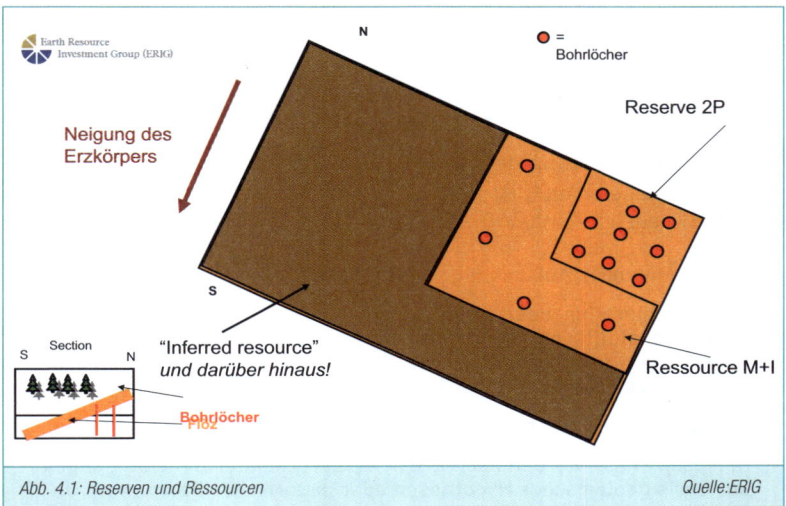

Abb. 4.1: Reserven und Ressourcen   Quelle:ERIG

Wenn in einer Lagerstätte mehrere Metalle und auch Gold vorkommen, drücken viele Firmen den kombinierten Wert der in einer Lagerstätte enthaltenen Metalle als Gold-Äquivalent aus. Allerdings muss dazu immer dargestellt werden, welche Metalle in welchen Mengen und Gehalten tatsächlich vorhanden sind.

Beispiel

Eine Lagerstätte hat eine Ressource von 500 000 t Cu und 0,7 Moz Au, bei Preisen von US$ 3500/t Cu und US$ 900/oz Au. Enthaltener Kupfer-Wert: 500 000 x US$ 3500 = US$ 1,75 Mrd. Enthaltener Gold Wert:

700 000 x 900 = US$ 0,63 Mrd.

Kombinierter Wert: $ 2,38 Mrd./900 $/oz = 2,64 Moz Gold-Äquivalent.

Auch für Investitionen als direkte Beteiligung oder mit Aktien in etablierte Minenunternehmen ist fundierte Marktkenntnis erforderlich. Wer diese nicht aufweisen kann, sollte in Minenfonds investieren, die von Experten gemanaged werden. Allerdings ist auch in diesem Zusammenhang festzuhalten, dass der zuständige Vergleichsindex, der Benchmark

MSCI World Metals & Mining, in den letzten Jahren besser abschnitt als die meisten Fonds. Interessant ist auch, dass im Sog der Finanzkrise Goldminen-Aktienfonds ebenfalls abstürzten, obwohl der Goldpreis selbst stieg.

Die folgende Auflistung der Stadien von Explorationsvorhaben, sozusagen deren »Lebenslauf«, ist mit freundlicher Genehmigung der Internetseite der »Deutsche Rohstoff AG« entnommen:

Exploration oder Aufsuchung

Unter Exploration oder Aufsuchung versteht man die Suche nach neuen Rohstofflagerstätten oder die Entwicklung bereits bekannter Lagerstätten zur Produktionsreife. Beide Alternativen weisen ein sehr unterschiedliches Risikoprofil auf.

1. Frühphasen-Exploration (early stage oder grassroots exploration)

In dieser Phase werden nach Erhalt entsprechender Genehmigungen auf Basis geologischer Hypothesen oder historischer Daten erste Untersuchungen durchgeführt. Ziel ist, Indizien für das Vorliegen einer Mineralisierung zu finden, etwa durch die Entnahme und Analyse von Oberflächenproben. Auch seismische oder magnetische Untersuchungen sind gebräuchlich.

2. Lagerstätten-Identifizierung (resource identification)

Im Falle einer viel versprechenden Frühphasen-Untersuchung steht die Phase der Probebohrungen an. Erst das Bohren bringt an den Tag, in welcher Ausdehnung erzhaltiges Gestein vorliegt und wie hoch der durchschnittliche Metallgehalt tatsächlich ist.

3. Lagerstätten-Definition (resource definition)

Waren die Probebohrungen erfolgreich, ist es zur Ermittlung der tatsächlichen Ausdehnung und Konsistenz einer Lagerstätte erforderlich, Flächenbohrungen mit mehr oder weniger kleinen Abständen zwischen den Bohrlöchern durchzuführen.

4. Vorstudien (pre-feasability study)

Neben der reinen Mineralisierung des Gesteins muss untersucht werden, ob und wie das Metall aus dem Erz lösbar ist, ob die Lage der erzhaltigen Gesteinsgänge eine wirtschaftliche Förderung überhaupt ermöglicht, ob im Tagebau oder im Untertagebau abgebaut werden kann und dergleichen mehr. Häufig beginnen solche Untersuchungen bereits während der Flächenbohrungen (Phase 3).

5. Machbarkeitsstudie (feasability study)

Sind alle Parameter zusammengetragen und Erfolg versprechend, wird ein unabhängiger Gutachter mit der Erstellung einer Machbarkeitsstudie beauftragt, die klären soll, ob aus der Lagerstätte tatsächlich eine Mine werden kann. Hierzu werden vor allem die möglichen Kosten und Erlöse betrachtet und geprüft, welche der in Phase 3 nachgewiesenen Ressourcen im Rahmen einer Mine wirtschaftlich abgebaut, also zu »Reserven« werden können. Schließlich wird prognostiziert, welche Lebensdauer der Mine zu erwarten ist.

6. Konstruktion (development)

Fällt aufgrund der Machbarkeitsstudie eine positive Produktionsentscheidung, beginnt der Aufbau der Mine. Neben dem Aufbau von Gebäuden und der Beschaffung von Fahrzeugen müssen große Gerätschaften wie z. B. Gesteinsmühlen und Flotationstanks beschafft und die Lagerstätte an die Energieversorgung angeschlossen werden. Dies ist ein aufwendiger und meist zwei bis drei Jahre dauernder Prozess. Parallel dazu ist die Einholung einer Abbaugenehmigung erforderlich, häufig verbunden mit der Erstellung eines Umweltgutachtens.

7. Produktion (production)

Nach erfolgter Konstruktion und Genehmigungserteilung kann die Produktion beginnen. Da sich die Prozesse erst einspielen müssen, erreicht die Produktion erst nach zwei bis drei Jahren das mögliche Maximum, um gegen Ende der Lebensdauer wieder abzusinken. Ist die Mine erschöpft, werden die Anlagen abgebaut und die Lagerstätte rekultiviert.

Die »Deutsche Rohstoff AG« hat für unsere Technologiemetalle erhebliche Vorkommen auf dem Gebiet der ehemaligen DDR ausgemacht, deren Abbau nun bevorsteht. Die Probebohrungen reichen zurück in eine Zeit, als in der DDR noch nach weiteren Uranvorkommen gesucht wurde. Folgende Texte sind wörtlich der Internetseite der »Deutsche Rohstoff AG« entnommen:

*»Sogenannte **Hightech-Metalle** sind für die Herstellung von **Zukunftstechnologie** wie LEDs, Flachbildschirme, Solarzellen, Hybridautos und Medizintechnik unverzichtbar. Sie können aufgrund ihrer speziellen Eigenschaften nicht durch andere Materialien substituiert werden. Zu dieser Gruppe von Metallen zählen etwa Seltene Erden, Indium, Gallium, Kobalt und Zinn. Aktuelle Studien gehen davon aus, dass*

*sich etwa die Nachfrage nach Indium und Gallium in den nächsten Jahren vervielfachen wird. Die sichere **Rohstoffversorgung** mit diesen **strategischen Metallen** wird zunehmend in Frage gestellt.*

Eine kleine Sensation ist daher, dass gerade diese gesuchten Spezialmetalle in Sachsen vorkommen. Bereits in den 1970er-Jahren, die DDR galt seinerzeit als »geowissenschaftlich besterkundetes Land der Welt«, wurden zahlreiche entsprechende Entdeckungen gemacht. Mangels Anwendungen für diese Metalle blieben sie aber unbeachtet.

*Mit Unterstützung ehemaliger DDR-Geologen konnten die interessantesten Vorkommen identifiziert und Schürfrechte erworben werden. Umfangreiche Nacherkundungen der DRAG in eigenen Lizenzgebieten bestätigten das **Erzgebirge** als ein – auch im Weltmaßstab – interessantes Indium- und Galliumrevier.*

Im Zuge von Explorationstätigkeiten der DDR auf Uran wurde Mitte der 1970er-Jahre ein Seltenerden-Vorkommen im Bereich Storkwitz entdeckt. Die Untersuchungsergebnisse wiesen in einer Tiefe zwischen 170–900 Metern auf interessante Konzentrationen an Seltenerdenelemente (SEE) hin, insbesondere Lanthan, Cer, Praeodymium und Neodym (die sogenannten Leichten SEE). Die Lagerstätte enthält aber auch überdurchschnittlich viel Yttrium, insgesamt über 450 Tonnen Y_2O_3. Hinzu kommt Niob, ebenfalls ein seltenes und teures Hightech-Metall.«

Investitionszeitpunkt

Wenn man sich an einer Mine finanziell beteiligen will, muss man den richtigen Zeitpunkt abwarten. Die Betreiber lösen oft durch hoffnungsvolle Zahlen und Annahmen zu einem frühen Zeitpunkt eine Euphorie aus mit dem Ziel, weitere Mittel zur Erforschung der Mine zu erhalten. Das kann gründlich danebengehen.

Den günstigsten Zeitpunkt erwischt man wie immer bei Finanzprodukten nie, aber ratsam ist in jedem Fall, die seriöse Wirtschaftlichkeitsberechnung abzuwarten. Dann gilt es, früher als die großen Investoren dabei zu sein, wenn die Einstiegspreise noch niedrig sind. Leichter gesagt als getan? Ja.

Internetadressen von Minen und Produzenten finden Sie im Kapitel 13. Falls Sie an Investitionen in Aktien interessiert sein sollten, finden Sie weitere Angaben wie WKN, ISIN, Charts etc. in den Finanzportalen.

Länderrisiken
Ein ganz wichtiger Punkt bei der Bewertung von und Beteiligungen an Minenunternehmen sind Länderrisiken, die meist nicht offen kommuniziert werden. Die Risiken sind politischer, kultureller und sozialer Art, sie werden deshalb in der Branche auch PKS-Risiken genannt. Hinzu kommen mögliche steuerrechtliche Risiken. Diese Risiken können jedes für sich ein Projekt von einem Tag auf den anderen unrentabel machen. Zu den kritischen Ländern zählen Insider die meisten EU-Länder einschl. Deutschland, die Staaten der ehemaligen Sowjetunion, die meisten afrikanischen Länder, in Südamerika die Länder Ecuador, Bolivien und Venezuela, China, einige Provinzen Kanadas und andere.

Investitionsfreundlich und daher positiv beurteilt werden Mexiko, Kolumbien, Türkei, USA, Südafrika, Skandinavien und die kanadischen Provinzen Quebec und Ontario. Je nach Interessenlage und politischen Konstellationen kann sich das natürlich jederzeit ändern.

Recycling

Viele der Strategischen Metalle und der Seltenerdmetalle sind in kleinen Mengen vor allem in Computern und Handys verbaut. Wenn man einmal einen Blick in ein solches Gerät wirft, wird man feststellen, dass ein Herausmontieren einzelner Komponenten fast unmöglich oder zumindest sehr aufwendig ist.

Das ist auch der Grund, weshalb trotz wertvoller Inhaltsstoffe solche Geräte immer noch im Hausmüll entsorgt werden. Pro Jahr werden allein

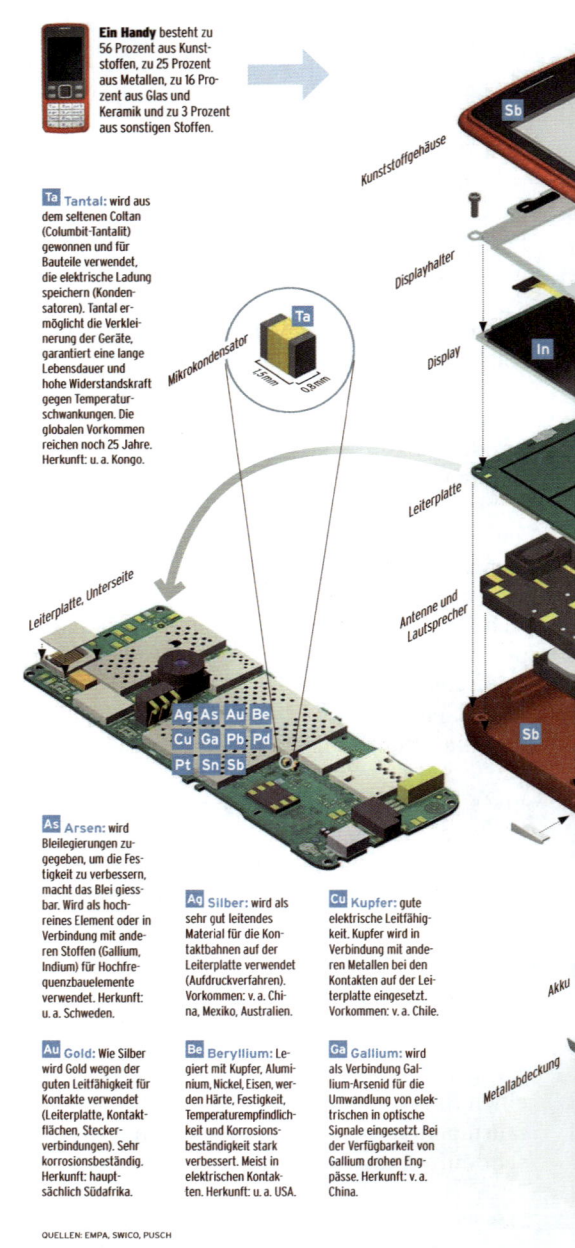

Ein Handy besteht zu 56 Prozent aus Kunststoffen, zu 25 Prozent aus Metallen, zu 16 Prozent aus Glas und Keramik und zu 3 Prozent aus sonstigen Stoffen.

Ta Tantal: wird aus dem seltenen Coltan (Columbit-Tantalit) gewonnen und für Bauteile verwendet, die elektrische Ladung speichern (Kondensatoren). Tantal ermöglicht die Verkleinerung der Geräte, garantiert eine lange Lebensdauer und hohe Widerstandskraft gegen Temperaturschwankungen. Die globalen Vorkommen reichen noch 25 Jahre. Herkunft: u. a. Kongo.

Mikrokondensator

Ta

Leiterplatte, Unterseite

Kunststoffgehäuse

Sb

Displayhalter

Display

In

Leiterplatte

Antenne und Lautsprecher

Sb

Akku

Metallabdeckung

Ag As Au Be
Cu Ga Pb Pd
Pt Sn Sb

As Arsen: wird Bleilegierungen zugegeben, um die Festigkeit zu verbessern, macht das Blei giessbar. Wird als hochreines Element oder in Verbindung mit anderen Stoffen (Gallium, Indium) für Hochfrequenzbauelemente verwendet. Herkunft: u. a. Schweden.

Ag Silber: wird als sehr gut leitendes Material für die Kontaktbahnen auf der Leiterplatte verwendet (Aufdruckverfahren). Vorkommen: v. a. China, Mexiko, Australien.

Cu Kupfer: gute elektrische Leitfähigkeit. Kupfer wird in Verbindung mit anderen Metallen bei den Kontakten auf der Leiterplatte eingesetzt. Vorkommen: v. a. Chile.

Au Gold: Wie Silber wird Gold wegen der guten Leitfähigkeit für Kontakte verwendet (Leiterplatte, Kontaktflächen, Steckerverbindungen). Sehr korrosionsbeständig. Herkunft: hauptsächlich Südafrika.

Be Beryllium: Legiert mit Kupfer, Aluminium, Nickel, Eisen, werden Härte, Festigkeit, Temperaturempfindlichkeit und Korrosionsbeständigkeit stark verbessert. Meist in elektrischen Kontakten. Herkunft: u. a. USA.

Ga Gallium: wird als Verbindung Gallium-Arsenid für die Umwandlung von elektrischen in optische Signale eingesetzt. Bei der Verfügbarkeit von Gallium drohen Engpässe. Herkunft: v. a. China.

QUELLEN: EMPA, SWICO, PUSCH

Abb. 4.2: Handywerkstoffe

Sb Antimon: ein sprödes Schwermetall mit geringer Leitfähigkeit, wird als Inhaltsstoff der Bleifrei-Lote verwendet. Zudem Bestandteil der Flammhemmer. Wird auch Kunststoffen (z. B. in Gehäuse, Leiterplatten) beigefügt. Herkunft: Südafrika, China.

In Indium: Das weiche Schwermetall wird bei der Verhüttung von Zink gewonnen und kommt bei LCD-Displays zur Anwendung. Die Vorkommen reichen laut Forschern nur noch wenige Jahre. Herkunft: v. a. China, Kanada, Peru.

Pb Blei: wird für Abschirmungen, etwa bei der Beschichtung der Leiterplatten, eingesetzt. Aufgrund von EU-Vorschriften ist die Verwendung von Blei in elektronischen Geräten inzwischen stark eingeschränkt. Vorkommen: USA, Australien, Russland.

Tastatur, Unterseite

Tastatur

Pd Palladium: weist gute elektrische Eigenschaften auf, lässt sich gut umformen und zu dünnen Folien walzen. Korrosions- und oxidationsbeständig, oft mit anderen Metallen legiert. Herkunft: Kanada, Südafrika, Russland.

Pt Platin: wird dort verwendet, wo Metalle auf keinen Fall korrodieren dürfen, etwa bei hochbelasteten Kontakten auf der Leiterplatte. Vorkommen: Südafrika, Russland, Kanada.

Kunststoffgehäuse

Mikrofon

SIM-Karte

Sn Zinn: weiches, silberweisses Schwermetall, auf Leiterplatten meist in legierter Form eingesetzt, zum Teil auch Ersatz für Indium. Vorkommen: u. a. Australien, Malaysia.

Co Kobalt: wichtiger Bestandteil der Elektroden von Lithium-Ionen-Batterien. Herkunft: Kongo, Australien, USA, Neukaledonien, Kuba.

Li Lithium: Zähes Leichtmetall, thermisch stabil, hohe Energiedichte. Wird in Batterien und Akkus eingesetzt. Grosse Vorkommen von Lithiumsalzen u. a. in Chile, Bolivien, USA, Argentinien, Tibet.

in Deutschland rund zehn Millionen Handys in den Müll geworfen! Damit gehen mindestens ebenso viele Euros an Werten recycelbarer Metalle verloren, künftig sogar noch viel mehr.

Es gibt zwar ein Gesetz, das die Entsorgung von Elektro- und Elektronikgeräten als Elektroschrott regelt, aber wie heißt es so schön: *Wo kein Kläger, da kein Richter.* Diskutiert wird deshalb zumindest für Handys ein Abgabemodell mit separaten öffentlichen Sammelstellen ähnlich den Flaschencontainern oder den Batterieboxen in Supermärkten, die von der Bevölkerung besser angenommen werden. Auch eine Pfandregelung lässt sich vorstellen.

Die Frankfurter Entsorgungs- und Service GmbH (FES) – früher sagte man Müllabfuhr – verteilt an alle Haushalte regelmäßig ein Stadtmagazin mit dem Namen »Oskar«. Der Name ist eine nette Idee, geht er doch zurück auf die Figur Oscar in der Sesamstraße, der in einer Mülltonne wohnt. In diesem Heft gibt es für die richtige Entsorgung auch 2010 ein Abfall-ABC. Zwar findet man unter »C« Computer, aber unter »H« nur Heizkörper, Holz und Holzschutzmittel – keine Handys. Unter »E« findet man nur den Oberbegriff »Elektrogeräte/Elektronikteile«. Ob die Kevins und Chantals unserer Republik, von ausländischen Mitbürgern mal ganz abgesehen, da einen Zusammenhang vermuten? Die FES hat übrigens zugesagt, das im nächsten Heft zu ändern. Schauen Sie doch einmal, wie das in Ihrer Kommune gehandhabt wird!

Nach Expertenmeinung könnten 240 000 Tonnen Rohmaterialien eingespart werden, wenn jeder der zurzeit circa 3 Milliarden Handybesitzer weltweit sein Althandy zurückgeben würde. Die Treibhausgase, die eingespart würden, entsprächen einer Größenordnung, als wenn vier Millionen Autos von den Straßen genommen würden. Man geht davon aus, dass nur 3 % aller Handybesitzer ihr Gerät zum Recyceln zurückgeben.

Forscher der TU Berlin und des Fraunhofer-Instituts für Produktionstechnik haben bereits 2005 ein Verfahren entwickelt, mit dem man Handys auseinandernehmen kann. Eine Kamera erkennt den Handytyp, ein Roboter demontiert. Das Verfahren ist aber dennoch aufwendig und nur bei kleinen Stückzahlen anwendbar. Schneller geht, vor allem bei großen

Mengen, ein Recycling der brachialen Art: Der Kunststoff von Handys und Elektronikschrott wird verbrannt, die dabei entstehende Wärme genutzt und der übrig bleibende Metallschrott mittels diverser Verfahren getrennt. Das hört sich einfach an, ist es aber natürlich nicht und deshalb machen die Firmen aus diesen Verfahren auch ein großes Geheimnis. Vor allem Kupfer wird dabei zurückgewonnen, aber eben auch Metalle wie Gold, Silber, Palladium und unsere »Gewürzmetalle«.

Dabei sind sowohl Handys als auch Computer oft noch voll funktionsfähig, aber insbesondere in den Industrieländern für den Nutzer vermeintlich nicht mehr modern genug. Die Werbung, Telefon- und Netzanbieter sorgen schon dafür, dass vor allem junge Menschen immer die neuesten Handys haben wollen und letztlich doch nur einige der vielen Funktionen nutzen. Dies vor allem dann, wenn sie feststellen, dass die angesagten Funktionen noch einmal Gebühren kosten.

2009 wurden in Deutschland fast 30 Millionen Handys verkauft, rund 80 Millionen befinden sich noch bei ihren Besitzern, werden aber nicht mehr genutzt. Das häufige Ersetzen von Handys, Computern und auch Fernsehern durch Produktneuheiten hat massive Folgen für das Klima, sagt ein UN-Bericht. Danach wird bei der Herstellung eines Computers mit Monitor mehr Energie verbraucht und Kohlendioxid produziert als bei der Produktion eines Autos.

Schauen wir uns doch einmal einige andere Zahlen an:

Weltweit werden jährlich nur ca. 1000 Tonnen Handys fachmännisch recycelt, ein Tropfen auf den heißen Stein, wenn man folgende Volumina bedenkt:

40 Millionen Tonnen Handys, Laptops, Drucker, Fernsehgeräte, Radios, Player, Kameras und andere Elektronikgeräte werden jährlich ausgemustert. Größere Elektrogeräte wie Kühlschränke, Herde, Waschmaschinen etc., die in der Branche »Weiße Ware« genannt werden, sind da nicht einmal inbegriffen, obwohl auch in solchen Geräten mittlerweile viel Elektronik verbaut ist.

Der Vollständigkeit halber sei angemerkt, dass Fernseher, Radios, Hi-Fi Anlagen etc. im Handel immer noch »Braune Ware« genannt werden. Die Begriffe »Weiße Ware« und »Braune Ware« stammen aus früheren Zeiten, als Elektrogeräte für Küche und Waschkeller weiß emailliert bzw. lackiert waren und Unterhaltungsgeräte für das Wohnzimmer ein braunes Holzgehäuse hatten.

Abb. 4.3: »Braune Ware«

Schon jetzt könnte man mit einer verbesserten Recyclingpolitik vor allem in Entwicklungsländern aus »Brauner Ware«, Computern und Handys 1 Million Tonnen an Metallen wiedergewinnen. Insbesondere dort aber wird von vielen Kleinunternehmern mit unterbezahlten Hilfsarbeitern das Ausschlachten alter Geräte mit abenteuerlichen Methoden vorgenommen, natürlich völlig ineffizient ohne jeden Arbeitsschutz oder Einhaltung irgendwelcher Umweltstandards. Eine staatlich regulierte Recyclingpolitik fehlt meist. Schon deshalb lohnt es sich, Elektromüll aus Industrieländern der auch große Mengen Gifte enthält in Entwicklungsländern zu entsorgen, . Lötverbindungen enthalten Blei, Prozessoren und Speicher das krebserregende Antimontrioxid, andere Bauteile Quecksilber, Cadmium oder Brom.

Die Ausfuhr von Elektroschrott aus der EU ist verboten, also »verkauft« man den Ausfuhrbehörden wertlose Computer als Spenden für Afrika. Dort dürfen dann Kinder, die giftigen Dämpfe einatmen, wenn sie die Platinen über ein Feuer halten, um Metalle herauszuschmelzen.

Abb. 4.4: Elektroschrott in Afrika

Nigeria beispielsweise ist nach Recherchen der Umweltschutzorganisation »Greenpeace« zu einer Müllhalde für europäischen Elektroschrott geworden. Eine ganze Kaste von E-Schrott-Verwertern lebt inzwischen auf giftigen Abfallhaufen.

Auch aus Gründen des Umweltschutzes wäre eine intensivere fachmännische Wiedergewinnung von Metallen aus Elektroschrott nicht nur aus den zuvor genannten Gründen wünschenswert. Denn der Abbau von Metallen aus Minen ist sehr umweltbelastend und verwüstet ganze Landschaften. Hiervon betroffen sind wiederum vor allem Entwicklungsländer, die keine Renaturierung ausgebeuteter Minen vornehmen.

Für das Recyceln als Alternative haben Wissenschaftler deshalb den schönen Begriff »Urban Mining«, Bergbau in der Stadt, geprägt. Angespielt wird damit auf die Tatsache, dass weltweit rund 60 Prozent der zurzeit 7 Milliarden Menschen in Städten leben und dort die meisten elektronischen Geräte zu finden sind.

Kommen wir zurück speziell auf unsere **Strategischen Metalle** und die Metalle der **Seltenen Erden** und zu einer Meldung aus dem Jahr 2010:

> *Die Schweizer recyceln 85 Prozent ihres Elektroschrotts, doch nur drei Werke in Europa können seltene Metalle wie Indium aus Elektroschrott zurückgewinnen. Die Hersteller von Flachbildschirmen und die Photovoltaikindustrie konkurrieren um Indium, in den Elektromotoren von Hybridfahrzeugen stecken Neodym-Magnete, und für Leuchtdioden wird das Halbleitermetall Gallium benötigt. Die steigende Nachfrage nach den seltenen Hightech-Metallen wird zu wirtschaftlichen Engpässen führen und internationale Konflikte anheizen, wie Forscher aus Berlin warnen.*

Deshalb ist Recycling so wichtig. Im Vorwort wurde bereits die dringende Mahnung der UN angesprochen, wegen der zunehmenden Engpässe mehr Technologiemetalle zu recyceln.

5 Das Periodensystem der Elemente

Keine Angst! Jetzt folgt kein Chemieunterricht. Wir beschränken uns auf ganz einfache Zusammenhänge und Sie werden sehen, wie interessant und sogar spannend das PSE, wie es abgekürzt heißt, sein kann.

Haben Sie beispielsweise noch in Erinnerung, dass es unter den 118 Elementen neben den Gasen nur ganz wenige feste Elemente gibt, die keine Metalle sind? Zu diesen zählen nur Kohlenstoff, Phosphor, Schwefel, und, eingeschränkt, Brom. Selen, das auch in diesem Buch vorgestellt wird, ist ein Halbmetall.

Schon vor Jahrtausenden haben die Menschen versucht, die Materialien aus ihrer Umwelt zu verstehen und einzuordnen. Systematische Wissenschaft gab es noch nicht, vieles Unerklärliche wurde schlicht und ergreifend je nach Zeit und Ort verschiedenen Gottheiten als gute oder böse Absicht unterstellt.

Erst im 17. Jahrhundert begann die Hochphase der Wissenschaft und man kann sich nur schwer die Faszination und das Interesse der Menschen dieser Zeit an neuen Erkenntnissen vorstellen, die das einfache religiöse Weltbild in vielen Punkten auf den Kopf stellten. Ehrlicherweise müssen wir zugeben, dass sich alle diese weisen geschichtlichen Erkenntnisse auf Europa beziehen. Erst ganz allmählich wird bei uns deutlich, wie viel andere Kulturen, hauptsächlich in Asien, schon wussten. Viele dieser frühen Errungenschaften erreichten uns auch über Spanien aus dem Orient.

Bis ins Mittelalter gab es in allen Kulturen die Vorstellung, die Welt sei aus den vier Elementen Erde, Wasser, Luft und Feuer aufgebaut. Damit konnte man viel erklären, sogar Eigenschaften von Menschen und auch die 12 Sternzeichen der Astrologie werden diesen vier Elementen zugeordnet. Man kannte aber auch schon in Reinform Kohlenstoff, Schwefel, Eisen, Kupfer, Zink, Zinn, Quecksilber, Blei, Gold und Silber. Wie kann man diese beiden Sachverhalte verknüpfen?

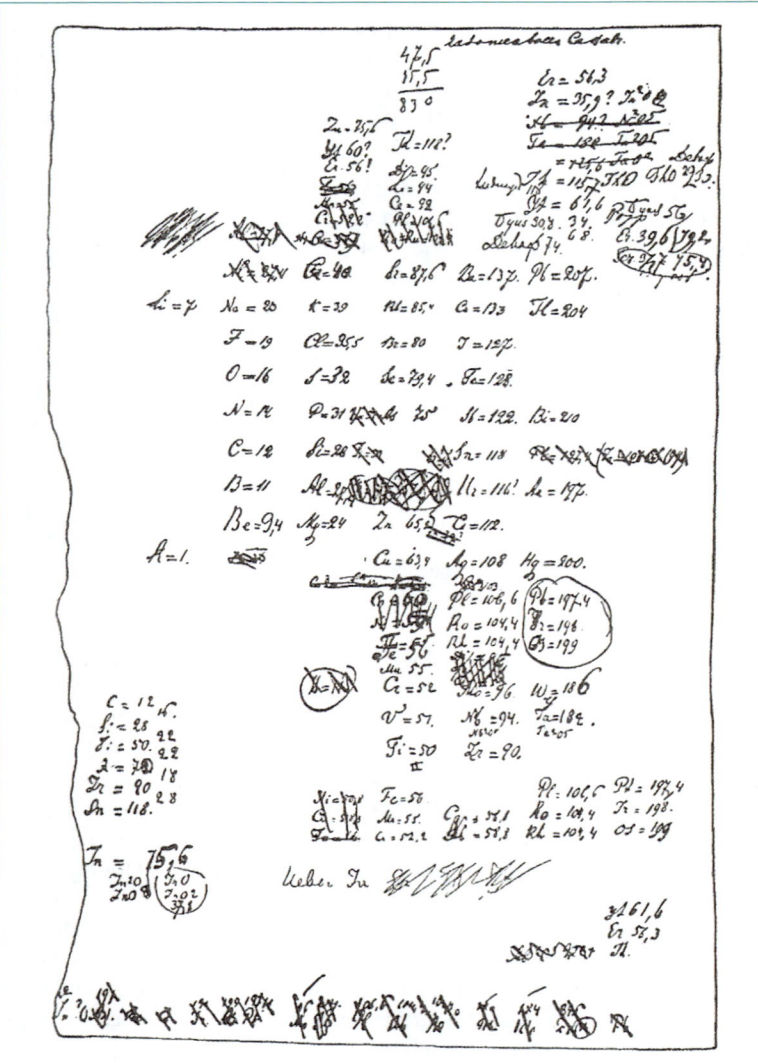

Abb. 5.1: Der erste Entwurf des Periodenssystems von Mendelejew

Abb. 5.2: Das Denkmal Mendelejews mit dem Periodensystem in St. Petersburg

Gar nicht. Aus diesem Grund haben wir Robert Boyle 1661 die Definition zu verdanken, dass ein Element ein Stoff sei, der nicht weiter zerlegt werden kann. Nur der Vollständigkeit halber: Heute wird ein chemisches Element definiert durch seinen atomaren Aufbau und im Periodensystem dementsprechend angeordnet.

Das Periodensystem der Elemente, abgekürzt PSE, wurde ab 1869 entwickelt von Dimitri Mendelejew (1834–1907, nähere Informationen finden Sie im Kapitel 12 »Seltenerdmetalle«, Scandium) und Lothar Meyer (1830–1895).

Im 19. Jahrhundert wurden dann durch gezieltes Suchen die meisten Elemente entdeckt. In den letzten Jahrzehnten wurden mit moderner Technik sogar Elemente erzeugt, die es in der Natur gar nicht gibt.

Ganz rechts finden Sie die Edelgase, etwas weiter links daneben die bereits erwähnten Nichtmetalle. Der überwiegende Rest sind Metalle, unterteilt in Alkalimetalle (mit Lithium), Erdalkalimetalle, Halbmetalle, Metalloide, Übergangsmetalle und innere Übergangsmetalle. In der Gruppe 3, also in der dritten senkrechten Spalte, sind mit den Nummern 21, 39 sowie unter 57 bis 71 die Lanthanoide zusammengefasst, die Seltenerdmetalle. Die uns geläufigsten Metalle wie Eisen, Kupfer, Zink, Nickel, Chrom sind Übergangsmetalle wie auch die Anlagemetalle.

Es gibt weitere chemische und physikalische Unterteilungen, die nicht im Periodensystem aufgeführt sind:

> Schwermetalle; sie sind nicht genau definiert, aber man versteht darunter im Allgemeinen alle Metalle mit einem spez. Gewicht größer als 4,5 g/cm³.
> Nichteisenmetalle, abgekürzt NE-Metalle, alle Metalle ohne Eisenzusatz.
> Edelmetalle, s. u.

Fragen Sie einmal einen Chemiker, wo sich denn im Periodensystem die Anlagemetalle befinden. Er wird lange grübeln, aber Sie können ihm nun helfen: Sie gehören zu den Edelmetallen, liegen, wie sich das gehört, einträchtig zusammen und haben die Nummern 46 (Palladium), 47 (Silber), 78 (Platin) und 79 (Gold).

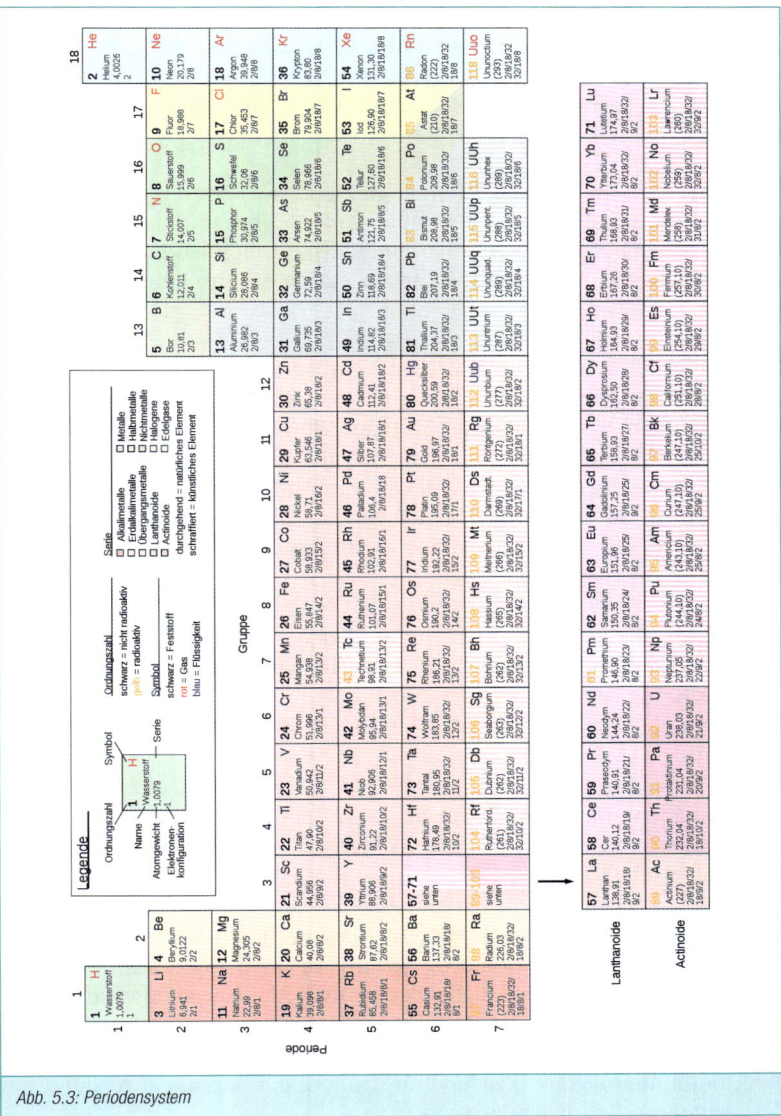

Abb. 5.3: Periodensystem

Links daneben, auch brav zusammen, finden wir die vier Metalle Ruthenium (44), Rhodium (45), Osmium (76) und Iridium (77), die zu den Platinmetallen und zu unseren Strategischen Metallen gehören. Hierzu kommen wir später noch. Gold, Silber und Platinmetalle sind die Edelmetalle.

Auch bei den Begriffen »Technologiemetalle«, »Strategische Metalle« und »Sondermetalle« ist der Chemiker ratlos. Diese und der Begriff »Anlagemetalle« ebenso wie »Industriemetalle« bezeichnen eben keine Metallgruppen aus der Chemie, sondern stammen aus Politik und Wirtschaft.

Haben Sie sich schon einmal über die Farben von elementaren Metallen Gedanken gemacht? Es fällt doch auf, dass fast alle Metalle, Legierungen ausgenommen, einen mehr oder weniger silbrig glänzenden oder matten, jedoch immer grauen Farbton haben. Ausnahmen sind nur Gold und Kupfer! Diese Überlegung hat nichts zu tun mit dem Begriff Buntmetall! Wer sich auf die Suche nach einer genauen Definition dieses Begriffes begibt, wird Schwierigkeiten haben. Durchgesetzt haben sich drei Ansichten:

> Alle Metalle außer Edelmetalle und Eisen sind Buntmetalle.
> Blei, Cadmium, Kupfer, Nickel und Zink sind Buntmetalle, weil ihre Erze farbig sind.
> Farbige Legierungen wie Messing und Bronze sind Buntmetalle.

Refraktärmetalle nennt man die Metalle, deren Schmelzpunkt oberhalb des Schmelzpunktes von Platin liegt, sie spielen deshalb in vielen Anwendungen eine besondere Rolle. Näheres hierzu finden Sie im Kapitel 11 »Strategische Metalle«.

Bei allen in diesem Buch genannten Metallen finden Sie neben den chemischen Abkürzungen auch die zugehörigen Ordnungszahlen, die Ihnen helfen, bei Interesse sofort diese Metalle im Periodensystem wiederzufinden. Sie gibt die Anzahl der Protonen im Atomkern an. Protonen sind die positiv geladenen Teilchen, daneben gibt es im Atomkern noch neutrale Neutronen und negativ geladene Elektronen, die in großem Abstand um den Atomkern herumschwirren.

Entwickelt wurde dieses Atommodell von dem dänischen Physiker Niels Bohr (1885–1962), der dafür 1922 den Nobelpreis erhielt. Bis zu seinem Lebensende erhielt er unzählige weitere Ehrungen für viele Erkenntnisse, auch ein chemisches Element, Bohrium, wurde nach ihm benannt. Um Niels Bohr ranken sich viele Anekdoten, auch mit der berühmten Barometerfrage (Schauen Sie mal bei Wikipedia!) wird er in Verbindung gebracht. Er war begeisterter Fußballer und Torwart der Mannschaft der Universität Kopenhagen. Nach einem Hufeisen über dem Eingang seines Sommerhauses befragt, sagte er:

> »Natürlich glaube ich als Wissenschaftler nicht daran. Aber man hat mir versichert, dass es trotzdem funktioniert.«

Folgendes Beispiel zeigt ein Lithiumatom (links) mit drei Elektronen, drei Protonen und drei Neutronen und rechts seine positiven und negativen Ionen, bei denen jeweils ein Elektron fehlt bzw. eines mehr vorhanden ist.

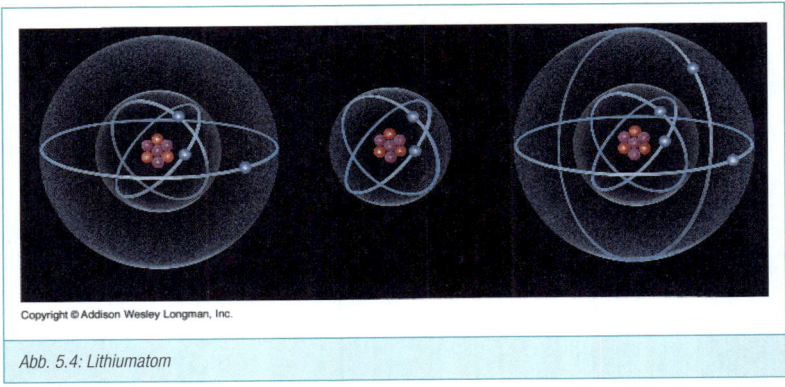

Copyright © Addison Wesley Longman, Inc.

Abb. 5.4: Lithiumatom

Um die Größenordnung zu verstehen, hier ein Vergleich: Wäre ein Atom so groß wie der Kölner Dom, hätte der Atomkern bestehend aus Protonen und Neutronen die Größe eines Kirschkerns, die Elektronen würden im Abstand der Wände darum kreisen. Seit den sechziger Jahren weiß man, dass es im Atomkern noch weitere Teilchen gibt. Im Kapitel 6 »Geschichte« finden Sie noch einige Informationen über die Suche nach diesen kleinsten Teilchen.

Weiteres würde unseren Rahmen sprengen. Aber wenn Sie ein wenig interessiert sind an der spannenden Geschichte der Entdeckung der Elemente, finden Sie bei Wikipedia unter »Periodensystem der Entdecker« ein tolles Werkzeug. Sie können die einzelnen Elemente im Periodensystem anklicken und landen ohne weitere Suche sofort bei den jeweiligen Entdeckern, die oft Universalgenies in vielen Disziplinen waren. Derart spannende Biographien findet man heute nicht mehr.

6 Geschichte

Möglicherweise interessieren sich nicht alle Leser für Technik- und Wissenschaftsgeschichte. Das ist schade, aber wissend um diesen Umstand, habe ich mich entschieden, diesen Aspekt in einem eigenen Kapitel zusammenzufassen und in den späteren Kapiteln bei der Vorstellung der einzelnen Metalle mich nur auf ihre Entdeckung und wichtige andere Ereignisse zu beschränken. Den größeren historischen Zusammenhang, und ein wenig über die Rolle, die die Metalle in den verschiedenen Epochen spielten sowie ihre Bedeutung für die heutige Technik, finden Sie nachfolgend – natürlich nur ganz kurz skizziert.

Größerer Zusammenhang bedeutet zwangsläufig auch die Beachtung gesellschaftlicher, politischer und religiöser Entwicklungen, die durch naturwissenschaftliche Erkenntnisse und Erfindungen beeinflusst wurden. Ich möchte Ihnen aber auch einige Zitate, Bonmots und Aphorismen, die manche Zeitgenossen augenzwinkernd von sich gaben, sowie passende Anekdoten nicht vorenthalten.

Ein schöner Ausspruch von Sir Peter Ustinov trifft eigentlich die Entwicklung der gesamten Technikgeschichte:

>»Planung bedeutet den Zufall durch den Irrtum
>zu ersetzen.«

Albert Einstein hat einem Begleiter während einer Reise einmal beispielhaft kurz und treffend klargemacht, wie wissenschaftliche Beobachtung funktioniert. Als sie die Grenze zu Bayern passierten, bemerkte sein Begleiter eine schwarze Kuh auf einer Wiese und sagte: »Schauen Sie mal, Herr Einstein, in Bayern gibt es Wiesen mit schwarzen Kühen!« Einstein antwortete trocken:

>»Was Sie bisher sahen, ist nur, dass es in Bayern mindestens eine Wiese mit mindestens einer Kuh gibt, die auf mindestens einer Seite schwarz ist.«

Frühzeit

>»Ich war der oberste Leiter jeden Werkes und alle Werkstätten standen unter meinem Befehl. Ich war der Aufseher aller Aufseher und irrte mich nie.«

Diese selbstbewusste Einschätzung ließ sich der ägyptische Ingenieur und Baumeister Enene 1500 v. Chr. in seinen Grabstein meißeln.

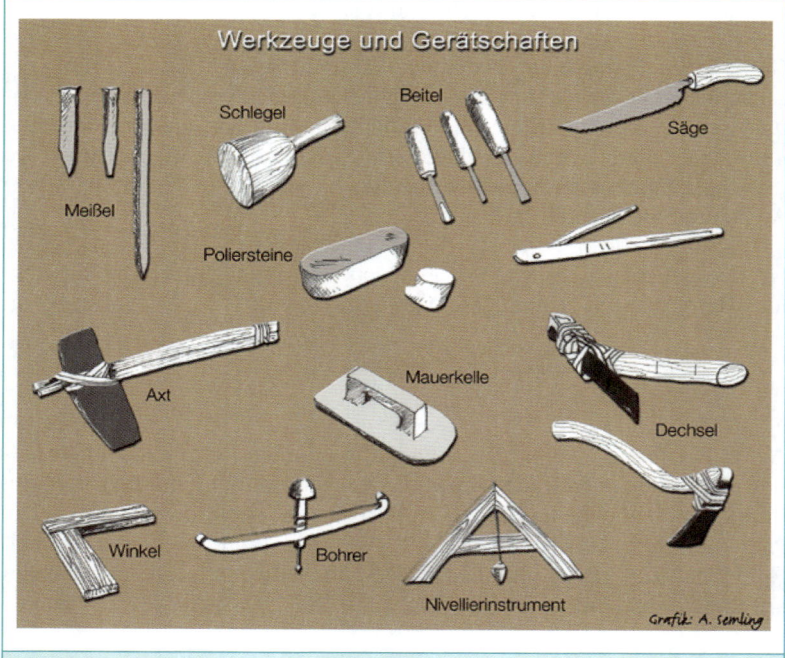

Abb. 6.1: Werkzeuge in Altägypten

Was man dem bekanntesten Baumeister der Antike, Imhotep (»Der in Frieden kommt«) 2700 v. Chr. auf sein Grab schrieb, weiß man nicht, denn es wurde bisher nicht gefunden. Er war Schriftgelehrter, Erfinder, Magier und Begründer der ägyptischen Medizin. Im Neuen Reich Ägyptens wurde er als Gott verehrt. Viele sehen in ihm das vielleicht erste namentlich genannte Universalgenie der Menschheit. Schon die alten Ägypter wussten Metalle, nicht nur Gold, zu nutzen. Sie fertigten Werkzeuge aus Kupfer, später auch aus Bronze an.

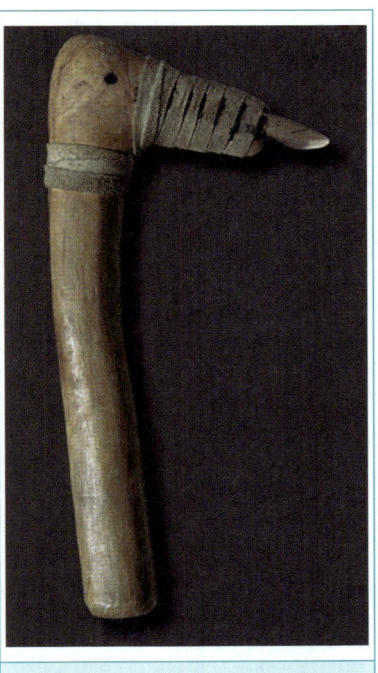

Die Gelehrten dieser Zeit – und in den Jahrtausenden danach – trennten die Wissenschaften nicht nach unseren heutigen Kriterien. Im weitesten Sinne konnte man sie als Ingenieurwissenschaften zusammenfassen, deren Ziel die praktische Umsetzung war. Sie beinhalteten die Grundlagen-Mathematik mit Geometrie und darauf aufbauend Architektur und Materialkunde, diese wiederum enthielten Chemie und Physik. Medizin und Astronomie galten als eigene Wissensfelder.

Abb. 6.2: Beil mit Bronzekling

Die Ingenieurwissenschaften sind es auch bis heute, die die in diesem Buch vorgestellten Metalle zum Leben erwecken und ihnen die unendlich vielen Möglichkeiten von Anwendungen verleihen, ohne die unser Leben gar nicht mehr vorstellbar wäre.

Aber fangen wir doch mal ganz vorne an:

Der dänische Altertumsforscher Christian Jürgensen Thomsen (1788–1865) untergliederte 1830 die Geschichte in drei Phasen, je nach der Verwendung von Materialien zur Werkzeugherstellung. Er nannte sie Steinzeit, Bronzezeit und Eisenzeit und unterteilte diese noch wie folgt:

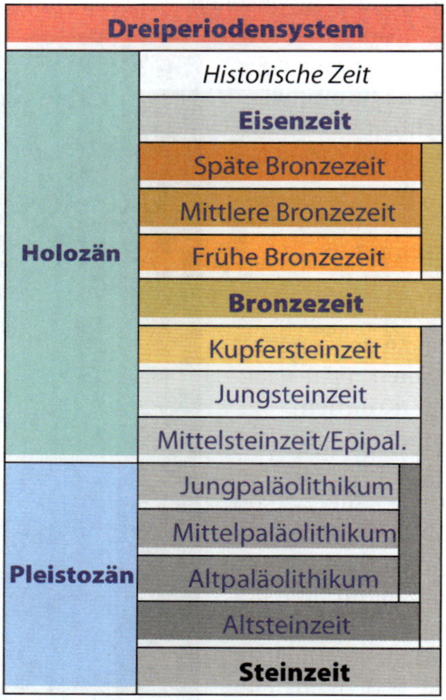

Dreiperiodensystem		
Holozän	*Historische Zeit*	
	Eisenzeit	
	Späte Bronzezeit	
	Mittlere Bronzezeit	
	Frühe Bronzezeit	
	Bronzezeit	
	Kupfersteinzeit	
	Jungsteinzeit	
	Mittelsteinzeit/Epipal.	
Pleistozän	Jungpaläolithikum	
	Mittelpaläolithikum	
	Altpaläolithikum	
	Altsteinzeit	
	Steinzeit	

Abb. 6.3: Dreiperiodensystem

Das Pleistozän reicht bis 10 000 v. Chr, das Holozän bis heute.

Dieses Geschichtsbild bezieht sich auf Europa, Westasien und Nordafrika, also die Regionen, aus denen die bis 1830 meist gefundenen Werkzeuge und Menschenskelette stammen. Die Herstellung von universell nutzbaren Werkzeugen und Waffen begann erst vor circa 5 000 Jahren mit der Erfindung der Bronze, einer Legierung aus Kupfer mit Zinn, die wesentlich härter war als Kupfer. Diese Entwicklung war der Anlass für gravierende Umwälzungen der Gesellschaftsstrukturen, für den Aufbau eines Handelsnetzes für das im Vergleich zu Kupfer seltene Zinn und damit zum Austausch vieler anderer Waren. Zahlungsmittel waren auch Bronzebarren.

Die Zeitepochen verlaufen regional sehr unterschiedlich. In Palästina kannte man Bronze schon seit 3300 v. Chr., in Mittel- und Nordeuropa erst ab 1800 v. Chr.

Diese Unterschiede zeigen sich auch in anderen kulturellen Leistungen. Während wir noch als Halbwilde durch die Gegend liefen, konnte man in südöstlichen Kulturen schon schreiben und lesen. So gab es in Ägypten die Hieroglyphen, im Vorderen Orient die Keilschrift und in Griechenland die Linearschrift.

Die Eisenzeit setzte ebenso zu unterschiedlichen Zeitpunkten ein wie die Bronzezeit. Denn die Verwendung von Eisen begann regional ganz unterschiedlich, aber erst mit der Möglichkeit der Verhüttung von Eisenerz. Die Geschichte der Metallurgie kann man wie folgt zusammenfassen:

8000 v. Chr.	Übergang ins Neolithikum	sesshafte Besiedelung, Landwirtschaft, Metallschmuck,
4000 v. Chr.	Frühe Kupferzeit	Metallspiegel, Kupferdolche, Goldschmuck, erste Gegenstände aus Eisen
2500 v. Chr.	Frühe Bronzezeit	Kaukasus, Mittelmeerraum, Ägypten
1700–800 v. Chr.	Bronzezeit	Bronzene Waffen, Münzen, Werkzeug,
1100 v. Chr.		Eisenwaffen setzen sich gegen Bronzeschwerter durch.
800 v. Chr.	Frühe Eisenzeit	Hallstattkultur
600 v. Chr.	Beginn der Eisenzeit in China	
500 v. Chr.	Hochblüte hellenisch-römischer Antike	
450 v. Chr.	Jüngere Eisenzeit, La-Tène-Kultur	weiterentwickelte Eisenverwendung
Zeitenwende		Römische Verhüttungsanlagen entstehen
200 n. Chr.	Spätantike Zeit	Fabricae (Manufakturen) in der Metallverarbeitung
400–600/700 n. Chr.	Zeit der germanischen Völkerwanderung, Ende der Spätantike	Eisen bei Merowingern und Wikingern für Waffen, Gerätschaften. Bronze für Münzen, Denkmale
um 1160	Besiedelung des Erzgebirges	Abbau silberhaltiger Bleierze

nach 1300	1318 erste Erwähnung von Freiberg/Erzgebirge als »Hüttenstandort«	»Hochschachtöfen« an Stelle bisheriger »Niederschachtöfen«.
nach 1400	Frühindustrielle Eisenverarbeitung	
1500	Beginn der in die heutige Zeit führenden Entwicklung	mit Georgius Agricola (XII Libri, 12 Bücher) treten technische Hilfsmittel an die Stelle bloßer Handarbeit; 1519 werden die ersten Joachimsthaler aus Silber geprägt
		(nach Wikipedia)

In einem Gräberfeld in der Nähe von Hallstatt im österreichischen Salzkammergut wurden 1846 viele Gegenstände gefunden, die auf die hohe Fertigkeit der Blei-, Bronze- und Eisenverarbeitung rund 700 v. Chr. schließen lassen. Diese frühe Eisenzeit wird aufgrund dieser Funde auch Hallstattkultur genannt.

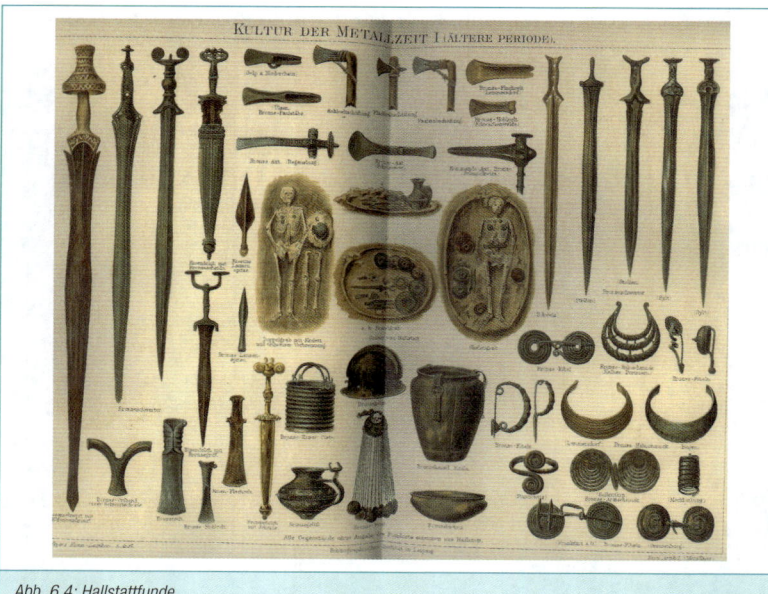

Abb. 6.4: Hallstattfunde

In unserem Kulturkreis spielen Metalle auch in der Bibel an verschiedenen Stellen eine Rolle, vor allem im Alten Testament.»*Er wird sitzen und schmelzen und das Silber reinigen, er wird die Kinder Levi reinigen und läutern wie Gold und Silber*«, so steht es in Maleachi 3, Vers 3. Unter »Läutern«, das im übertragenen Sinne bis heute genutzt wird, verstand man das Reinigen einer Metallschmelze von Fremdstoffen. Bei Jeremia 6, Vers 27–30, wird ein Metallurge zum Richter über Abtrünnige, die er in einem Vergleich mit ungenügend getriebenem, als »verworfenes Silber« bezeichnet. Im 2. Buch Mose, 32, Vers 1–4, wird vom »Goldenen Kalb« überliefert, dass es aus eingeschmolzenem Schmuck der sich von Jahwe abwendenden Israeliten gegossen worden sein soll.

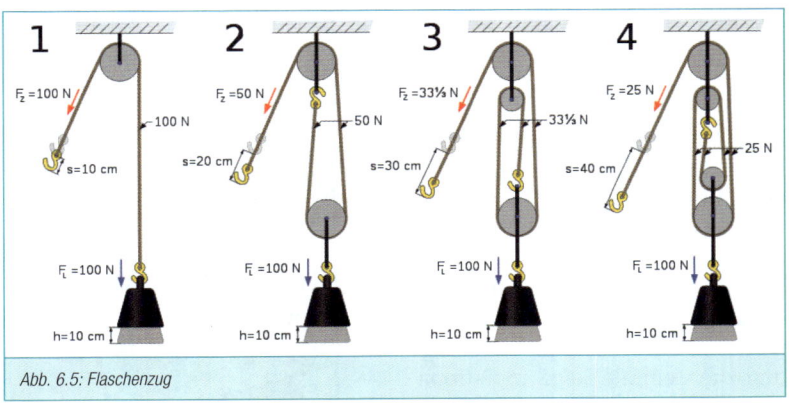

Abb. 6.5: Flaschenzug

Bis in das Mittelalter beschränkte sich der Fortschritt der Metallurgie hauptsächlich auf das Erzeugen und die Verarbeitung der Metalle. Es wurden im Wesentlichen Werkzeuge und Waffen hergestellt, noch keine komplexen Maschinen in unserem Sinne. Es gab aber auch schon Rollen, Hebel, Schrauben, Kurbeln etc., die von Aristoteles bereits »Maschinen« genannt wurden und heute per definitionem »einfache Maschinen« heißen. Mit diesen verrichtet man Arbeit, dem Produkt aus Kraft und Weg. Und mit einfachen Maschinen kann man, laienhaft formuliert, Kraft reduzieren, indem man mehr Weg nutzt. Der Flaschenzug (s. Abb. 6.5) ist ein einleuchtendes Beispiel hierfür.

Das Wort »Maschine« hat eine antike Bedeutung als Mittel zur Täuschung bei Theaterstücken, also zur Erzeugung unnatürlicher Effekte. »Deus ex machina«, heute gebraucht als eine unerwartete Lösungsmöglichkeit, war damals eine Vorrichtung, mit der man Gottheiten überraschend auf die Bühne brachte.

Neuzeit

Nun wollen wir aber von der Antike zur Neuzeit übergehen, die vor allem durch die moderne Stahlerzeugung, -verarbeitung und -verwendung geprägt ist. Die Verfahren der Erzeugung können wir hier im Einzelnen nicht besprechen. Der bekannte »Hochofen« in seiner heutigen Form und seine Verwandten durchliefen eine jahrhundertelange Entwicklung.

Das Ruhrgebiet als europäischer Hauptstandort der Stahlerzeugung entstand durch einen Standortvorteil, der sich aus fünf Komponenten zusammensetzt: das Vorhandensein von Eisenerz und von Kohle, Rhein und Ruhr als Wasserreservoir und als Transportwege und die zentrale Lage in Europa. Den Siedlungsvorläufer von Dortmund beispielsweise gab es schon vor über tausend Jahren als Kreuzungspunkt zweier Handelsstraßen. Es ist nur konsequent, dass sich dort auch eine Metallverarbeitungs- und Maschinenbauindustrie

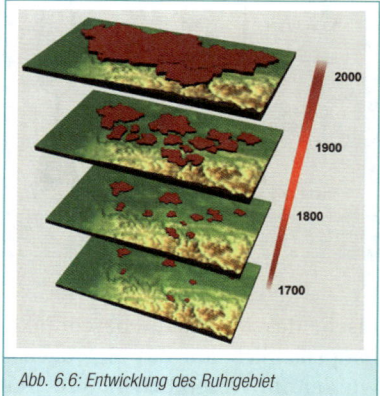

Abb. 6.6: Entwicklung des Ruhrgebiet

mit entsprechenden Auswirkungen in alle Richtungen der Ingenieurwissenschaften etablierte. In den letzten Jahrzehnten ging der Anteil an Bergbau und Stahlindustrie kontinuierlich zurück. In kleinerem Maßstab gilt dies auch für das Saarland mit dem Fluss Saar.

Das nach Eisen nächstwichtigere Metall innerhalb dieser Entwicklung ist Kupfer, zum einen wegen seiner metallurgischen Eigenschaften für die Legierungen Bronze und Messing, aber auch als Stromleiter in Kabeln. Hierin ist Kupfer durch kein anderes Metall zu ersetzen; Silber als noch besserer Stromleiter ist preislich und mengenmäßig keine Alternative.

Kupfer und Eisen sind neben Nickel, Blei, Zink, Zinn und Aluminium deshalb Industriemetalle, weil sich durch ihre Bedeutungen eigene Industrien begründet haben. Im börsentechnischen Sinne gehört Eisen nicht zu den Industriemetallen. Näheres finden Sie im Kapitel 9 »Industriemetalle«.

Alle Metalle, also auch die in diesem Buch hauptsächlich vorgestellten Strategischen und Seltenerdmetalle gewinnen ihre Bedeutung natürlich erst durch ihre Anwendungen, die wiederum Ergebnisse von Forschung und Ingenieurleistungen sind. Die Jahreszahlen ihrer Entdeckungen weisen bereits darauf hin, dass die Metalle der Seltenen Erden im Gegensatz zu anderen Metallgruppen erst in der neueren Wissenschafts- und damit auch Technikgeschichte eine Rolle spielen, die meisten sogar erst in oder nach der zweiten Hälfte des 19. Jahrhunderts.

Da beide Metallgruppen auch unter »Technologiemetalle« zusammengefasst werden, hier kurz eine Wort zum Unterschied zwischen »Technologie« und »Technik«: Unter Technologie, aus dem Altgriechischen »téchne« für Fähigkeit und »lógos« für Lehre, versteht man das Wissen um Technik, also die wissenschaftliche Grundlage einer Methode. Im Englischen gibt es die Unterscheidung nicht, »technology« bedeutet sowohl Technologie als auch Technik.

Die Technikgeschichte seit der frühen Neuzeit kann man grob nach ihrer Ein- und damit Wertschätzung in den verschiedenen Jahrhunderten unterteilen:

> 15. Jahrhundert: Maschinen waren Kunstwerke, Beispiel Leonardo da Vinci
> 16. Jahrhundert: Maschinen waren Vorrichtungen, Beispiel Galileo Galilei

> 17. Jahrhundert: Maschinen waren Naturkopien, Beispiel René Descartes
> 18. Jahrhundert: Erfindung der Dampfmaschine, alles änderte sich.

Zu Beginn des 17. Jahrhunderts bewies der britische Philosoph und Naturwissenschaftler Francis Bacon (1561–1626) schon eine erstaunliche Weitsicht, als er folgende Möglichkeiten künftiger Technik beschrieb:

> »*Reißende Wasserfälle werden zur Erzeugung von kräftigen Bewegungen ausgenutzt. Mit Mikroskopen kann man winzige Körper deutlich erkennen. Es gibt Häuser für Akustik, in denen wir Töne erforschen. Zum Fliegen in der Luft gibt es Gestelle ähnlich den Flugorganen der Tiere. Es wird Schiffe geben, die unter Wasser fahren können.*«

Abb. 6.7: Titelblatt der Enzyklopädie von Francis Bacon

Bacon galt auch als begnadeter Schriftsteller. Viele der Werke, die Shakespeare zugeschrieben werden, wurden schon früh von Fachleuten eher seiner Feder zugeordnet. Sein Tod war weniger glamourös als seiner Persönlichkeit angemessen gewesen wäre, wenn auch mit Naturwissenschaft verbunden: Beim Experiment, ob sich die Haltbarkeit toter Hühnchen durch Ausstopfen mit Schnee verlängern ließe, zog er sich eine Erkältung zu und erlag wenig später einer Lungenentzündung. Wie wir heute wissen, war sein Tod nicht vergebens: Das Experiment gelang.

Zu gleicher Zeit verfasste der italienische Philosoph, Mathematiker, Physiker und Astronom Galileo Galilei (1564–1642) ein Schreiben an den Dogen von Venedig, das als erstes Ansuchen einer Patentgewährung gelten kann:

>*Durchlauchtigster Fürst, ehrenwerter Herr!*

Ich, Galileo Galilei, habe ein Werk erfunden, um Wasser zu heben und Ländereien zu bewässern und zwar derart, dass bei einem Antrieb nur durch ein Pferd zwanzig Wasserläufe ununterbrochen springen werden. Da es mir aber nicht zusagt, dass meine Erfindung Gemeingut eines jeden Beliebigen wird, bitte ich ehrerbietig, Euer Durchlaucht möchten mich gnädigst mit der Gunst bedenken, die Eure Huld in ähnlichen Fällen Künstlern in einem Handwerk verleiht. Außer meiner Person oder meinen Erben soll es auf einen Zeitraum von vierzig Jahren oder wie viel Euer Durchlaucht gefallen mögen, niemand gestattet sein, mein neues Werk anzufertigen oder abzuändern bei irgendeiner Euch genehm dünkender Strafe für den Verletzungsfall, von der ich einen Teil erhalte. Wonach ich noch eifriger auf neue Erfindungen zum allgemeinen Wohl bedacht bin und mich Euch untertänigst empfehle.«

Aus heutiger Sicht ein raffinierter Schleimer, der bei Zusage die Vorteile für den Dogen herausstellte: Geld und neue Erfindungen für noch mehr Geld.

Galileo musste sich vor allem wegen seiner astronomischen Thesen in Bezug auf das kopernikanische Weltsystem vor der kirchlichen Inquisition verantworten. Ob er beim Verlassen des Gerichtssaals wirklich den berühmten Ausspruch über die Erde »Und sie bewegt sich doch!« tat, ist eher unwahrscheinlich. In seinem Theaterstück »Das Leben des Galilei« lässt Bertolt Brecht Galileo Galilei das Problem wissenschaftlicher Erkenntnis und theologischer Deutungshoheit auf den Punkt bringen mit dem Satz:

> »Die Winkelsumme im Dreieck kann nicht nach den Bedürfnissen der Kurie abgeändert werden.«

Zum kopernikanischen Weltsystem gibt es eine ganz neue Meldung: Am 23. Mai 2010 wurde Nikolaus Kopernikus (1473–1543) im Frauenburger Dom im Norden Polens zum zweiten Mal feierlich bestattet. Man vermutete früher zwar irgendwo ein Grab, aber da die Kirche im Dreißigjährigen Krieg stark beschädigt wurde, fand

Abb. 6.8: Galileo Galilei, Justus Sustermans, 1636

man erst im Jahre 2005 die Überreste von mehreren beschädigten Gräbern. Das Skelett von Kopernikus konnte dann 2008 mit anthropologischen Vergleichen und DNA-Analysen identifiziert werden. Ein weiteres aktuelles Ereignis in diesem Zusammenhang: Am 19. Februar 2010 wurde dem kurzlebigen Element 112 der Name Copernicium verliehen (s. Lutetium auf Seite 330).

Kopernikus wurde wegen seines heliozentrischen Weltbildes (Planeten kreisen um die Sonne) von der Inquisition als Ketzer geächtet und erst 1993 von Papst Johannes Paul II. rehabilitiert.

Wenige Jahrzehnte nach dem Tod Galileis, im Jahre 1687, veröffentlichte Isaac Newton (1643–1727) seine »Philosophiae Naturalis Principia Mathematica« mit neuen Formulierungen für Trägheit, Kraft, Impuls und Gravitation, also die Erdanziehungskraft. Voltaire erzählte später die Geschichte, Newton sei unter einem Apfelbaum ein Apfel auf den Kopf

Abb. 6.9: Kopernikanisches Weltsystem

gefallen, was zum Auslöser seiner Ableitungen wurde. Dies hätte einen Zeitgenossen veranlasst, Newton zu bitten, er möge doch an der Entwicklung einer neuen Apfelsorte mitarbeiten, die langsamer falle und dadurch weniger geschädigt würde.

Sir Isaac Newton gilt als einer der größten Wissenschaftler aller Zeiten. Neben einigen Formeln, einem Asteroiden und einem Mondkrater ist die SI-Einheit (Erklärung s. S. 140) der Kraft (Newton, Kilonewton) nach ihm benannt. Die wohl größte Ehre, die ihm zuteil wurde, war seine Beisetzung in der Westminster Abbey unter großen Feierlichkeiten.

Abb. 6.10: Sir Isaac Newton

Neben anderen bahnbrechenden Erfindungen wie Infinitesimalrechnung, Spiegelteleskop, Prisma, Sextantvorläufer u. a. gelang Newton auch die Entwicklung der Katzenklappe, um während seiner Versuche nicht dauernd von seiner Katze gestört zu werden. Schauen Sie sich so ein Ding einmal in aller Ruhe an, der Mechanismus ist einfach und raffiniert zugleich. Sein Genius verhinderte allerdings nicht, dass er 1720 bei einer der ersten großen Spekulationsblasen, der South Sea Bubble Spekulation, ein Vermögen von über 20 000 Pfund verlor. Er starb dennoch nicht als armer Mann.

Mit den Namen Newton und Goethe verbunden ist auch eines der größten Missverständnisse in der Wissenschaftsgeschichte. Newton hatte mittels seines Prismas und der Camera Obscura (Lochkamera) nachgewiesen, dass weißes Licht aus den Regenbogenfarben Rot, Orange, Gelb, Grün, Blau, Indigo und Violett zusammengesetzt ist.

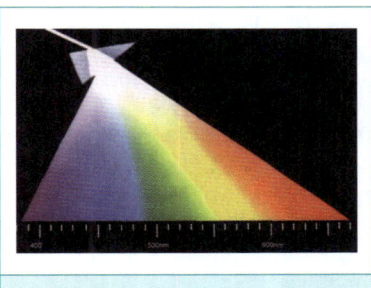

Abb. 6.11: Newtonsches Prisma

Goethe hat das einhundert Jahre später angezweifelt und eine eigene Farbenlehre entworfen. Von dieser war er so überzeugt, dass er alle Zweifler übelst beschimpfte und den Nachweis durch Newton als »Taschenspielertrick« bezeichnete. Seine Überheblichkeit schlug sich in nachfolgendem Zitat von 1815 nieder:

1749 bis 1832

„Auf alles, was ich als Poet geleistet habe, bilde ich mir gar nichts ein... Daß ich aber in meinem Jahrhundert in der schwierigen Wissenschaft der Farbenlehre der Einzige bin, der das Rechte weiß, darauf tue ich mir etwas zu gute, und ich habe das Bewußtsein der Superiorität über viele..."

J.W. Goethe, um 1815

Das Missverständnis liegt darin begründet, dass man physisch vorhandene Farbpigmente nicht so mischen kann wie Spektralfarben. Die Regenbogenfarben als Farbpigmente werden optisch gemischt nicht weiß, sondern eher schmutziggrau.

SI-Einheiten wie Newton oder Watt werden Ihnen in diesem Buch noch öfter begegnen. SI steht für Système international d'unités und ist das 1960 eingeführte Metrische Einheitensystem für physikalische Größen in den meisten Ländern. In den USA zwar anerkannt, konnte es dort durch zuviel Gegenwehr konservativer Kreise bisher aber nicht eingeführt werden. Dort gilt noch das angloamerikanische Maßsystem, das auf alten englischen Einheiten beruht. Beispiele sind Zoll, Pfund, Meile, Unze, Gallone usw.

Die Maschinenzeit

Machen wir einen Sprung in die Zeit nach der Entdeckung der Dampfmaschine, denn ab diesem Zeitpunkt überschlugen sich die Ereignisse politisch, wirtschaftlich und technisch und alles bedingte einander. Es begann ein neues Kapitel in der Menschheitsgeschichte schlechthin, als am 5. Januar 1769 dem Universitätsmechaniker James Watt (1736–1819) in Glasgow für seine mit Dampfkraft betriebene Maschine das englische Patent Nr. 913 erteilt wurde. Zwar hatte schon im Jahr 1705 der Engländer Thomas Newcomen eine Dampfmaschine entwickelt, die jedoch noch sehr unrationell arbeitete.

Auch James Watt war ein Allroundgenie, das sich für alle Wissenschaftszweige interessierte und zudem Geschichten schrieb. Nach James Watt wurde die SI-Einheit der Leistung benannt, die Einheit »Watt« löste das »PS« ab. Die »James-Watt-Medaille« gilt als die renommierteste Auszeichnung auf dem Gebiet des Maschinenbaus. Zwar wurde er dort nicht beigesetzt, aber ein Kenotaph (Scheingrab) in der Westminster Abbey erinnert an ihn.

Die Dampfmaschine diente zwar sehr schnell als stationärer Motor in Fabriken der Fertigung und löste somit die industrielle Revolution dieser Zeit aus, der Öffentlichkeit wurde sie aber erst richtig bekannt durch ihren sichtbaren Einsatz in Fortbewegungsmitteln mit den daraus folgenden Konsequenzen für die Mobilität der Menschen. Sie ersetzte zunächst auf dem Land als Eisenbahn teilweise die Pferde und später auf dem Wasser die Segel und war weitgehend unabhängig von Wind und Wetter.

Noch heute ist eine sich in Bewegung setzende Dampflokomotive ein beeindruckendes Erlebnis. Bei kaum einer anderen Gelegenheit kann man die gewaltige Kraftentfaltung einer Maschine so direkt sehen, hören, riechen und fühlen. Dichter, Philosophen und Komponisten wurden hiervon inspiriert.

Der Pferde wegen sei hier ein kleiner Abstecher erlaubt:

Abb. 6.12: James Watt, von Henry Howard

Zurzeit wird die Möglichkeit getestet, in großtechnischem Maßstab Getreidesorten zu entwickeln und anzubauen, aus denen Treibstoffe gewonnen werden können. Nun gibt es verständlicherweise Menschen, die sich darüber aufregen mit dem Argument, man könne doch nicht Getreide zum Verbrennen anbauen, wenn zur gleichen Zeit anderswo Menschen Hunger leiden. Aber wo ist denn da der Unterschied zu früheren Zeiten? Die Fortbewegungs- und »Arbeitsmaschinen« waren Pferde in verschiedenen Rassen gezüchtet als Reittiere, Zugtiere vor Kutschen und Lastkarren, in der Landwirtschaft vor

Abb. 6.13: Dampfmaschine

Pflügen oder stationär im Kreis laufend für Pumpen, Kräne etc. Und was benötigten Pferde als »Treibstoff«? Hafer! Und schon sind wir wieder beim Getreideanbau für Arbeit und Fortbewegung. Große landwirtschaftliche Flächen wurden früher ausschließlich für den Haferanbau für Pferde genutzt. Und wie sehr entgegen aller heutigen romantischen Vorstellungen Pferde meist nur als Arbeitsmaschinen und

Kostenfaktor angesehen wurden, zeigt die Geisteshaltung, mit der die Einführung von Maschinen begrüßt wurde: »Sie fressen nichts, wenn im Stall sie stehen.«

Im 18. Jahrhundert beschäftigten sich viele Menschen mit Wissenschaft, Experimenten und Erfindungen. Goethe war ein großer Freund dieser neuen gesellschaftlichen Ausrichtung und prägte sogar den Begriff »Technisieren«. Er war aber auch ein früher Mahner, der vor einer allzu künstlichen Welt und »dem Sturz der vorbeirauschenden industriellen Wogen« warnte:

> »Die Erde gehört dem Pfluge, dem Sonnenschein und Regen, welche das Samenkorn entfalten, der fleißig arbeitenden einfachen Hand.«

Was ist die Welt ohne rechtliche Grundlagen und Definitionen? Und so war insbesondere die Eisenbahn für den Gesetzgeber eine mühsame Angelegenheit. Nach intensiven Studien entwickelte das Deutsche Reichsgericht folgende, etwas hilflos anmutende Beschreibung (Hobbygrammatiker werden ihre Freude daran haben):

> »Eine Eisenbahn ist ein Unternehmen, gerichtet auf wiederholte Fortbewegung von Personen oder Sachen, über nicht ganz unbedeutende Raumstrecken, auf metallener Grundlage, welche durch ihre Konsistenz, Konstruktion und Glätte den Transport großer Gewichtsmassen, beziehungsweise die Erzielung einer verhältnismäßig bedeutenden Schnelligkeit der Transportbewegung zu ermöglichen bestimmt ist, und durch diese Eigenart in Verbindung mit den außerdem zur Erzeugung der Transportbewegung benutzten Naturkräften wie Dampf, Muskeltätigkeit, bei geneigter Bahn auch schon der eigenen Schwere der Transportgefäße und deren Ladung, bei dem Betrieb des Unternehmens auf derselben eine verhältnismäßig gewaltige, je nach den Umständen nur in bezweckter Weise nützliche oder auch Menschenleben vernichtende und die menschliche Gesundheit verletzende Wirkung zu erzeugen fähig ist.«

Die berühmte »Adler«-Dampflokomotive von 1835 für den ersten Eisen-
bahnbetrieb in Deutschland zwischen Nürnberg und Fürth kam übrigens
nicht aus Deutschland, sondern wurde von den britischen Eisenbahnpi-
onieren George und Robert Stephenson im englischen Newcastle für die
Bayerische Ludwigsbahn gebaut. Damals war das eine Sensation, heute
im Vergleich zu einem ICE wirkt die Adler-Dampflokomotive geradezu
beschaulich.

Abb. 6.14: Adler und ICE im DB-Museum Nürnberg

Sowohl die Eisenbahn als auch das Dampfschiff stießen anfangs auf
große Skepsis. Dies hing auch mit vielen Unfällen durch den Dampf zusammen, der sehr heiß und unter hohem Druck plötzlich irgendwo aus-
trat oder die Kessel platzen ließ. Ein TÜV und die heutige Sicherheits-
technik lagen noch in weiter Ferne.

Über die Ablehnung der neuen Technik gibt es unzählige Bonmots und
Geschichten. Zumindest eine möchte ich Ihnen nicht vorenthalten.

Als Napoleon 1805 in Wien den Fürsten Metternich traf, erzählte er ihm:

»Stellen Sie sich vor, der amerikanische Gesandte in Paris, Livingstone, hat mir einen Irrsinnigen mit einem Empfehlungsbrief geschickt. Dieser Mann, Robert Fulton, sagt, ich könne wetterunabhängig Truppen in England mit Hilfe von kochendem Wasser landen.«

Abb. 6.15: Fultons Dampfschiff

Fulton bewies es. Er fuhr 1807 mit seinem Dampfschiff 240 Kilometer den Hudson flussaufwärts von New York nach Albany. Danach setzte sich diese Antriebsart in der Schifffahrt durch.

Aufgrund des hohen Gewichts einer Dampfmaschine bei gleichzeitig – verglichen mit späteren Motoren – geringer Leistung kamen dampfbetriebene Straßenfahrzeuge erst nach und nach auf. Das Allererste war zwar

Abb. 6.16: Cugnonts Artilleriezugmaschine

Nicholas Cugnots Artilleriezugmaschine von 1769, der erste in Serie gebaute Dampfwagen aber war die »La Mancelle« von Amédée Bollée von 1878, also über 100 Jahre später.

Die »Stanley Rocket« stellte 1906 mit 206 km/h einen Geschwindigkeitsrekord auf.

Dank der Dampfmaschine setzte die industrielle Revolution um die Mitte des 19. Jahrhunderts mit voller Wucht ein und es entstanden Fabriken mit nie geahnten Kapazitäten. In Deutschland hat diese Zeit niemand anderes sinnfälliger verkörpert als Alfred Krupp, der erst vierzehn Jahre alt war, als sein Vater 1826 starb und er zusammen mit seiner Mutter die »Gußstahlfabrik zur Verfertigung des englischen Gußstahls und aller daraus resultierenden Resultate« übernahm. Krupp hatte damals sieben Mitarbeiter. Als er 1887 starb, war diese Zahl auf 21 000 gewachsen. Markenzeichen des Unternehmens wurden die drei Ringe, die nahtlose Radreifen symbolisierten. Damit gelang Krupp 1852 sein unternehmerischer Durchbruch.

Abb. 6.17 und Abb. 6.18: Alfred Krupp und die Kruppringe

Krupp, der sich selbst nicht schonte, heute würde man sagen »Workoholic«, sagte von seiner Anfangszeit: »Mein Schreibtisch war der Amboß«. Und von ihm stammt auch die oft zitierte Erkenntnis: »Wer arbeitet, macht Fehler, wer viel arbeitet, macht viele Fehler. Gar keine Fehler macht nur der, der die Hände in den Schoß legt.« Zu Letzteren zählte er auch Musiker und Komponisten einschließlich seines berühmt gewordenen Verwandten Max Bruch, die seiner Meinung nach ein »ganz und gar inhaltsloses Leben« führten.

Krupps Unternehmen wurde zeitweilig zum größten Europas, auch durch Entwicklung von Waffen wie beispielsweise die Stahlkanonen, die die Bronzekanonen ablösten. Seine Arbeiter, »Kruppianer« genannt, erhielten erste Sozialleistungen wie preiswerte Wohnungen, Krankenversicherung und Rente. Im Gegenzug mussten sie strenge Regeln einhalten. Die spätere Sozialgesetzgebung Otto von Bismarcks orientierte sich weitgehend am Kruppschen Regulativ.

Die industrielle Revolution brachte generell viele gesellschaftliche Veränderungen, auch religiöser Natur. Es brachen Zweifel auf, die früher undenkbar gewesen wären. Beispielhaft ist eine Korrespondenz zwischen Napoleon I. und dem Astronomen und Mathematiker Pierre-Simon Marquis de Laplace (1749–1827) über dessen Werk »Traité de Mécanique céleste« (Abhandlung über Himmelsmechanik), das im Grunde heute noch gültig ist. Napoleon beglückwünschte Laplace zwar, merkte aber auch an: »Mir ist aufgefallen, dass das Wort Gott als Schöpfer des Weltalls überhaupt nicht vorkommt.« Der antwortete: »Das stimmt, für diese Hypothese hatte ich allerdings keine Verwendung«.

Wenn wir schon bei Revolutionen sind: Laplace war ein Zeitgenosse der französischen Revolution, die Auswirkungen auf ganz Europa, und auch sehr widersprüchliche, auf die Naturwissenschaften hatte. Vorangegangen war das französische Jahrhundert der Aufklärung mit der Veröffentlichung der ersten Wissenschaftsenzyklopädie.

Laplace selbst musste zeitweilig mit seiner Familie vor der Schreckensherrschaft der Jakobiner fliehen. Ein anderes Revolutionsopfer war der schon zu seiner Zeit berühmte Naturforscher Antoine Laurent de Lavoisier (1743–1794), der als Erster die Zusammensetzung des Wassers als chemische Verbindung von Sauerstoff und Wasserstoff erkannte, das Gesetz der Erhaltung der Massen formulierte und somit der Begründer der modernen quantitativen Chemie war.

Abb. 6.19: Lavoisier und seine Frau

Zu seiner Hinrichtung auf der Guillotine zusammen mit seiner Frau, die er als 14-Jährige geheiratet hatte, gibt es zwei Geschichten: So wollte er als medizinischen Versuch zum Nachweis, wie lange der Kopf eines Menschen nach einer Enthauptung noch lebt, so oft wie möglich mit den Augen blinzeln und dies beobachten lassen. Er blinzelte elf Mal. Als der Henker die Urteilsbegründung verlas und endete: »Als Gelehrter ist er ein Feind der Revolution. Die Freiheit braucht keine Gelehrten«, rief Lavoisier: »Aber die Gelehrten brauchen Freiheit!« In Frankreich posthum hoch geehrt, ist er der einzige nichtdeutsche Wissenschaftler, dem im Deutschen Museum in München die Ehre einer Büste zuteil wurde. Dort ist auch sein Labor rekonstruiert worden.

Die meisten Erfindungen und Entwicklungen brauchten mit ihren Erkenntnissen aus Versuch und Irrtum eine lange Zeit. Dies gilt auch für die Naturwissenschaft der Chemie mit ihren oft langwierigen Laborversuchen. Eine Ausnahme war eine grundlegende Erkenntnis, die für die weitere Entwicklung der organischen Chemie, also der Kohlenstoffverbindungen und somit der Treibstoffe von Motoren eine große Rolle spielte. 1865 gelang Friedrich August Kekulé von Stradonitz (1829–1896) die Entdeckung der Strukturformel des Benzols ($C_6 H_6$), über die Chemiker viele Jahre heftig stritten. Der Legende nach fiel sie ihm buchstäblich über Nacht im Traum ein.

Abb. 6.20: Briefmarke mit Benzolring

Es ist der berühmte Benzolring, eine von 217 theoretischen Möglichkeiten.

Der Physiker Jonathan Zenneck (1871–1959), der mit Ferdinand Braun unter anderem die Kathodenstrahlröhre entwickelte, würdigte Kekulés epochale Entdeckung mit dem ihm eigenen Humor:

> *»Nur wenigen ist es vergönnt, durch einen einzigen Begriff Ruhm zu erlangen. Zu ihnen gehören Götz von Berlichingen und Kekulé von Stradonitz.«*

Als Zenneck im Alter von 80 Jahren zum Vorsitzenden des Verbandes deutscher Physiker gewählt wurde, quittierte er diese Ehre mit:

»Ich danke für das Vertrauen, aber ich teile es nicht.«

Für die industriellen Entwicklungen aus den Erkenntnissen der Wirkungsweise der Elektrizität steht in Deutschland hauptsächlich der Name Siemens als Begründer der Elektrotechnik. Sein Name steht auch für den Techniker, der wie kein Zweiter seiner Zeit seine Erkenntnisse in wirtschaftliche Verwertungen umsetzte. Ernst Werner Siemens (1816–1892, geadelt wurde Siemens erst 1888) gründete das Unternehmen gemeinsam mit Johann Georg Halske (1814–1890) als »Telegraphenbau-Anstalt von Siemens & Halske«. Die Grundlagen der Naturwissenschaften lernte Siemens beim Militär. Als er wegen einer Sekundanz bei einem Duell zu Festungshaft verurteilt wurde, baute er seine Zelle zu einem Labor um, entwickelte das elektrische Galvanisierungsverfahren und wurde so zum Begründer der Galvanotechnik. Viele Entwicklungen folgten, alle verbunden mit langwieriger und harter Arbeit. Nach den Geheimnissen seiner Erfolge befragt, sagte Siemens:

»Jeden Morgen um fünf Uhr aufstehen, bis in die Nacht arbeiten und sich alle paar Jahre an einem kleinen Fortschritt erfreuen.«

Das Unternehmen Siemens & Halske wurde auf einen Schlag bekannt, als es den politisch wichtigen Auftrag zum Bau einer Telegraphenleitung zwischen Berlin und Frankfurt am Main erhielt. Mittels dieser wurde in Berlin schon nach einer Stunde depeschiert, dass die deutsche Nationalversammlung, die in der Frankfurter Paulskirche vom 18. Mai 1848 bis zum 31. Mai 1849 tagte,

Abb. 6.21: Oberleitungsbus 1882

dem preußischen König Friedrich Wilhelm IV. die Kaiserwürde antrug. Aufträge aus der ganzen Welt folgten bis hin zum Bau der Indo-Europäischen Telegraphenlinie von London über Teheran bis Kalkutta über 11 000 Kilometer. Siemens baute die erste elektrische Lokomotive, die erste elektrische Straßenbeleuchtung, den ersten elektrischen Aufzug, die erste elektrische Straßenbahn und den ersten elektrischen Oberleitungsbus.

Auch Siemens machte sich wie Krupp Gedanken um das Wohlergehen seiner Mitarbeiter. Von ihm stammt der schöne Satz: »Mir würde das Geld wie glühendes Eisen in der Hand brennen, wenn ich den treuen Gehülfen nicht den erwarteten Anteil gäbe.« Siemens wurde mit unzähligen Ehrungen, Denkmälern und Büsten bedacht, die SI-Einheit des elektrischen Leitwerts wurde nach ihm benannt.

Abb. 6.22: Telegraph

Das 19. Jahrhundert ist ein wichtiges Jahrhundert für die Entdeckung der meisten Metalle, die das Hauptthema dieses Buches sind: die Strategischen oder Sondermetalle und die Metalle der Seltenen Erden. Wie es zu diesen Entdeckungen kam, finden Sie in den entsprechenden Kapiteln.

Abb. 6.23: Telefon von Philip Reis

Nach dem Telegrafen wurde auch das Telefon erfunden und das erste Transatlantikkabel verlegt.

Die Naturwissenschaften waren nicht mehr Selbstzweck, sondern wurden von Industrie und auch Staat mit dem Ziel kommerzieller Nutzung gefördert. In den USA sorgte der Bürgerkrieg zwischen Nord- und Südstaaten in der Mitte des Jahrhunderts für die Abschaffung der Sklaverei, dadurch nach Aufgabe der Agrarausrichtung im Süden für einen technologischen Schub und für eine wirtschaftliche Aufholjagd gegenüber Europa.

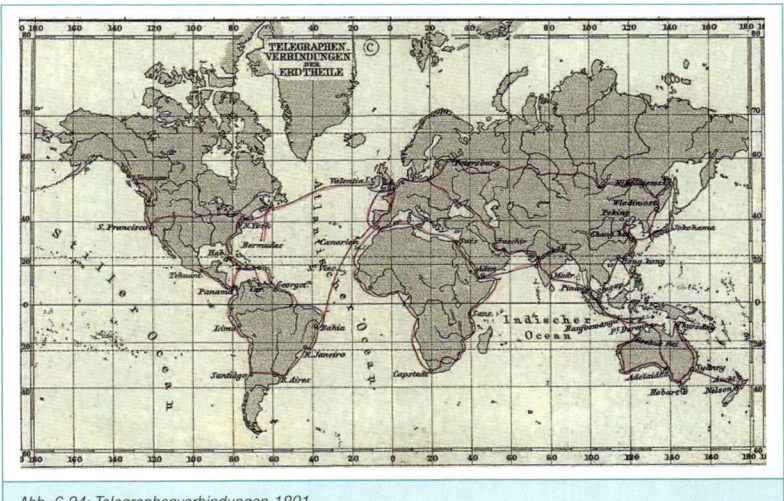

Abb. 6.24: Telegraphenverbindungen 1891

Abb. 6.25: 1. Motorflug der Gebr. Wright 1903

Die größten Umwälzungen durch technische Erfindungen erlebte das 20. Jahrhundert mit seinen rasanten Entwicklungen. Diese Zeit ist die wichtigste für die Anwendungen der in diesem Buch beschriebenen Metalle. Benzin- und Dieselmotor wurden zum Antrieb für Fahrzeuge aller Art, die sich dadurch rasch verbreiteten. Für die Fortbewegung in der Luft wurden Flugzeuge entwickelt. In beide Technologien wurden in Zusammenhang mit dem Ersten Weltkrieg von allen Teilnehmern viel Geld und viele wissenschaftliche Ressourcen investiert.

Für die Entwicklung der Automobile stehen Namen wie Ford, Benz, Daimler, Opel, Maybach, Diesel und andere, für Flugzeuge sind es in Deutschland die Namen Junkers, Heinkel, Fokker, Henschel, Messerschmidt. Was bisher noch nicht erwähnt wurde und nicht nur, aber insbesondere für die Luftfahrt zukünftig eine große Rolle spielen soll, sind Wasserstoffantriebe. Als Treibstoff für Antriebssysteme wird Wasserstoff genutzt mit der Folge, dass die Emission aus Wasserdampf besteht. Problem hierbei ist die Erzeugung, der Transport und die Lagerung des

Treibstoffs Wasserstoff. Hierfür stehen verschiedene, aber noch zu teure Technologien zur Verfügung.

Radio und Film wurden für Information und Unterhaltung entwickelt, heute sind Computer und Fernsehen Allgemeingut.

Auch diese Erfindungen stießen zunächst auf Skepsis. Noch 1925 hielt Edison das Radio für einen Reinfall ohne Chancen auf Verbreitung, der Film erlebte erst nach dem Ersten Weltkrieg seinen Siegeszug in den Kinos. Die UFA wurde übrigens 1917 auf Betreiben der Obersten Heeresleitung für die Kriegspropaganda gegründet.

Und der Gründer der Firma IBM, Thomas J. Watson (1874–1956), rechnete anfänglich mit einem Weltmarktsbedarf von fünf Computern. Noch Anfang der 1970er-Jahre waren Computer riesengroß, laut, in eigenen klimatisierten Räumen untergebracht und wurden von »Operatern« bedient, aus damaliger Sicht ein Zukunftsberuf. Eingegeben wurden Daten mittels Lochkarten oder -streifen, ausgegeben auf Endlospapier durch höllisch lärmende Nadeldrucker, alles in verschiedenen Programmiersprachen. Bildschirme gab es noch nicht.

Abb. 6.26: Eniac, der erste elektronische Rechner, 1945

Der Erfinder der Computer, Konrad Zuse (1910–1995), wäre im Jahr 2010 100 Jahre alt geworden. Er baute 1939 die erste programmierbare Rechenmaschine der Welt mit einer Frequenz von 5 Hertz. Heutige Großrechner sind Billionen mal schneller. Ein langer Patentstreit wurde erst 1967 vom Bundespatentgericht »mangels Erfindungshöhe« gegen ihn entschieden.

Albert Einsteins Relativitätstheorie wurde weltweit gefeiert, obwohl die breite Öffentlichkeit sie selbstverständlich nicht verstand. Einstein selbst versuchte Sie einmal so zu erklären:

> *»Wenn ein Käfer über die Oberfläche einer Kugel krabbelt, merkt er wahrscheinlich nicht, dass der Weg, den er zurücklegt, gekrümmt ist. Ich hatte das Glück, es zu merken.«*

Erinnern Sie sich noch an die Poincaré-Vermutung aus der Einleitung, die der Mathematiker Grigori Perelman bewiesen hat? Sie hat damit zu tun.

In einer deutschen Zeitung führte die Begeisterung für die Relativitätstheorie zu folgendem Limerick:

> »Da war einmal ein Mädchen / Namens Wicht / Das reiste viel schneller als Licht / Fuhr los eines Tags / Relativ / Wenn Du fragst / Und war nachts zuvor schon in Sicht.«

Einstein war leidenschaftlicher Pazifist, umso erstaunlicher war sein berühmter Brief an Präsident Roosevelt, in dem er sich aus Sorge vor deutscher Aggression für die Entwicklung der Atombombe aussprach. Heute findet die Relativitätstheorie eine praktische Anwendung beispielsweise für Navigationsgeräte. In den die Erde umrundenden Satelliten sind Atomuhren eingebaut, die die Zeitverschiebung durch

Abb. 6.27: Karikatur von Albert Einstein

ihre Geschwindigkeiten relativ zueinander kompensieren.

Die Unterstützung von Wissenschaft durch den Staat führte natürlich auch zu kuriosen Situationen und Missverständnissen. Stellvertretend für viele hier eine hübsche Geschichte: Als in Österreich das Reaktorforschungszentrum Seibersdorf mehrmals um eine Kantine nachfragte, wurde diese immer abgelehnt. Dann kam man auf die Idee, in die Budgetplanung ein »Xenotrom« aufzunehmen, das prompt genehmigt wurde. Später befragt, ob ein Xenotrom so etwas Ähnliches wie ein Zyklotron sei, lautete die Antwort: »Nicht ganz, Xenos heißt auf griechisch Gast.« Leider fiel dem Chemiker und Nobelpreisträger von 1918 Fritz Haber (1868–1934, s. Kapitel »Gold aus dem Meer« im Buch »Sicher mit Anlagemetallen«) solch Originelles nicht ein, als er für das neue Kaiser-Wilhelm-Institut in Berlin um ein Kasino bat. Die Antwort der zuständigen Behörde war kurz: »Eine Kaiser-Wilhelm-Gesellschaft baut keine Wirtshäuser!«

Aber staatliche Unterstützung war immer auch eine Gratwanderung zwischen politischem Druck, Wunsch und Wirklichkeit. Die meisten Forschungsprogramme weltweit im 20. Jahrhundert dienten natürlich der Wehrtechnik, direkt oder indirekt. Eines der größten staatlich finanzierten Forschungs- und Entwicklungsprogramme war das von John F. Kennedy 1961 eingeleitete Mondlandungsprogramm.

Sicherheit sollte das oberste Gebot sein, aber eine hundertprozentige Sicherheit ist in der Technik nicht möglich. Das wussten vor allem die Wissenschaftler und als während einer Pressekonferenz die Journalisten applaudierten, nachdem die Frage nach der bisher erreichten Sicherheit bei der Saturn V Rakete mit 99,9 % beantwortet wurde, unterbrach Jerry Lederer, der Sicherheitschef der NASA, mit den Worten:

>»Nicht so voreilig, meine Herren! Die Rakete besteht aus 5,6 Millionen Teilen. 99,9 prozentige Sicherheit bedeutet also, dass wir mit fünftausendsechshundert defekten Teilen ins All fliegen!«

Abb. 6.28: Saturn V mit Apollo 8, 1968

Sechs Mondlandungen gelangen und wir wissen heute, dass nicht nur bei der Beinahekatastrophe mit Apollo 13, sondern mit den damaligen leistungsschwachen Computern auch bei allen anderen Missionen viel Glück im Spiel war. Nachdem die Weltraumbehörde NASA Wernher von Braun unter

Zeitdruck setzte und ihm mehr Mittel für ein »Crash-Programm« ankündigte, erklärte der genervte von Braun dies einem Journalisten so:

>*»Ein Crash-Programm geht von der Annahme aus, dass man durch das gleichzeitige Schwängern von neun Frauen in einem Monat ein Kind zur Welt bringen könne.«*

In einem anderen Interview klagte er:

>*»Die beiden schwierigsten Probleme in der Weltraumfahrt sind die Überwindung der Schwerkraft und die Bürokratie. Das Schwerkraftproblem haben wir gelöst«.*

Viele Geschichten werden auch erzählt in Zusammenhang mit der Entwicklung der Atomkraft, die ja auch staatlicherseits gefordert und gefördert wurde. (s. auch Uran im 11. Kapitel »Strategische Metalle«)

Die Kernspaltung wurde 1938 von Otto Hahn (1879–1968), Fritz Strassmann (1902–1980) und Lise Meitner (1878–1968) entdeckt. Die beteiligten Wissenschaftler waren sich der zerstörerischen Möglichkeiten bewusst und viele fürchteten ihre eigenen Forschungsergebnisse, andere begrüßten sie. Dies gilt auch für die beiden Gegenpole der amerikanischen Atombombenentwicklung, des »Manhattanprojekts«, Edward Teller (1908–2003) und Robert Oppenheimer (1904–1967). Oppenheimer, der sich nach dem Einsatz »seiner« Atombomben namens »Little Boy« in Hiroshima und »Fat Man« in Nagasaki entsetzt über deren Wirkung gegen nukleare Aufrüstung in West und Ost einsetzte, fiel unter anderem durch das Betreiben von Teller in politische Ungnade.

Friedrich Dürrenmatt ließ in dem Schauspiel »Die Physiker« seinen Johann Wilhelm Möbius sagen:

>*»Unsere Wissenschaft ist schrecklich geworden …Wir müssen unser Wissen zurücknehmen.«*

Mit welcher Begeisterung die amerikanischen Atom-U-Boote in der Bevölkerung bis heute aufgenommen werden, zeigt die Antwort des 4-Sterne-Admirals Hyman Rickover (1900–1986), der als einziger hochrangiger Offizier auch ein bedeutender Ingenieur und Atomwissenschaftler war, beim Stapellauf der USS Memphis 1977 auf die Frage eines Reporters, warum diese Boote nicht mehr nach Fischen, sondern nach Städten benannt werden: »Fische wählen nicht!« General Rickover hält den Rekord für die längste Dienstdauer beim US-Militär, von 1918 bis 1982. Nebenbei gründete er ein wissenschaftliches Forschungsinstitut von hohem Ansehen.

Abb. 6.29: Forschungszentrum CERN

Heute wird einerseits über atomare Abrüstung zwischen den Großmächten verhandelt und viele Atomwaffen wurden bereits vernichtet, andererseits sind aus Zeiten des Kalten Krieges viele Kernwaffen verschwunden, die man in den Händen von eher unsicheren Kantonisten vermutet. Geblieben ist die zivile Nutzung der Kernkraft als Wärmequelle für die Stromerzeugung mit dem Vorteil einer hohen Energiedichte und ohne Emission von Abgasen wie Kohlendioxid, aber mit radioaktiven Abfällen, deren Entsorgung oder Wiederverwertung in Deutschland nicht endgültig geregelt ist.

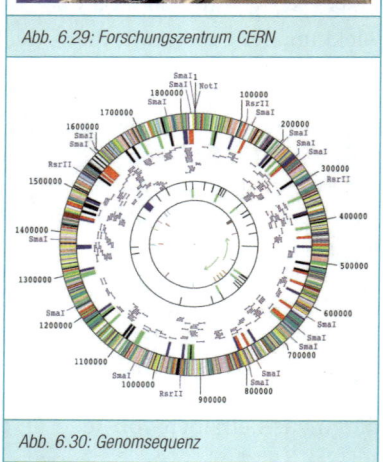

Abb. 6.30: Genomsequenz

Atome sind auch das Thema einer Forschung mit geradezu gigantischen Einrichtungen und hochaktuellem Bezug. In einer 27 Kilometer langen kreisförmigen Tunnelröhre 100 Meter unter der Erde bei Genf werden Atomteilchen aufeinandergeschossen und der Zusammenprall mit riesigen Detektoren beobachtet. Das Forschungszentrum CERN wird von 20 Staaten betrieben, hat über 3 000 Mitarbeiter, rund 8 000 wechselnde Gastwissenschaftler aus 85 Nationen und ein Jahresbudget von 1 Milliarde Schweizer Franken.

Am 30. März 2010 war es dann soweit: Zwei Teilchenstrahlen ließ man mit Lichtgeschwindigkeit kollidieren und erzeugte somit einen künstlichen Urknall. Das war nach einigen vergeblichen Versuchen eine wissenschaftliche Glanzleistung, aber was die Medien viel mehr interessierte, war die Möglichkeit der Entstehung eines »Schwarzen Lochs«, das immer größer wird und alles verschlingt. Da Sie und dieses Buch noch vorhanden sind, ist es wohl noch nicht zu Ihnen vorgedrungen.

Eine ganz aktuelle Meldung mit nicht absehbaren Folgen stammt aus der Genforschung vom Mai 2010. Von den einen als »göttliches Experiment« gefeiert, von anderen als »potenzielle Zeitbombe« verflucht, ist es in den USA einem der bedeutendsten und vielfach ausgezeichneten Genforscher, Craig Venter (geb. 1946), erstmals gelungen, aus künstlichen Genen ein Bakterium, also ein künstliches Lebewesen, zu schaffen. Venter, der als erster Wissenschaftler eine komplette DNA entziffert hat, sieht sich selbst zwar nicht als Beherrscher von Leben, räumt aber einen möglichen Missbrauch seines Erfolges ein – beispielsweise für Biowaffen. Und sagt das, was alle Wissenschaftler etwas hilflos sagen, wenn sie für neue Entdeckungen angegriffen werden: Einen Hammer kann man zu Nützlichem, aber auch als Waffe gebrauchen.

Diese beiden von der Öffentlichkeit kaum beachteten Ereignisse aus 2010 könnten eines Tages als die bis dahin bedeutendsten der Menschheitsgeschichte angesehen werden.

Wissenschaft und Technologien kennen kein Gut und Böse, gut und böse sind Menschen, die sie in umgesetzter Technik anwenden. So zogen und ziehen die Errungenschaften, die unser tägliches Leben heute bestimmen, Fluch und Segen zugleich nach sich. Ohne Autos, Flugzeuge, Kernkraft, Internet, Handys etc. wäre die Welt nicht so weit zusammengerückt und die Kriegsgefahr zwischen den großen Mächten dadurch weitgehend gebannt worden, aber jede der genannten Techniken hat eben auch ihre Kehrseite. Und ohne die technischen Möglichkeiten ihrer Zeit hätte es im Umkehrschluss auch keine zwei Weltkriege von solch verheerenden Ausmaßen gegeben.

Heute kämpfen wir vor allem mit der Umwelt- und Entsorgungsproblematik, die alle genannten Technologien mit sich bringen und die durch das Bevölkerungswachstum und den dramatisch ansteigenden Konsum vor allem in Asien stetig problematischer wird. Gleichzeitig stehen wir durch deren zunehmende Verwendung vor einer Versorgungsproblematik insbesondere der in diesem Buch besprochenen Technologiemetalle von noch nicht absehbaren Auswirkungen. Eine Zauberformel für eine Lösung ist nicht in Sicht.

Zum Abschluss noch drei hintergründige Erkenntnisse von klugen Menschen:

Elbert Hubbard:

> *»Eine Maschine kann die Arbeit von fünfzig gewöhnlichen Männern verrichten. Keine Maschine kann die Arbeit eines außergewöhnlichen Mannes verrichten.«*

Thomas Alva Edison:

> *»Genie ist zwei Prozent Inspiration und achtundneunzig Prozent Transpiration.«*

Peter Ustinov:

> *»Die letzte Stimme, die man hört, bevor die Welt explodiert, ist die eines Experten, der im Brustton der Überzeugung ruft: Das ist technisch unmöglich!«*

Wenn Sie sich für die einzelnen Ereignisse in der Geschichte der Technik interessieren, schauen Sie nach bei Wikipedia http://de.wikipedia.org/wiki/chronologie_der_technik. Dort finden Sie eine hervorragende und informative Liste von der Steinzeit bis in unsere Jahre.

Mit diesem kleinen Ausflug in die Geschichte wollte ich einige Ereignisse in Erinnerung rufen, die für die Nutzung der in diesem Buch vorgestellten Metalle eine große Rolle spielen. Die Zunahme von Technisierung sorgt zwangsläufig dafür, dass diese Rohstoffe knapper und damit teurer werden und somit auch neue Wege der Erschließung, des Recyclings und der Substitution erforscht werden müssen.

7 Metalle im Vergleich

Die in diesem Buch aufgeführten 63 Metalle sind nachfolgend alphabetisch mit ihren Abkürzungen und ihren Ordnungszahlen im Periodensystem aufgelistet. Der besseren Vergleichbarkeit halber sind ihre wichtigsten Eigenschaften auf- bzw. abgerundet dargestellt (Wissenschaftler mögen mir verzeihen).

Wichtige Eigenschaften sind natürlich Definitionssache und vor allem diejenigen, für die der jeweilige Betrachter sich gerade interessiert. Neben den hier aufgeführten können solche beispielsweise sein: Ionisierungsenergien, Kristallstrukturen, Isotope, Oxidationszustände, Elektronenkonfigurationen und viele andere.

Aber keine Angst: Wir konzentrieren uns hier auf die Eigenschaften, die auch für jeden Nichtchemiker und Nichtphysiker verständlich sind und mit denen man die Hauptanwendungsmöglichkeiten problemlos nachvollziehen kann, solange es nicht um Atomphysik und komplexe chemische Prozesse geht.

Die Dichte, also das spezifische Gewicht in g/cm³ (entspricht kg/dm³ oder kg/Liter) und der Schmelzpunkt in °C müssen hoffentlich nicht näher erläutert werden.

Stoffe mit Gewichten größer als 1 versinken in Wasser, Stoffe mit Gewichten kleiner als 1 schwimmen oben.

In Zusammenhang mit der Temperatur seien noch einmal die Refraktärmetalle genannt. Dies sind alle Metalle, deren Schmelzpunkt oberhalb dessen von Platin liegt, also über 1772 °C. Das Metall mit dem höchsten Schmelzpunkt ist Wolfram mit 3422 °C.

Für die Messung der Härte von Metallen gibt es viele verschiedene Verfahren.

Die hier verwendete Mohshärte ist eine leicht zu verstehende Vergleichszahl. Sie wurde von dem Mineralogen Carl Friedrich Christian Mohs (1773–1839) als Vergleich von Härten zwischen 1 und 10 nach ihrer Möglichkeit des Ritzens mit härteren Materialien definiert. So hat Talk die Mohshärte 1, Calcit 3, Feldspat 6, Quarz 8 und Diamant 10.

Die aufgeführte Höhe der elektrischen Leitfähigkeit in Ampère/Volt x Meter ist in den meisten Fällen mit 106 entsprechend 1 Million zu multiplizieren. Das muss man sich nicht merken, muss die Einheit auch nicht verstehen – wichtig ist der Vergleich der Zahlen untereinander. Lediglich bei Germanium, Selen, Silizium, Tellur und Uran finden Sie extrem abweichende (niedrigere) Größenordnungen. Diese Metalle leiten Elektrizität sehr schlecht. Isolatoren, also Materialien mit möglichst hohem Widerstand, haben andere Maßeinheiten.

In der technischen Anwendung müssen aber neben der elektrischen Leitfähigkeit auch andere Kriterien wie Gewicht, Wärmeverhalten, Verarbeitbarkeit, Festigkeit usw. und natürlich der Preis berücksichtigt werden.

Eisen ist in seiner chemischen Einordnung ein Übergangsmetall und keiner unserer fünf Metallgruppen zuzuordnen. Wir schauen es uns näher im Kapitel 9,»Industriemetalle«, an, weil es von seiner Verwendung her dort am besten hineinpasst.

In den jeweiligen Kapiteln sind die Metalle zur leichteren Auffindung alphabetisch geordnet aufgeführt, zur Zuordnung im Periodensystem sind die Symbole und die Ordnungszahlen genannt. Die Metalle sind entsprechend ihrer Zuordnungen zu den fünf einzelnen Kapiteln wie folgt farbig markiert:

Anlagemetalle	**Orange**
Industriemetalle	**Braun**
Alkalimetalle	**Violett**
Strategische Metalle	**Grün**
Metalle der Seltenen Erden	**Blau**

Das einzige Metall, das man auch umgangssprachlich im Deutschen mit zwei Schreibweisen vorfindet, ist Cobalt bzw. Kobalt. Es ist hier deshalb zweimal aufgeführt.

Sehr hohe und sehr niedrige Werte der Eigenschaften sind fett herausgestellt, weil diese meist für die Verwendungsmöglichkeit der Metalle eine große Rolle spielen.

Metall (Abkzg.)	Dichte in g/cm³	Mohshärte	Schmelzpunkt in °C	Leitfähigkeit in10⁶ A/V x m
Aluminium (Al, 13)	**3**	**2,8**	660	**38**
Antimon (Sb, 51)	7	**3**	631	3
Blei (Pb, 82)	11	**1,5**	**327**	5
Beryllium (Be, 4)	**2**	5,5	1278	31
Caesium (Cs, 55)	**2**	**0,2**	**28**	5
Cer (Ce, 58)	9	**2,5**	795	1
Chrom (Cr, 24)	7	**8,5**	**1857**	8
Cobalt	(Kobalt, Co, 27)9	5	1495	17
Dysprosium (Dy, 66)	9	o.A.	1407	1
Eisen (Fe, 26)	8	4	1538	10
Erbium (Er, 68)	9	o.A.	1529	1
Europium (Eu, 63)	5	o.A.	826	1
Francium (Fr, 87)	o.A.	o.A.	o.A.	o.A.
Gadolinium (Gd, 64)	8	o.A.	1312	1
Gallium (Ga, 31)	6	**1,5**	**30**	7
Germanium (Ge, 32)	5	6	938	**1,45 (abs.)**
Gold (Au, 79)	**19**	**2,5**	1064	**45**
Hafnium (Hf, 72)	13	5,5	**2233**	3
Holmium (Ho, 67)	9	o.A.	1461	1
Indium (In, 49)	7	**1,2**	**157**	13
Iridium (Ir, 77)	**23**	6,5	**2466**	20
Kadmium (Cd, 48)	9	**2**	**321**	14
Kalium (K, 19)	**1**	**0,4**	**63**	14
Kobalt (Cobalt, Co, 27)	9	5	1495	17
Kupfer (Cu, 29)	9	**3**	1084	**58**
Lanthan (La, 57)	6	**2,5**	1652	2
Lithium (Li, 3)	**0,5**	**0,6**	454	11

Lutetium (Lu, 71)	10	o.A.	1652	2
Magnesium (Mg, 12)	**2**	**2,5**	650	23
Mangan (Mn, 25)	7	6	1244	1
Molybdän (Mo, 42)	10	5,5	**2623**	19
Natrium (Na, 11)	**1**	**0,5**	**98**	21
Neodym (Nd, 60)	7	o.A.	1024	2
Nickel (Ni, 28)	9	3,8	1455	14
Niob (Nb, 41)	9	6	**2477**	7
Osmium (Os, 76)	**23**	**7**	**3130**	11
Palladium (Pd, 46)	12	4,8	1555	10
Platin (Pt, 78)	**21**	4,3	**1772**	10
Praseodym (Pr, 59)	7	o.A.	935	1
Promethium (Pm, 61)	7	o.A.	1072	1
Quecksilber (Hg, 80)	14	-	**- 39**	1
Rhenium (Re, 75)	**21**	**7**	**3186**	6
Rhodium (Rh, 45)	12	6	**1964**	23
Rubidium (Rb, 37)	**1,5**	**0,3**	**39**	8
Ruthenium (Ru, 44)	12	6,5	**2334**	14
Samarium (Sm, 62)	7	o.A.	1072	1
Scandium (Sc, 21)	3	**2,5**	1541	2
Selen (Se, 34)	5	**2**	**221**	**1×10^{-10}**
Silber (Ag, 47)	10	**2,5**	962	**62**
Silizium (Si, 14)	**2**	6,5	1410	**3×10^{-4}**
Tantal (Ta, 73)	**17**	6,5	**3017**	8
Tellur (Te, 52)	6	**2,3**	450	**5×10^{-3}**
Terbium (Tb, 65)	8	o.A.	1541	2
Thulium (Tm, 69)	9	o.A.	1545	1
Titan (Ti, 22)	**5**	6	1668	2
Uran (U, 92)	**19**	**3**	1133	**3 (absolut)**
Vanadium (V, 23)	6	**7**	**1910**	5
Wismut (Bi, 83)	10	**2,3**	**271**	1
Wolfram (W, 74)	**19**	**7,5**	**3422**	19

Ytterbium (Yb, 70)	7	o.A.	824	4
Yttrium (Y, 39)	4	o.A.	1526	2
Zink (Zn, 30)	7	**2,5**	420	17
Zinn (Sn, 50)	7	**1,5**	**232**	9
Zirkonium (Zr, 40)	7	5	**1857**	2

In dieser Liste nicht aufgeführt, aber bei der Vorstellung der einzelnen Metalle mit aufgenommen ist der jeweilige Anteil an der Erdhülle.

Dieser kann angegeben sein in Prozent (%) oder in ppm. Manche Masseanteile sind so gering, dass man sie in negativen Zehnerpotenzen angibt, die aussagekräftiger sind als Dezimalzahlen.

So werden wie im Falle von Gold 0,0000005 % besser als 5×10^{-7} % dargestellt.

Die Angabe ppm (Parts per Million) entspricht 1 zu 1 Million oder $1 / 1\,000\,000 = 10^{-6}$

1 % entsprechen also 10 ‰ oder 10 000 ppm, 1 ‰ sind dann 1000 ppm. Klar, oder?

Sie konnten nun die Eigenschaften von 63 Metallen miteinander vergleichen. Aber wo findet man Angaben über Wertanlagen?

Gemach, dazu kommen wir später.

Immerhin haben die Metallwerte etwas mit den Eigenschaften der Metalle zu tun. Und diese haben sich nicht danach gedrängt, eingeteilt zu werden in

4 Anlagemetalle,
6 Industriemetalle und Eisen,
6 Alkalimetalle,
29 Strategische Metalle und
17 Seltenerdmetalle.

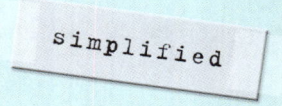

8 Edelmetalle, Anlagemetalle

Die Edelmetalle

Edelmetalle sind keine Einteilung aus dem Periodensystem der Elemente, obwohl sie dort direkt neben- und untereinander angeordnet sind, sondern kennzeichnen zusammenfassend grundlegende chemische Eigenschaften.

Klassische Edelmetalle sind chemisch wie folgt definiert: Sie sind einerseits sehr korrosionsbeständig, andererseits sind ihre chemischen Verbindungen thermisch instabil. Das bedeutet, sie rosten oder oxidieren nicht, aber ihre Verbindungen zerlegen sich beim Erhitzen. Von Salzsäure werden sie nicht angegriffen.

Es gibt noch andere chemische und physikalische Definitionen, die weitere Metalle beinhalten oder sogar nur Kupfer, Gold und Silber als Edelmetalle bezeichnen.

Die 8 Edelmetalle mit Symbol und Ordnungszahl:

Gold (Au, 79) und **Silber** (Ag, 47)

Leichte Platinmetalle: Ruthenium (Ru, 44) Rhodium (Rh, 45) Palladium (Pd, 46)

Schwere Platinmetalle: Osmium (Os, 76), Iridium (Ir, 77), Platin (Pt, 78)

Alle Platinmetalle werden abgekürzt auch als PGM-Metalle (Platingruppenmetalle) bezeichnet. Von diesen Metallen sind für die Autoindustrie besonders wichtig Platin, Palladium und Rhodium in der Katalysatortechnik.

Von den acht Edelmetallen haben sich aufgrund von Verfügbarkeit, Bearbeitbarkeit und Historie in der Reihenfolge ihrer Handelsbedeutung nur die vier Metalle **Gold, Silber, Platin** und **Palladium** als Anlagemetalle durchgesetzt. Mit diesen Anlagemetallen wollen wir uns in diesem Kapitel beschäftigen, im Kapitel 11, »Strategische Metalle, Sondermetalle«, werden die anderen Platinmetalle Ruthenium, Rhodium, Osmium und Iridium vorgestellt

Die Anlagemetalle

In meinem Buch *Sicher mit Anlagemetallen* sind diese Metalle im Einzelnen ausführlich behandelt. Deshalb soll hier nur auf die wichtigsten Aspekte eingegangen und einige Passagen gekürzt wiedergegeben werden.

Warum gibt es Anlagemetalle?
In der Wirtschaft geht es immer um einen gemeinsam akzeptierten Maßstab für Tauschgeschäfte, das ist gemeinhin Geld in unterschiedlichen, ebenfalls von allen akzeptierten und von Notenbanken regulierten Währungen.

Seitdem keine Währung mehr durch Gold oder Silber gedeckt ist, sind Banknoten, Überweisungen und andere Transaktionen immer nur Derivate für einen nationalen und internationalen Konsens. Sie haben keinen »inneren Wert«, sind immer abhängig vom Konsens aller Beteiligten. Edelmetalle hingegen haben einen inneren Wert, sie sind dauerhaft wertvoll und beständig. Sie sind knappe Güter, teilbar, transportabel, definierbar und in allen Ländern und Kulturen weltweit akzeptiert. Es ist möglich, an jedem Ort der Welt zu jeder Sekunde überall denselben Wert eines Anlagemetalls zu bestimmen.

Unter Anlagemetallen versteht man die Metalle, die in speziellen Formen und mit eigenen Normen als Wertanlagen genutzt werden. Diese Formen sind Barren und Münzen. Die Barren werden nicht als Rohstoffe für technische oder wissenschaftliche Anwendungen verwendet. Hierfür gibt es andere Handelsformen.

Die 4 Anlagemetalle mit Symbol und Ordnungszahl:
Gold (Au, 79), **Silber** (Ag, 47), **Platin** (Pt, 78) und **Palladium** (Pd, 46).

Mit Abstand die größten Umsätze werden mit Gold und Silber gemacht, dann folgt Platin und dann, wieder mit großem Abstand, Palladium.

Während Gold immer noch hauptsächlich als Schmuck- und Anlagemetall in seinen verschiedenen Formen verwendet wird, haben Silber, Platin und Palladium immer noch steigende prozentuale Anteile an den Industrierohstoffen.

Preise im Vergleich
Die Preise für die vier Metalle werden zweimal täglich von den beiden Londoner Institutionen

 LBMA (London Bullion Market Association) für Gold und Silber und

 LPPM (London Platin and Palladium Market) für Platin und Palladium festgelegt.

Die auf S. 170 aufgeführten gerundeten Preise sind Stand Mitte Mai 2010 und sollen Ihnen tabellarisch nur einen ungefähren Anhaltspunkt darüber vermitteln, wie die Preise der vier Metalle zueinander einzuordnen sind. Die Preise korrelieren nur in bestimmten Marktphasen miteinander. Je nach Metall und Verwendungszweck können sie sich prozentual zueinander völlig unterschiedlich entwickeln.

Dies gilt insbesondere für Platin und Palladium, die als PGM-Metalle in der Vergangenheit hohen Volatilitäten unterlagen und sich sehr unterschiedlich entwickelten. Dies hängt hauptsächlich zusammen mit ihren unterschiedlich häufigen Anwendungen in Autokatalysatoren. Die Preise können sich aber auch ohne Koppelung miteinander gegenseitig beeinflussen. So hat beispielsweise der Goldpreis im Jahr 1999 den Platinpreis ohne erkennbaren fundamentalen Grund mit nach oben gezogen. Ein aktuell vorliegender Goldpreis lässt nicht auf die Preise der anderen Metalle schließen.

Preise in	Gold	Silber	Platin	Palladium
US-Dollar/Feinunze	1235	19	1730	540

Die von LBMA und LPPM festgelegten Preise sind OTC–Preise, also Grundpreise, die natürlich im realen Handel mit Barren und Münzen mit den entsprechenden Handelsaufschlägen belegt werden. Sie sind in den letzten Jahren stark gestiegen. Es sind keine Börsenpreise!

⇨ Gold

Der Name Gold kommt aus dem indogermanischen *ghel*, was soviel wie *gelb*, aber auch *glänzend* heißt. Auch der lateinische Name, *Aurum*, heißt soviel wie das Gelbe. Aurum ist auch der Name im Periodensystem und wird *Au* abgekürzt. Aurum und seine Abkürzung Au sind auch international gebräuchlich, beispielsweise bei der Bezeichnung »XAU« im Handel, meist zum Dollar, also XAUUSD.

Gold ist neben Kupfer eines von nur zwei farbigen Metallen, wenn man alle anderen silber- und graufarbenen Metalle nicht als farbig definiert.

Gold ist mit Abstand das Material, das von Beginn an bis heute die Menschheit am meisten beschäftigt. Dabei ist Gold zu wenig Sinnvollem zu gebrauchen, nicht einmal Werkzeug, die wohl älteste Form der Verwendung von Materialien, kann man damit herstellen.

Geschichte
Die lange Geschichte des Goldes können wir hier nicht erörtern. Ein wichtiges Kapitel der jüngeren Vergangenheit ist das 1944 vereinbarte Bretton-Woods-Abkommen, ein Wechselkurssystem mit goldhinterlegtem US-Dollar als Leitwährung. Dieses Konzept wurde erst 1973 offiziell aufgegeben.

Die wichtigsten Eigenschaften von Gold:	
Name, Symbol, Ordnungszahl:	Gold, Au, 79
Massenanteil an der Erdhülle:	5×10^{-7} %
Dichte:	$19,32$ g/cm³
Mohshärte:	2,5
Schmelzpunkt:	064,18 °C
Elektrische Leitfähigkeit:	$45,2 \times 10^6$ A / V x m

Die Faszination von Gold basiert auf der Konzentration von mehreren Eigenschaften, die jede für sich eine Besonderheit darstellt, in einem Material: Gold glänzt; es hat eine unverwechselbare Farbe; es ist sehr schwer; es ist vergleichsweise weich, leicht zu bearbeiten, hat trotzdem einen hohen Schmelzpunkt; es ist selten und es ist nur schwer zu fälschen.

Vorkommen und Gewinnung

Gold findet sich im Gegensatz zu anderen Metallen, die aus Erzen gewonnen werden, meist gediegen fein verteilt in dem umgebenden Gestein eingeschlossen. Wichtige Vorkommen befinden sich in Südafrika (Witwatersrand-Goldfeld) und China mit je ca. 10 % der Weltjahresproduktion, sowie Australien, USA und Russland. In Südafrika gehen die Förderungen zurück, in China steigen sie.

Anwendungen

Der größte Teil (ca. 60 %) des vorhandenen Goldes ist in Schmuck- und Kunstgegenständen verarbeitet, 35 % in Goldbarren und Goldmünzen und 5 % werden für technische Anwendungen genutzt.

Abb. 8.1: 1-kg-Goldbarren

Goldlegierungen

Um Goldschmuck andere Farbtönungen zu verleihen und seine Eigenschaften zu verändern, werden ihm andere Metalle wie Kupfer, Silber, Nickel und Cadmium, aber auch Platin, Palladium und Rhodium beigemischt. Es gibt *Rotgold, Gelbgold, Grüngold* und *Weißgold*.

Notenbankgold

Experten gehen heute von folgenden ungefähren Notenbank-Goldbeständen aus:

Abb. 8.2: Krügerrand

Goldbestände der Deutschen Bundesbank: Internationaler Vergleich

DEUTSCHE BUNDESBANK
EUROSYSTEM

Goldbestände bedeutender Industrienationen

Sep/Okt 2009	Goldbestände in Tonnen	Goldbestände in Mrd USD[1]	Anteil an den Währungsreserven in %	Gold pro Kopf in USD	Gold im Verhältnis zum BIP in %
USA	8.133,5	261,8	68,7	852	1,8
Deutschland	3.407,6	109,7	64,6	1.332	3,0
Italien	2.451,8	78,9	63,4	1.357	3,4
Frankreich	2.435,4	78,4	64,2	1.224	2,7
China	1.054,0	33,9	1,5	25	0,8
Schweiz	1.040,1	33,5	28,8	4.405	6,7
Japan	765,2	24,6	2,4	194	0,5
Russland	607,7	19,6	4,7	140	1,2
Indien	557,7	18,0	6,4	15	1,5
Großbritannien	310,3	10,0	15,2	164	0,4

1) 1001,25 USD per Feinunze (30.09.2009 London fixing)

17. März 2010   Das Gold der Notenbanken – Funktion und Bedeutung

Abb. 8.3: Die Goldbestände

Insgesamt betragen die Goldreserven aller Notenbanken zusammen nicht mehr als ein Fünftel des Weltgoldbestandes.

➲ Silber

Der Name rührt her aus dem althochdeutschen *silabar*, das sich so ähnlich auch in anderen Sprachen wiederfindet. Lateinisch heißt es *Argentum*, daher seine Abkürzung Ag und auch XAG für Silberpreise in US-Dollar pro Feinunze.

Das Land Argentinien ist nach diesem Stoff benannt. In vierzehn Sprachen bedeutet »Silber« Geld, bei uns umgangssprachlich genutzt mit dem Verb »versilbern« für »verkaufen«.

Weit mehr als die anderen Anlagemetalle war und ist Silber Spekulationsobjekt und es hat viele Versuche gegeben, den Silberpreis zu manipulieren. Am bekanntesten ist der Versuch der Brüder Nelson Bunker und Herbert William Hunt, Söhne eines amerikanischen Ölmilliardärs, in den 1970er-Jahren den Silberpreis durch Aufkäufe hochzutreiben. Im Gegensatz zu Gold ist Silber ein Metall, das in Wissenschaft und Technik große Bedeutung hat. Auch als Gebrauchsmaterial für Haushaltsgegenstände, Lampen usw. wurde Silber genutzt. Das bekannte Sterlingsilber, das dafür meist verwendet wurde, besteht aus 92,5 % Silber und 7,5 % Kupfer, war jedoch früher nicht anlaufgeschützt. Das Anlaufen von Silber ist keine Oxidation, sondern eine oberflächliche Reaktion mit Schwefelwasserstoff, der in Spuren fast überall in der Luft vorhanden ist.

Die wichtigsten Eigenschaften des Silbers:

Name, Symbol, Ordnungszahl	Silber, Ag, 47
Massenanteil an der Erdhülle	1×10^{-5} %
Dichte	10,49 g/cm³
Mohshärte	2,5
Schmelzpunkt	961,78 °C
Elektrische Leitfähigkeit	62×10^6 A / V x m

Silber verfügt gleich über drei Maximaleigenschaften, die es von allen anderen Elementen abhebt: elektrische Leitfähigkeit, Wärmeleitfähigkeit und Reflexionsvermögen, das schon im alten Pompeji für Spiegel genutzt wurde.

Vorkommen
Die weltweit wichtigsten Silberproduzenten sind Amerika, Australien und China.

Von zurzeit ca. 20 000 t / Jahr Silberförderung entfallen allein 7 000 t auf Mexiko, Peru und Chile, gefolgt von USA und Kanada mit 2 500 t. Silber findet sich gediegen oder in Mineralien, wobei es meist bei der Gewinnung von Kupfer (Kupferkies) oder Blei (Bleiglanz) als Beimetall anfällt.

Das Recycling von Silber aus fotografischen Anwendungen ist bislang weiterhin eine bedeutende sekundäre Quelle ebenso wie silberhaltige, verbrauchte Katalysatoren aus industriellen Anwendungen, Batterien und natürlich aus Schmuck. In der Erdkruste findet sich Silber etwa 20-mal häufiger als Gold.

Anwendung
Spielte Silber in früheren Zeiten hauptsächlich bei Münzen und Schmuck eine große Rolle, so erweiterten sich die Anwendungsgebiete mit dem technischen Fortschritt in Industrie und Medizin. Silber leitet gut Strom, man findet es in Plasmabildschirmen, in Solaranlagen, auf Spiegeln, in Legierungen, Reflektoren, in Glas und Emaille. Da Silber ein Anlagemetall ist, wird ein großer Teil in Barren und Münzen verarbeitet.

Abb. 8.4: Silbermünze

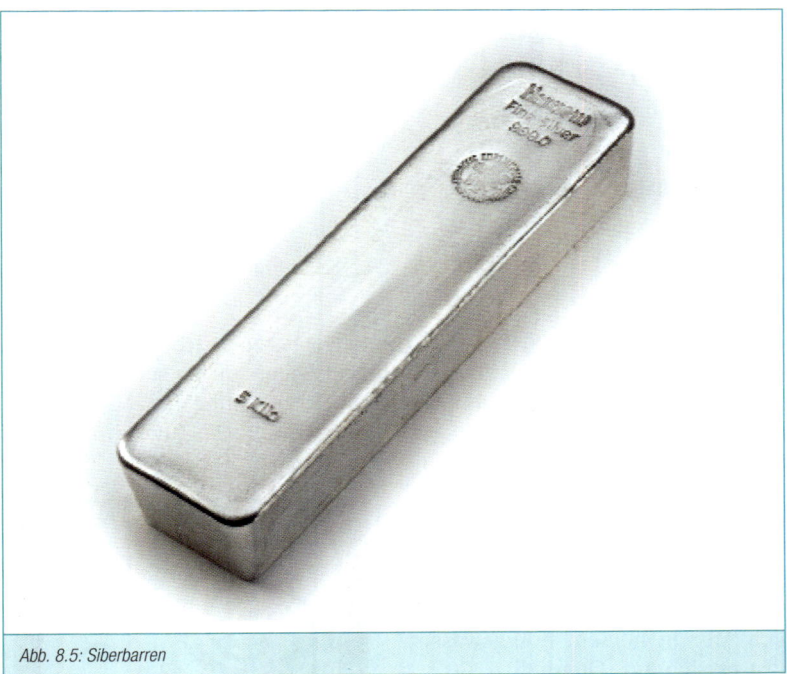

Abb. 8.5: Silberbarren

⮑ **Platin**

Im Gegensatz zu Gold und Silber hat Platin eine recht junge Geschichte als eigenständiges, bewusst wahrgenommenes Metall. Man vermutete zunächst eine besondere Form von Silber und nannte es abfällig in Diminutivform »Silberchen«, spanisch »Platina« von Plata, Silber. Da dieses »Silberchen« aber schwerer war als Gold, konnte man es hervorragend zum Fälschen desselben benutzen. Die Eigenständigkeit von Platin als Metall stellte 1557 der italienische Naturforscher, Gelehrte und Humanist Giulio Cesare Scaliger (1484–1558) fest. Wie vielen anderen gelang es auch ihm nicht, das Metall zu schmelzen, weil die Schmelztemperatur (1768 °C) unerreichbar hoch war. Man konnte es nur glühend schmieden und fein auswalzen.

Die wichtigsten Eigenschaften von Platin:	
Name, Symbol, Ordnungszahl	Platin, Pt, 78
Massenanteil an der Erdhülle	5×10^{-7} %
Dichte	21,45 g/cm³
Mohshärte	4,3
Schmelzpunkt	1772 °C
Elektrische Leitfähigkeit	$9,66 \times 10^6$ A / V x m

Erst dem Chemiker Wilhelm Carl Heraeus gelang es 1856, das Platin in einer Knallgasflamme aus Wasserstoff und Sauerstoff zu schmelzen. Heraeus war Gründer der Ersten Deutschen Platinschmelze »W.C.Heraeus« in Hanau, heute ein weltweit agierendes Großunternehmen mit vielen Geschäftsfeldern.

Platin ist derzeit nach Rhodium das zweitwertvollste Edelmetall. Platin ist beständig gegen Glasschmelzen und in Säuren unlöslich, nur in heißem Königswasser löst es sich auf. Oberhalb 1200 °C ist Platin das oxidationsbeständigste Metall. Platin lässt sich zu extrem dünnen Fäden ausziehen, ca. 1000-mal feiner als ein Haar. Der Rekord soll bei ca. 1/10 000 mm liegen.

Vorkommen

Südafrika wurde mit 75 % der Förderung im 20. Jahrhundert zum bedeutendsten Platinproduzenten. Weitere Produzenten sind vor allem Russland, aber auch Kanada und USA. Die im Erz vorliegenden Edelmetalle werden in einem auf-

Abb. 8.6: Unze Platinbarren

wendigen Prozess gewonnen. Besonders bedeutend für die Platingewinnung sind sekundäre Quellen wie das Recycling gebrauchter Katalysatoren aus der Petrochemie und Chemieindustrie und Legierungen zum Beispiel aus der Glasindustrie und Düngemittelherstellung.

Für 1 g Platin müssen bis zu 10 t Gestein gebrochen werden.

Anwendungen

Platin wird vor allem für Katalysatoren für die Abgasreinigung und für die Düngemittel- und Blausäureproduktion eingesetzt. Vielfältige Laborgeräte werden aus Platin und Platin-Legierungen hergestellt. Es wird zudem verwendet für hochwertige Zündkerzenelektroden und in der Glasindustrie. Wegen seiner hohen Verträglichkeit wird es in der Medizintechnik eingesetzt. Mit Platin kann man heute schon bis 2 Terabyte auf einer 3,5«-Festplatte speichern. Die oft nur Nanometer dünne Beschichtung wird Sputtertarget genannt.

Am bekanntesten ist der Einsatz von Platin in der Schmuckindustrie. Da Platin ein Anlagemetall ist, wird zwar ein großer Teil in Barren verarbeitet, jedoch nur ein kleiner Teil in Münzen, die nicht sehr gängig sind.

Abb. 8.7: Platinmünze

Umwelt und Gesundheit

Platin wird durch den Einsatz in Katalysatoren in die Luft emittiert, allerdings sind bisher keine gesundheitlichen Auswirkungen bekannt. Jedes

Jahr entweichen ca. 250 Kilogramm Platin aus Katalysatoren in die Umwelt. Im Straßenstaub befindet sich bis zu eine Million Mal mehr Platin als in durchschnittlichen Böden.

Platinmarkt

Die Faszination, die von Gold ausgeht, konnte Platin in der Weltbevölkerung bisher nicht erreichen, obwohl es wertvoller und auch schwerer ist. Dies liegt meiner Meinung nach in dem simplen Umstand begründet, dass Platin nicht diese exzeptionelle Farbe wie Gold hat, sondern wie andere Metalle auch »nur« silbrig glänzt. Natürlich spielt auch die längere und bedeutendere Geschichte von Gold eine Rolle.

➲ Palladium

Palladium ist von allen Anlagemetallen das am wenig bekannteste, völlig zu Unrecht. Zwar wird es im Anlage- und Schmuckbereich nicht so häufig verwandt wie Gold, Silber und Platin, es weist aber eine Reihe hoch interessanter Eigenschaften auf.

Palladium ist auch ein Edelmetall und gehört zur Platingruppe, ist aber trotz enger Verwandtschaft zum Platin wesentlich reaktionsfreudiger. Es löst sich beispielsweise in Salpetersäure; so wurde es auch von William Hyde Wollaston (1766–1828) 1803 entdeckt. Er benannte das neu gefundene Element nach dem 1802 entdeckten Asteroiden Pallas.

Die wichtigsten Eigenschaften von Palladium:	
Name, Symbol, Ordnungszahl	Palladium, Pd, 46
Massenanteil an der Erdhülle	1×10^{-6} %
Dichte	$12,023$ g/cm³
Mohshärte	$4,75$
Schmelzpunkt	$1554,9$ °C
Elektrische Leitfähigkeit	$9,5 \times 10^{6}$ A / V x m

Die herausragende Eigenschaft des reinen Palladiums ist das enorme Speichervermögen für Wasserstoff. Es kann mehr als das 1000-Fache des eigenen Volumens aufnehmen. Diese Besonderheit macht es attraktiv als Speicher- und Reinigungsmedium von Wasserstoff. Als Katalysator für chemische Reaktionen, besonders unter Beteiligung von Wasserstoff, findet Palladium heute die bei Weitem größte Verwendung.

Vorkommen

Ähnlich Platin findet sich Palladium vergesellschaftet mit anderen Edelmetallen in Nickel-/Kupfersulfid-Erzen. Wichtigste Lagerstätten sind hier die Nickelvorkommen im Ural/Russland (40–45 % der Weltförderung), sowie der Bushveld Complex in Südafrika (ca. 40 %) und nordamerikanische Minen in USA (Stillwater) und Kanada. Wichtige, sekundäre Quellen für die Palladiumgewinnung bestehen im Recycling von Abgas- oder Industriekatalysatoren.

Anwendungen

Der weitaus überwiegende Teil des Palladiums wird für Abgaskatalysatoren und Dieselpartikelfilter in der Automobilindustrie sowie Katalysatoren für Hydrier- und Dehydrierprozesse eingesetzt. Der zweitgrößte Bereich ist die Elektronik und Elektrotechnik. Wo möglich, wird in technischen Anwendungen auch das teure Platin durch Palladium ersetzt.

Besonders für zukünftige Energieversorgungssysteme, die Wasserstoff verwenden, wird eine steigende Bedeutung von Palladium als Speicher und Trennmembran erwartet. Fachleute erwarten für

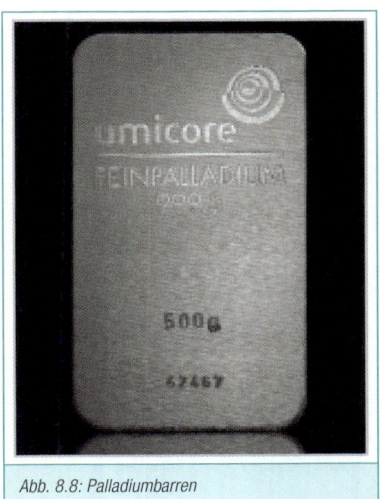

Abb. 8.8: Palladiumbarren

diese Anwendung einen gigantischen Markt und sehen jetzt schon große Probleme durch eine rasche Palladiumverknappung.

Da Anlagemetall, wird zwar ein großer Teil in Barren verarbeitet, jedoch nur ein kleiner Teil in Münzen, die nicht sehr gängig sind.

Finanzielle Aspekte
Der Wert von Palladium hängt von seiner industriellen Anwendung ab, in manchen Publikationen wird es deshalb bereits als »Industriemetall« bezeichnet. Danach richten sich auch die Werte der Barren, also des reinen Anlagemetalls.

Palladium wird in Veröffentlichungen, die sich mit finanziellen Aspekten beschäftigen, oft zusammen mit Platin genannt, was hauptsächlich mit deren Verwendungen im Automobilbau zu tun hat. Andererseits entwickeln sich die Märkte durchaus unterschiedlich, was mit den vorhandenen Lagerbeständen zu tun hat.

Abb. 8.9: Palladiummünze

Anlageaspekte und Besteuerung

In die Anlagemetalle kann man auf verschiedene Arten investieren. Zunächst in den Ursprung, also in Minen und Produzenten als Aktien oder in Fonds, die solche Aktien beinhalten. Dann in ETFs oder in ETCs, wie im Kapitel »Märkte, Börsen, China« beschrieben. Die direkteste Möglichkeit ist der Kauf von physischen Anlagemetallen als Barren oder Münzen, die man entweder in ein Schließfach legt oder sonst wo sicher verwahrt. Insbesondere bei Barren sollte man auf die geeignete Größe achten. Große Barren haben eine kleinere Differenz zwischen An- und Verkaufspreis, sind also für Spekulationen die bessere Wahl. Kleine Barren hingegen haben einen höheren *Spread*, sind aber in schweren Zeiten für Tauschgeschäfte besser geeignet. Mit »Schwere Zeiten« meine ich natürlich nicht eine schwierige wirtschaftliche Situation wie die heutige, sondern eine Zeit wie die Nachkriegszeit vor der Währungsreform, als die Städter mit ihrem Schmuck aufs Land fuhren, um dort Lebensmittel einzutauschen.

Generell ist die Behandlung von Anlagemetallen in Deutschland von Seiten des Gesetzgebers uneinheitlich. Einerseits sind sie Rohstoffe wie andere Materialien auch, andererseits werden sie in der speziellen Handelsform wie Barren oder Münzen als Geldanlage genutzt – ähnlich wie Wertpapiere aller Art – sei es als Inflationsschutz oder mit der Hoffnung auf Wertzuwachs.

Die steuerliche Behandlung der Anlagemetalle in Europa wird unterschiedlich gehandhabt. In Deutschland (Stand Mai 2010) gelten folgende Regelungen, wobei Gold, obwohl auch nur ein Metall, politisch so gewollt, eine Ausnahme darstellt.

> Abgeltungssteuer fällt für Anlagemetalle nicht an, sofern sie in physischer Form und nicht als Derivate dem Anleger gehören.
> Anders verhält es sich mit der Mehrwertsteuer. Sie ist in Deutschland für die vier Metalle unterschiedlich geregelt und hängt bei Gold auch vom Verwendungszweck und bei Münzen von ihrer Bedeutung als Zahlungsmittel ab.

Gold: EU-weit unterliegen Goldbarren nicht der Mehrwertsteuer, wenn sie eine Feinheit von mindestens 995/1000 aufweisen. Andere Handelsformen von Gold für technische Anwendungen und für Schmuck unterliegen der Mehrwertsteuer. Münzen sind mehrwertsteuerfrei, wenn sie vom Bundesfinanzministerium als offizielles Zahlungsmittel anerkannt sind und einen Goldgehalt von min. 900 ‰ aufweisen.

Silber: Silberbarren unterliegen dem vollen Mehrwertsteuersatz von zurzeit 19 %, Silbermünzen unterliegen dem reduzierten Mehrwertsteuersatz von 7 %, sofern sie ebenfalls vom BMF als Zahlungsmittel anerkannt sind.

Platin und Palladium: Kurz und schmerzlos: Es gibt keine Ausnahmen. Barren und Münzen unterliegen dem vollen Mehrwertsteuersatz von 19 %, unabhängig von ihrem Edelmetallgehalt.

Fazit

Ein finanzielles Investment in Anlagemetalle kann, unabhängig von dem jeweiligen Wert, zur Inflationssicherung und manchmal auch als Spekulation sinnvoll sein. Gold spielt als Anlagemetall auch bei vielen Notenbanken eine große Rolle, es sollte hauptsächlich als Inflationsabsicherung betrachtet werden. Obwohl der Preis in den letzten Jahren stark anstieg, halten Experten weitere Preiserhöhungen schon auf Grund steigender Gestehungskosten für wahrscheinlich.

Die anderen Anlagemetalle werden hauptsächlich industriell genutzt, ihre Wertenetwicklung richtet sich also eher nach dem jeweils bestehenden Bedarf.

Die Mehrwertsteuerdiskussion ist im Jahr 2010 erneut aufgeflammt, insbesondere auch in Bezug auf die reduzierte Mehrwertsteuer mit ihren Ausnahmen. Diese Entwicklung muss man im Auge behalten.

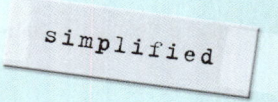

9 Industriemetalle, Eisen

»Industriemetalle« ist ein Begriff, der, wie der Name schon sagt, sich auf die vielfältigen industriellen Anwendungsmöglichkeiten bezieht und daraus resultierend die Metalle mit dem weltweit größten Handelsvolumen umfasst. Die Metalle werden auch »Basismetalle« genannt, dieser Begriff erklärt sich selbst. In der Literatur findet man auch »Buntmetalle«, obwohl eigentlich nur Kupfer farbig ist.

Eisen gehört in der Finanzbranche interessanterweise nicht dazu; es hat als Eisenerz einen eigenen Markt. Deshalb nennt man diese Metalle auch Nichteisenmetalle, obwohl chemisch gesehen auch alle anderen in diesem Buch aufgeführten Metalle Nichteisenmetalle sind. Da Eisen von seiner Anwendung her aber am besten in die Kategorie »Industriemetalle« passt, wird es hier mit seinen Eigenschaften separat am Ende mit aufgeführt.

Die folgenden Angaben, Eisen ausgenommen, sind weitgehend stark gekürzt aus dem Buch »Sicher mit Anlagemetallen« übernommen und dienen nur der Vollständigkeit der Auflistung aller für die Technik relevanten Metallgruppen. Charts für alle Industriemetalle finden Sie auf der Seite www.markt-daten.de. Ausführlicher werden die Industriemetalle in einem eigenständigen Buch behandelt werden.

Die 6 Industriemetalle in alphabetischer Reihenfolge mit Symbol und Ordnungszahl:

Aluminium (Al, 13), **Blei** (Pb, 82), **Kupfer** (Cu, 29), **Nickel** (Ni, 28), **Zink** (Zn, 30), **Zinn** (Sn, 50)

Nicht zu den Industriemetallen zählt **Eisen** (Fe, 26).

Steigende Preise und immer häufiger auftretende Lieferengpässe deuten auf eine schwieriger werdende Versorgungslage hin. Von Angebotsengpässen besonders betroffen sind Aluminium, Kupfer und Zink. Auch hiervon verbrauchen insbesondere China und Indien überdurchschnittlich viel mit wachsender Tendenz.

London Metal Exchange (LME)

Die 1877 gegründete LME ist die größte Börse für Industriemetalle in Europa. Zugelassen sind nur wenige Marktteilnehmer. Der Handel geht täglich nur innerhalb bestimmter Zeiten für die einzelnen Metalle vonstatten.

Der LMEX, der London Metal Exchange Index, ist der wichtigste Index für diese Metalle. Die weiteren weltweit bedeutenden Börsen sind die COMEX in New York und die SIMEX in Singapur.

Auf den folgenden Seiten will ich die Metalle der Reihe nach vorstellen. Für die Angaben gilt das Gleiche wie bei den Sondermetallen unter »Eigenschaften von Sondermetallen« aufgeführt.

➲ Aluminium

Abgeleitet von dem Salz Alaun ist Aluminium das häufigste Metall in der Erdkruste. In der Neuzeit wurde es erst 1808 von dem Briten Sir Humphry Davy entdeckt und beschrieben. Heutzutage wird Aluminium großtechnisch mittels Elektrolyseverfahren gewonnen.

Die wichtigsten Eigenschaften von Aluminium:

Name, Symbol, Ordnungszahl	Aluminium, Al, 13
Massenanteil an der Erdhülle	7,57 %
Dichte	2,7 g/cm³
Mohshärte	2,75
Schmelzpunkt	660,32 °C
Elektrische Leitfähigkeit	37,7 x 10^6 A / V x m

Aluminium ist ein sehr leichtes Metall, das an der Luft schnell oxidiert und sich damit eine Schutzschicht zulegt. Es ist weich und zäh und lässt sich dünn auswalzen.

Vorkommen

Meist liegt Aluminium in Verbindungen vor, wovon die einzige wirtschaftlich verwertbare das nach einer Stadt in Frankreich, Les Baux, benannte Bauxit ist, das an vielen Plätzen der Welt vorkommt. Die Aluminiumproduktion ist sehr energieaufwendig. Es ist nach Silizium das zweithäufigste metallische Element.

Die größten Produzenten sind mit 7 Millionen Tonnen China, gefolgt von Russland, Nordamerika und Australien.

Anwendungen

Aluminium hat vielfältige Einsatzgebiete. Es wird überall dort verwendet, wo geringe Gewichte vorteilhaft sind.

In der Elektrotechnik wird Aluminium dort eingesetzt, wo es gegenüber Kupfer auf niedrigeres Gewicht ankommt, beispielsweise bei Überlandleitungen. Kochgeschirr wird wegen der guten Wärmeleitfähigkeit, des niedrigen Gewichts und des niedrigen Preises oft aus Aluminium gefertigt. Die größten Verbraucher sind China, USA, Japan und Deutschland.

⊃ Blei

Blei, lateinisch blumbum, war schon in der Bronzezeit bekannt. Die Römer verwendeten es für Wasserleitungen, Wurfgeschosse u. a. Manche Bleierze enthalten auch Silber, sodass die Gewinnung beider Elemente seit der Antike miteinander verbunden ist.

Blei ist weich, schwer und hat einen niedrigen Schmelzpunkt. Es lässt sich daher leicht auswalzen und gießen. Blei hinterlässt einen grauen Strich beim Reiben auf Papier, daher der Name Bleistift. Bleiverbindungen können giftig sein.

Die wichtigsten Eigenschaften:

Name, Symbol, Ordnungszahl	Blei, Pb, 82
Massenanteil an der Erdhülle	2×10^{-3} %
Dichte	11,34 g/cm³
Mohshärte	1,5
Schmelzpunkt	327,43 °C
Elektrische Leitfähigkeit	$4,84 \times 10^6$ A / V x m

Vorkommen und Anwendungen

Blei kommt gediegen und in Erzen vor. Die größten Bleiproduzenten sind China mit ca. 1 Million Tonnen, die USA und Südamerika. Die bedeutendste Quelle ist das Bleirecycling, meist aus alten Autobatterien.

60 % des Bleibedarfs findet in der Autoindustrie Verwendung, weitere 20 % in der chemischen Industrie. Die größten Verbraucher sind China, USA, Deutschland und Südkorea.

⮑ Kupfer

Kupfer ist abgeleitet von dem lateinischen cuprum, dem Namen für Zypern. Es wird bereits seit ca. 10 000 Jahren verwendet. Später wurde es mit Zinn zu Bronze legiert, die härter und widerstandsfähiger ist. Die Legierung Kupfer mit Zink, das Messing, entstand später in Griechenland und im Römischen Reich. Kupfer ist ein Münzmetall.

Da immer gerne verwechselt, hier eine Eselsbrücke für den Unterschied von Bronze und Messing: Bronze enthält Zinn, Messing enthält Zink.

Kupfer ist ein Schwermetall, ein sehr guter elektrischer Leiter und ein guter Wärmeleiter. In Stromkabeln ist es nicht durch ein anderes Material zu ersetzen, einer der Gründe, weshalb Kupfer auch künftig eine hohe Wertsteigerung erfahren wird.

Die wichtigsten Eigenschaften von Kupfer:

Name, Symbol, Ordnungszahl	Kupfer, Cu, 29
Massenanteil an der Erdhülle	0,01 %
Dichte	8,92 g/cm³
Mohshärte	3
Schmelzpunkt	1084,4 °C
Elektrische Leitfähigkeit	58 x 10⁶ A / V x m

Vorkommen und Anwendungen

Auch Kupfer kommt meist in Erzen vor. Der größte Produzent ist Chile mit ca. 5 Millionen Tonnen vor USA und Peru.

Die langfristige Kupfernachfrage sehen Sie in folgender Grafik:

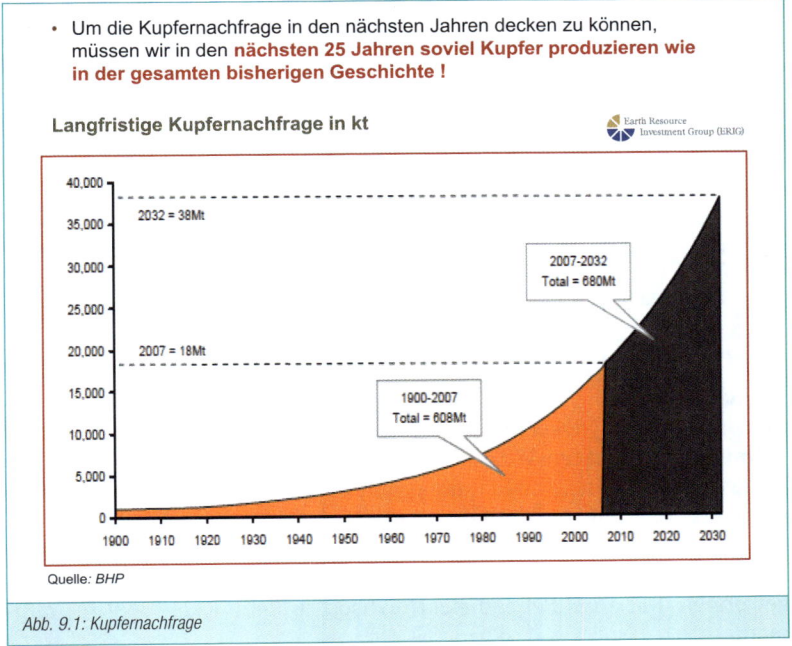

- Um die Kupfernachfrage in den nächsten Jahren decken zu können, müssen wir in den **nächsten 25 Jahren soviel Kupfer produzieren wie in der gesamten bisherigen Geschichte !**

Langfristige Kupfernachfrage in kt

Earth Resource Investment Group (ERIG)

40,000

2032 = 38Mt

35,000

2007-2032
Total = 680Mt

30,000

25,000

2007 = 18Mt

20,000

1900-2007
Total = 608Mt

15,000

10,000

5,000

0

1900 1910 1920 1930 1940 1950 1960 1970 1980 1990 2000 2010 2020 2030

Quelle: *BHP*

Abb. 9.1: Kupfernachfrage

Kupfer wird zu ca. 60 % verwendet für Stromleitungen. Dann folgen Anwendungen wie Armaturen, Rohrleitungen, Kochgeschirr und vieles mehr, wo es auf gute Wärmeleitfähigkeit ankommt. Die größten Verbraucher sind China, USA, Japan und Deutschland. Man schätzt, dass China und Indien allein in den nächsten Jahren 35 Millionen Tonnen Kupfer pro Jahr benötigen werden. Die derzeitige Produktion liegt bei 17 Millionen Tonnen pro Jahr.

⊃ Nickel

Auch Nickel wird bereits seit Jahrtausenden verwendet. 1751 wurde Nickel erstmals von dem schwedischen Chemiker Axel Frederic Cronstedt rein hergestellt. Nickel ist ein relativ hartes Metall. Es lässt sich gut schmieden und walzen.

Die wichtigsten Eigenschaften sind:

Name, Symbol, Ordnungszahl	Nickel, Ni, 28
Massenanteil an der Erdhülle	0,01 %
Dichte	8,908 g/cm³
Mohshärte	3,8
Schmelzpunkt	1455 °C
Elektrische Leitfähigkeit	$14,3 \times 10^6$ A / V x m

Vorkommen

Gediegen kommt Nickel nur in Meteoriten vor und wird auch im Erdkern vermutet. Die größten Vorkommen an Nickelerzen finden sich in Russland, Australien und Kanada, die größten Produzenten mit 270 000 Tonnen sind Russland, Japan und Kanada.

Nickel wird in mehreren chemischen Verfahrensschritten als Rohnickel gewonnen und anschließend elektrolytisch zu Reinnickel (99,9 %) raffiniert.

Anwendungen
Den größten Anwendungsbereich hat Nickel in der Stahlindustrie als Legierungsmetall. Es macht Stahl härter, zäher und korrosionsbeständiger. Die größten Verbraucher sind China, Japan, USA und Deutschland.

➲ Zink

Zink war schon im Altertum als Legierungsbestandteil mit Kupfer zu Messing bekannt. Im 18. Jahrhundert begann die Verhüttung aus Zinkerzen.

Die wichtigsten Eigenschaften sind:

Name, Symbol, Ordnungszahl	Zink, Zn, 30
Massenanteil an der Erdhülle	0,01 %
Dichte	7,14 g/cm³
Mohshärte	2,5
Schmelzpunkt	419,5 °C
Elektrische Leitfähigkeit	$16,9 \times 10^6$ A / V x m

Zink hat eine recht seltsame Eigenschaft. Es ist bei Zimmertemperatur und oberhalb 200 °C sehr spröde, lässt sich aber dazwischen gut verformen.

Vorkommen und Anwendungen
Die größten Produzenten sind mit 2,5 Millionen Tonnen China, Australien, Peru, USA und Kanada.

Das verhüttete Rohzink enthält meist noch Blei und Cadmium, die in weiteren Verfahrensschritten herausgelöst werden. Die Hälfte des gewonnenen Zinks wird zum Verzinken als Korrosionsschutz für Stahlprodukte verbraucht. Zink ist ein wichtiger Legierungsbestandteil. Die größten Verbraucher sind China, USA, Japan, Südkorea und Deutschland.

➲ Zinn

Zinn ist ein sehr weiches Schwermetall. Mit Kupfer wurde es bereits vor 4 000 Jahren zu Bronze legiert.

Die wichtigsten Eigenschaften von Zinn:

Name, Symbol, Ordnungszahl	Zinn, Sn, 50
Massenanteil an der Erdhülle	3×10^{-3} %
Dichte	7,31 g/cm³
Mohshärte	1,5
Schmelzpunkt	231,93 °C
Elektrische Leitfähigkeit	$9,17 \times 10^6$ A / V x m

Bei reinem Zinn tritt beim Verbiegen ein charakteristisches Knistern auf, der Zinnschrei. Zinn überzieht sich schnell mit einer Oxidschicht, die es korrosionsbeständig macht.

Vorkommen und Anwendungen
Aufgrund seines niedrigen Schmelzpunkts lässt sich Zinn einfacher als viele andere Metalle aus Erzen nach einigen chemischen Zwischenschritten gewinnen.

Ein Drittel des geförderten Zinns wird für Weißblech, ein Drittel für Lote und ein Drittel für Chemikalien eingesetzt. Die Zinnnachfrage ist durch den Übergang zu bleifreien Lötmitteln gestiegen. Die größten Verbraucher sind China, USA, Japan und Deutschland.

⇒ Eisen

Der Name Eisen leitet sich ab vom mittelhochdeutschen »isen«, keltisch »isara«, gotisch »eisam« und lateinisch »aes«, was soviel wie »kräftig« bzw. »Erz« heißt. Die Abkürzung Fe kommt von dem lateinischen Namen »Ferrum«.

In der Industrie verwendet man den Begriff »Eisen« für Gusseisen, nicht für Stahl, obwohl auch der meist zu ca. 95 % aus Eisen besteht.

Sumerer und Ägypter nutzten Eisen von Meteoritenfunden schon vor 6 000 Jahren, verhüttetes Eisen aus Erz gab es seit 4 000 Jahren. Es war wahrscheinlich wertvoller als Gold. Vor ca. 3 000 Jahren fand der Übergang von Bronzezeit zu Eisenzeit statt.

Durch den Gebrauch von Holzkohle bei der Erhitzung führte man dem Eisen Kohlenstoff zu, was nach entsprechender Abkühlung zu einem härteren Material wurde, dem Stahl. Der Hochofen wurde schon 500 v. Chr. entwickelt, man konnte damit Gusseisen herstellen. Weil Eisen korrodiert, gibt es nicht so viele Fundstücke aus Eisen wie aus Bronze, obwohl die Bronzezeit älter ist.

Die wichtigsten Eigenschaften von Eisen:

Name, Symbol, Ordnungszahl	Eisen, Fe, 26
Massenanteil an der Erdhülle	4,7 %
Dichte	7,874 g/cm³
Mohshärte	4,0
Schmelzpunkt	1538 °C
Elektrische Leitfähigkeit	10×10^6 A / V x m

Vorkommen

Eisen und Nickel sind wahrscheinlich die Hauptbestandteile des Erdkerns. In der Erdkruste kommt Eisen gediegen nur selten vor, häufig sind Eisenerze.

Weltweit wurden im Jahre 2000 ca. 1 Milliarde Tonnen Eisenerz abgebaut, die bedeutendsten Förderländer sind Brasilien, Australien, China,
Russland und Indien. Das bedeutendste Herstellerland für Roheisen ist,
welche Überraschung, China. Ein wichtiger Lieferant von Eisen ist
Schrott. Die Eisenerzimporte in Deutschland kommen immer häufiger
aus Brasilien.

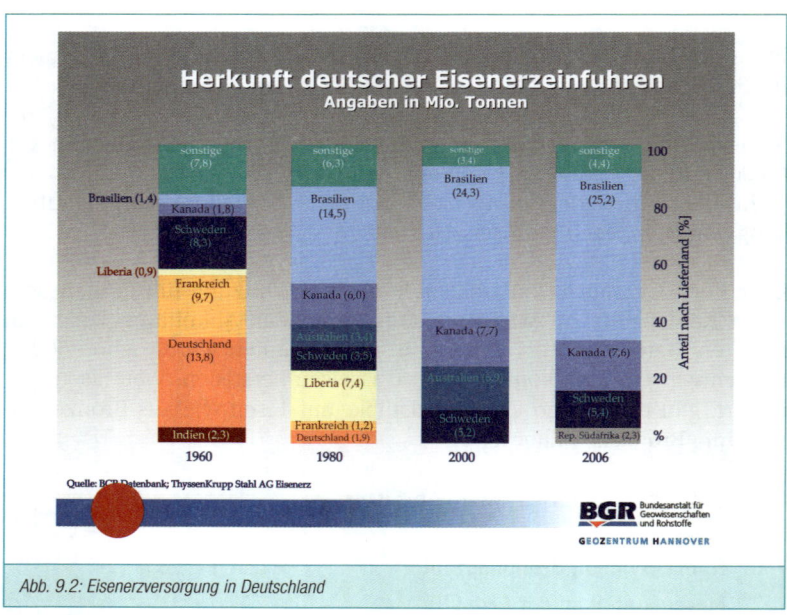

Abb. 9.2: Eisenerzversorgung in Deutschland

Anwendungen

Aus Eisen wird Stahl und Gusseisen hergestellt mit völlig unterschiedlichen Eigenschaften und Anwendungen. Diese sind einerseits so vielfältig, andererseits aus dem täglichen Leben so bekannt, dass ich hier auf
weitergehende Ausführungen verzichte. Es gibt in Deutschland ca. 7 500
verschiedene genormte Stahlsorten.

Eisen gilt als essentielles Spurenelement, es ist für Mensch und Tier le-
benswichtig. In Spinat findet sich übrigens kaum Eisen, dagegen viel in

Fleisch und Hülsenfrüchten. Ernähren Sie Ihr Kind also am besten mit Chili con Carne.

Zusammenfassung

Die Zukunftsaussichten für ein finanzielles Engagement in diesen Märkten sind bei richtiger Auswahl sehr gut. Die Basis- bzw. Industriemetalle selbst werden allerdings in Märkten gehandelt, die für Privatanleger als direkte Metallinvestments nicht interessant, weil sie nicht direkt zugänglich sind.

Es sei denn, Sie klauen in großen Mengen Eisenbahnschienen aus einem Rangierbahnhof, Brückengeländer (s. Kapitel 2 »Rohstoffe«), stillgelegte Hochspannungsleitungen aus Aluminium oder Kupferkabelrollen von Großbaustellen. Das ist kein scherzhafter Vorschlag von mir, es passiert tagtäglich.

Wer auf andere Weise in diesen Markt investieren will, sollte sich auf Papiere stützen, die von Banken herausgegeben und Fördergesellschaften und Verarbeiter zum Inhalt haben, also die üblichen Verdächtigen wie Aktien, Zertifikate, Fonds, Anleihen, Optionsscheine etc., auf die ich hier nicht weiter eingehen muss.

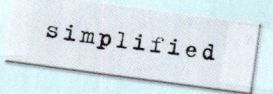

10 Alkalimetalle, Lithium

Diese Metallgruppe hat in der Welt der Finanzderivate und der auf Wertzuwachs ausgerichteten Einlagerung von physischen Rohstoffen keine große Bedeutung. Aufgenommen habe ich sie hauptsächlich wegen des Elementes Lithium, nach dem ich wegen der Anwendung in Lithium-Ionen-Akkus für Elektroautos immer wieder gefragt wurde.

Lithium werde ich also am ausführlichsten erläutern. Die anderen Metalle stelle ich der Vollständigkeit halber lediglich kurz vor.

Alle Alkalimetalle sind Elemente und finden sich im Periodensystem ganz links in der ersten Hauptgruppe unterhalb des Elements Wasserstoff.

Wieso kann Wasserstoff sich in einer chemischen Gruppe mit Metallen befinden? Weil sogar Wasserstoff zum Metall werden kann! Und zwar bei einem Druck von ca. 1 Million Bar und einer Temperatur von mehreren Tausend Grad. Gelungen ist dies experimentell bisher für ca. eine millionste Sekunde. Zugegebenermaßen faszinierend, aber wir wollen nicht zu sehr abschweifen.

Der Name Alkali leitet sich ab von dem arabischen Wort al-qalya für Pottasche. Dies ist ein traditioneller Name für Kaliumcarbonat, ein Kaliumsalz, der dessen frühere Herstellung beschreibt: Man löste Salze durch Auswaschen von Holzasche mit Wasser und dampfte diese Lösung dann in Pötten (heute noch umgangssprachlich für Töpfe) ein. Im Englischen und Französischen ist der Name potassium bis heute für Kalium erhalten geblieben.

Alle Alkalimetalle sind silbrig glänzende, leichte und weiche Metalle. Sie können mit Wasser und Luft zum Teil sehr heftig reagieren, sich sogar an Luft selbst entzünden. Reine Metalle müssen also in Schutzflüssigkeiten oder unter Luftabschluss aufbewahrt werden. Alkalimetalle bzw. ihre

Salze werden aufgrund ihrer Reaktionsfähigkeit und ihrer spezifischen Flammenfärbung gerne für Feuerwerkskörper genutzt.

Kalium, Lithium und Natrium schwimmen wegen ihres niedrigen spezifischen Gewichts sogar auf Wasser.

Mit einer bestimmten Mischung von Alkalimetallen lässt sich eine Legierung mit dem bisher niedrigsten bekannten Schmelzpunkt herstellen, nämlich -78 °C! Die Legierung besteht aus 41 % Caesium, 12 % Natrium und 47 % Kalium.

Die sechs Alkalimetalle in alphabetischer Reihenfolge mit Symbol und Ordnungszahl:

Caesium (Cs, 55), **Francium** (Fr, 87), **Kalium** (K, 19), **Lithium** (Li, 3), **Natrium** (Na, 11) und **Rubidium** (Rb, 37).

➲ Caesium

Caesium finden Sie auch als Cäsium, seltener Zäsium oder englisch Cesium. Caesius ist lateinisch und heißt »Himmelblau«, diese Farbe entspricht den Spektrallinien zum Nachweis des Elements.

Es wurde 1861 durch Robert Wilhelm Bunsen und Gustav Robert Kirchhoff entdeckt, und zwar in Mineralwasser aus Dürkheim, das sich seit 1904 eben seines Wassers wegen »Bad« Dürkheim nennen darf. Die beiden entdeckten, dass verschiedene chemische Elemente eine Gasflamme unterschiedlich färben und entwickelten somit die Spektralanalyse.

Caesium ist sehr weich und dehnbar und hat mit 28 °C einen der niedrigsten Schmelzpunkte für Metalle. Bei Kontakt mit Sauerstoff entzündet es sich sofort, mit Wasser reagiert es sogar bei Temperaturen unter -100 °C, also mit extrem kalten Eis. Es ist das reaktivste Metall hinter Francium.

Die wichtigsten Eigenschaften sind:

Name, Symbol, Ordnungszahl	Caesium, Cs, 55
Massenanteil an der Erdhülle	6,5 ppm
Dichte	1,879 g/cm³
Mohshärte	0,2
Schmelzpunkt	28,44 °C
Elektrische Leitfähigkeit	4,76 x 10⁶ A / V x m

Vorkommen

Caesium ist sehr selten und kommt nur in Verbindungen an mehreren Stellen auf der Erde vor. Abgebaut wird es in einer Mine in Kanada. Auch ist es in Meerwasser gelöst. Die jährliche Produktionsmenge beträgt weniger als 50 Tonnen.

Anwendungen

Wegen seiner Seltenheit, seiner komplizierten Gewinnung und damit einhergehend seines hohen Preises wird Caesium naturgemäß nur in geringem Umfang eingesetzt, hauptsächlich für Forschungszwecke. Interessant ist der Einsatz in Atomuhren, ohne die viele heutzutage lieb gewordene technische Anwendungen, beispielsweise Satellitennavigationsgeräte, nicht funktionieren würden. Seit 1960 ist eine Sekunde definiert als das 9 192 631 770-Fache einer Periode, die mit Caesiumatomen zu tun hat.

⮑ Francium

Francium zerfällt sehr schnell und kann nicht in größeren Mengen hergestellt werden. Über seine Entdeckung gibt es widersprüchliche Berichte, angefangen 1871. Die Französin Marguerite Perey konnte jedenfalls 1939 erstmals zweifelsfrei das Element nachweisen und nannte es Francium in Anlehnung an France, ihr Heimatland.

Abbildungen von Francium gibt es nicht.

Die wichtigsten Eigenschaften sind:

Name, Symbol, Ordnungszahl	Francium, Fr, 87
Massenanteil an der Erdhülle	$1{,}3 \times 10^{-18}$ ppm
Dichte	o.A. g/cm^3
Mohshärte	o.A.
Schmelzpunkt	27 °C (Extrapoliert)
Elektrische Leitfähigkeit	o.A.

Physikalische Eigenschaften sind nur bekannt durch Ableitungen und Berechnungen von Eigenschaften anderer Alkalimetalle. Dies ist bedingt durch die geringe herstellbare Menge von nur wenigen Atomen und die hohe Radioaktivität.

Hinweise auf **Vorkommen** und **Anwendungen** erübrigen sich somit.

➲ Kalium

1807 konnte der Engländer Humphry Davy innerhalb weniger Tage zwei neue Metalle nachweisen: Das eine nannte er Potassium, das andere Sodium. Diese beiden Metalle werden auf Englisch und Französisch noch heute so genannt, auf Deutsch heißen sie heute Kalium und Natrium.

Die wichtigsten Eigenschaften sind:

Name, Symbol, Ordnungszahl	Kalium, K, 19
Massenanteil an der Erdhülle	2,41 %
Dichte	0,856 g/cm
Mohshärte	0,4
Schmelzpunkt	63,38 °C
Elektrische Leitfähigkeit	$14{,}3 \times 10^6$ A / V x m

Kalium ist noch reaktionsfreudiger als Natrium. Eine frische zunächst silbrigweiß glänzende Schnittfläche wird sofort bläulich. Aufbewahrt wird metallisches Kalium in nichtwässrigen Flüssigkeiten wie beispielsweise Paraffinöl.

Vorkommen
Kalium kommt nur in Verbindungen in Mineralen vor. Im Meerwasser ist es in großen Mengen enthalten. Gewonnen wird es durch Reduktion von Kaliumchlorid.

Anwendungen
Metallisches Kalium hat nur wenige Anwendungen, da es unter verschiedenen Umständen sehr explosiv reagieren und meist durch das billigere Natrium ersetzt werden kann. Es wird in schnellen Brütern als Kühlmittel eingesetzt. Kaliumsalze werden als Düngemittel genutzt.

⊃ Lithium

Wie in diesem Kapitel eingangs erwähnt, wurde die Metallgruppe Alkalimetalle hauptsächlich des Lithiums wegen in diesem Buch aufgenommen. Denn nach Erscheinen des Buches »Sicher mit Anlagemetallen« mit seinen Schilderungen auch anderer für die Finanzwelt wichtiger Metalle wurde ich des Öfteren nach Lithium, das dort nicht behandelt wurde, gefragt.

Also: Lithium wurde 1817 von dem schwedischen Chemiker Johan August Arfwedson entdeckt. Der Name leitet sich ab von dem griechischen »lithos« für Stein, weil Lithium im Gegensatz zu anderen Alkalimetallen in Gestein gefunden wurde. Es kommt in der Natur nur in Verbindungen vor. Reines Lithium konnte erstmals 1818 durch Elektrolyse hergestellt werden.

Obwohl Lithium unter allen Alkalimetallen das reaktionsträgste ist, führt es in reiner Form – wenn man es berührt – schon bei geringer Hautfeuchtigkeit sofort zu Verätzungen und Verbrennungen der Haut. Seine Verbindungen sind gesundheitsschädlich. Lithium ist das leichteste aller festen Elemente, nur etwa halb so schwer wie Wasser. Zwar lässt es sich auch mit dem Messer schneiden, es ist aber das härteste Metall aller Alkalimetalle und hat auch den höchsten Schmelz- und Siedepunkt. Lithium kann sich schon bei Normaltemperatur an Luft entzünden und muss deshalb unter Luftabschluss, beispielsweise in Petroleum, gelagert werden. Bei unsachgemäßem Umgang kann es bei Kontakt mit einigen Stoffen explosionsartig reagieren.

Die wichtigsten Eigenschaften sind:

Name, Symbol, Ordnungszahl	Lithium, Li, 3
Massenanteil an der Erdhülle	60 ppm
Dichte	0,535 g/cm³
Mohshärte	0,6
Schmelzpunkt	180,54 °C
Elektrische Leitfähigkeit	$10,6 \times 10^6$ A / V x m

Lithiumverbindungen zeigen eine spezifische rote Flammfärbung.

Lithium hat die Gefahrstoffkennzeichnungen F

 für leichtentzündlich und C für ätzend.

Vorkommen
Lithiummineralien kommen in vielen Silicatgesteinen vor. Die Konzentrationen sind aber gering, die Gewinnung daraus zu aufwendig. Lithiumsalze kommen verbreitet in Salzseen vor. Zurzeit wird Lithium daraus in Chile, Argentinien, USA und China gewonnen.

Der Salzsee mit den vermutlich größten Reserven an Lithium – mit über 5 Millionen Tonnen ca. 50 % des weltweiten Vorkommens – befindet sich mit 10 000 Quadratkilometern Fläche in Bolivien in über 4 000 Meter Höhe. Das arme, politisch zwischen den Interessen der unterschiedlichen

Bevölkerungen im Hoch- und Tiefland zerrissene Land mit einer zur Zeit sozialistischen Regierung träumt schon davon, durch Lithium eines Tages so reich zu werden wie einst Saudi-Arabien mit Öl. Man möchte aber keine ausländischen Investoren ins Land holen, sondern in Eigenregie sowohl das Lithium gewinnen als auch selbst im Lande Lithium-Ionen-Akkus herstellen. Dies stößt in der gesamten Bevölkerung auf breite Zustimmung, haben doch in der Vergangenheit hauptsächlich Ausländer von Rohstoffen wie Silber, Zinn und Erdgas profitiert. Allerdings beurteilen Experten solche Wunschvorstellungen eher skeptisch.

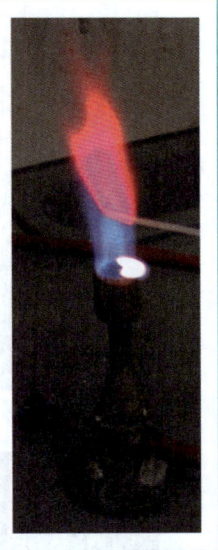

Abb. 10.2:
Lithium Flammfärbung

Abb. 10.1: Salzsee

Anwendungen

Bis ca. 1950 wurde Lithium nur für wenige Anwendungen benötigt. Das änderte sich mit dem Interesse der USA an Wasserstoffbomben, für die Tritium, das aus Lithium gewonnen wird, benötigt wurde.

Zu Ihrer Erinnerung: Wasserstoffbomben nutzen Kernfusion, Atombomben Kernspaltung für ihre Explosionswirkungen; Wasserstoffbomben werden mit Atombomben gezündet. So simpel kann man in einem Satz die Möglichkeit zur Zerstörung der Welt durch den Menschen beschreiben, wenn auch die Technik hierzu gottlob sehr kompliziert ist.

Abb. 10.3: Wasserstoffbombe

Abb. 10.4: Atombombe

Bis etwa Mitte der 1960er-Jahre wurde von den Großmächten für diesen Zweck ein Vorrat an Lithium geschaffen, der seit den neunziger Jahren nach Ende des kalten Krieges nach und nach veräußert wurde.

Lithium hat mittlerweile einige Anwendungen mehr. Man nutzt seine Fähigkeit der direkten Reaktion mit Stickstoff, um dieses aus Gasen, also auch Luft, zu entfernen. Lithium wird auch als Legierungsbestandteil für die Verbesserung von Zugfestigkeit, Härte und Elastizität bei vielen Stoffen verwendet. In der Luft- und Raumfahrttechnik werden Lithiumlegierungen wegen ihres geringen Gewichts vielfältig eingesetzt.

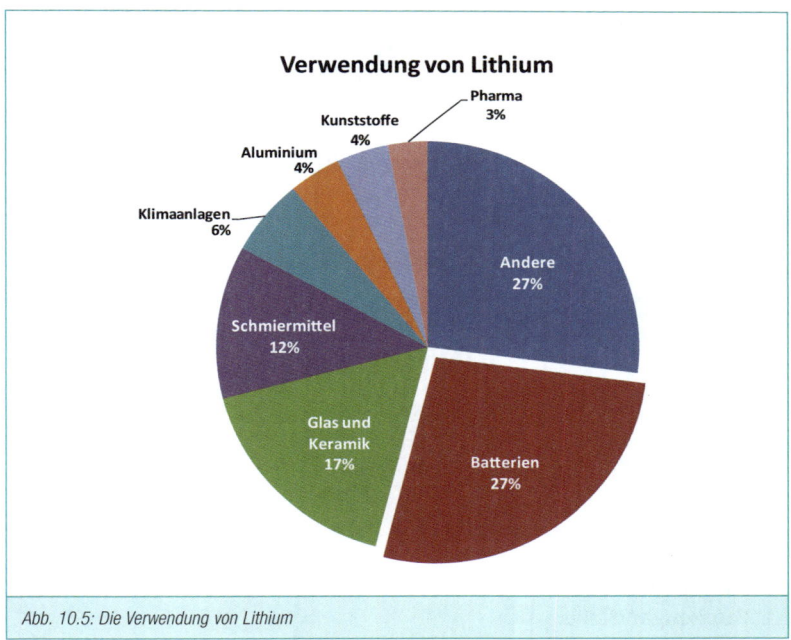

Abb. 10.5: Die Verwendung von Lithium

Lithium wird auch als Anode in Batterien eingesetzt. Diese Lithiumbatterien haben eine hohe Energiedichte und können eine hohe Spannung erzeugen, sind aber nicht wiederaufladbar. Sie sind also nicht mit den Lithium-Ionen-Akkus zu verwechseln.

Die wiederaufladbaren Lithium-Ionen-Akkus, die, wenn man manchen Medien Glauben schenken darf, wegen ihrer künftigen Nutzung für Autoantriebe ohne Abgase das Überleben der Menschheit sichern werden, haben vielerlei verschiedene Ausführungen und werden von Institutionen und Firmen intensiv erforscht und weiterentwickelt.

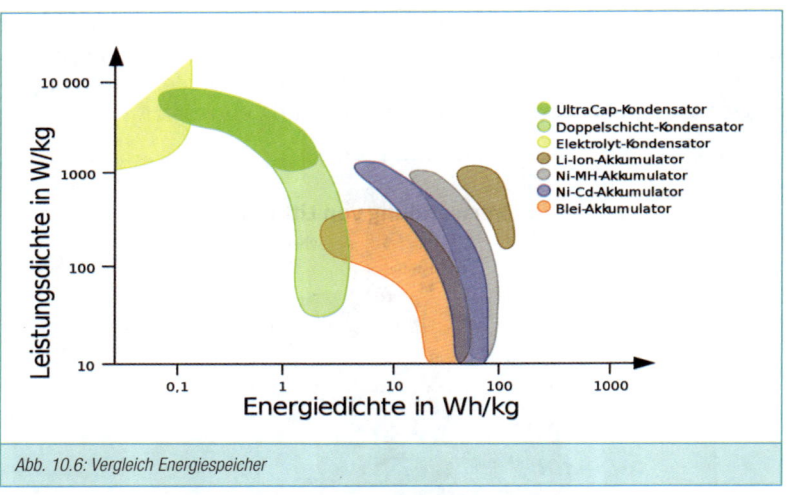

Abb. 10.6: Vergleich Energiespeicher

Lithium-Ionen-Akkus haben gegenüber den bisherigen Bleibatterien mittlerweile eine hohe Energiedichte, eine lange Lebensdauer, eine sehr geringe Selbstentladung, keinen Memory-Effekt und sind thermisch stabil.

Kleine Akkus, die leistungsfähiger sind als beispielsweise herkömmliche Nickel-Cadmium-Akkus, werden eingesetzt in Notebooks, Mobiltelefonen, Digitalkameras etc., große Akkus entsprechend für Maschinen und für Fahrzeugantriebe.

Bedingt durch die energieaufwendigen Herstellungskosten ist der Preis für das hierfür benötigte metallische Lithium sehr hoch – verglichen mit dem Grundstoff, den Lithiummineralien. Lithium kostete 1998 60 USD/kg, 2008 bereits das Zehnfache!

Abb. 10.7: Litium-Ionen-Akku klein

Abb. 10.8: Litium-Ionen-Akku groß

Aber auch bei intensiver Nutzung von Lithium beispielsweise für elektrische Antriebe in Autos wird es keinen Engpass an verarbeitbaren Lithiummineralien geben. Denn der Massenanteil von Lithium in der Erdkruste ist dreimal höher als Blei, auch wenn es nur wenige Lagerstätten mit hoher Konzentration gibt.

Es gibt noch eine weitere für die Menschheit möglicherweise bedeutende Anwendung für Lithium, die momentan überhaupt nicht diskutiert wird. Oben wurde die Bedeutung von Lithium für die Wasserstoffbombe erwähnt; das gilt natürlich genauso für die Nutzung in Kernfusionsreaktoren zur Energiegewinnung. Das ist aber Zukunftsmusik, bisher gelangen nur einige sehr aufwendige Experimente.

Zurück zu den vielversprechenden Lithium-Ionen-Akkus als Energiequelle für Elektromotoren in zukünftigen Autos und lassen Sie mich einige kritische Anmerkungen hinzufügen:

Akkus laden sich nicht von selbst auf, sie müssen mit Elektrizität aufgeladen werden, die in Kraftwerken erzeugt werden muss. Dies in erheblichem Ausmaß, wenn man ernsthaft im Laufe der Zeit weltweit Kraftfahrzeuge mit Elektrizität betreiben möchte. Der Ausstoß an Kohlendioxid, den man ja reduzieren möchte, wäre in diesem Fall pro Fahrzeug in Deutschland viel höher als bei der Nutzung fossiler Kraftstoffen, da die Akkus ja mit Strom aus deutschem Energiemix, der zu fast der Hälfte aus Kohle besteht, aufgeladen würden. Die Behauptung, es gebe »grünen« Strom, den man separat erhalten kann, ist eine unsinnige Schönrechnerei.

Und schon sind wir wieder bei der Diskussion über sinnvolle Energieerzeugung mittels Kohle-, Gas- und Ölkraftwerken, Atomkraftwerken, Wind-, Wasser- und Sonnenenergie, Geothermie usw. Andererseits ist die Energiebilanz beim Einsatz elektrischer Energie in Kraftfahrzeugen höher, da bei herkömmlichen Antrieben ein hoher Anteil der in Kraftstoffen enthaltenen Energie verloren geht – oder besser ausgedrückt –, nicht für den Vortrieb genutzt, sondern in Wärme umgesetzt wird. Diese letzte Formulierung ist korrekter, da nach dem Energieerhaltungssatz physikalisch gesehen Energie nicht verloren geht, sondern nur in verschiedene Formen gewandelt wird.

Es hat seinen Grund, dass seit vielen Jahren auf jeder Automobilausstellung von fast allen namhaften Unternehmen Elektrofahrzeuge eigentlich nur als Alibi für die Öffentlichkeit ausgestellt, aber nie in nennenswerter Stückzahl gebaut werden. Es gibt nämlich noch keine Möglichkeit, Strom chemisch in größeren Mengen sinnvoll zu speichern, auch nicht mit Lithium-Ionen-Akkus. Die Reichweiten der damit ausgerüsteten Fahrzeuge sind einfach zu gering, die Autos zu schwer, die Ladezeiten zu lang, die Akkus zu teuer. Der Verbraucher müsste beim derzeitigen Stand der Technik zwei Autos haben: ein kleines, leichtes mit Elektroantrieb mit wenigen PS für seinen näheren Umkreis, und ein größeres, komfortableres mit herkömmlichen Antrieb für größere Strecken. Beide gibt es ja schon. Außerdem sollte man in einem reinen Elektroauto nicht zu den schnell Frierenden gehören. Denn die geringe Abwärme eines Elektromotors reicht zu einer Beheizung des Innenraums bei kaltem Wetter nicht aus; es wird zum Heizen weitere Energie von den Batterien mit entsprechendem Verbrauch benötigt. Es gibt auch Fahrräder mit elektrischer Motorunterstützung, aber auch diese sind sehr schwer, teuer und die teuren Akkus müssen nach einigen Hundert Ladezyklen ersetzt werden.

Es gibt jedoch bereits Ideen, wie man das Problem geringer Reichweite und langer Ladezeit von Elektrofahrzeugen logistisch lösen kann: Man nutzt das heutige Tankstellennetz, um ganze Akkusätze, die dann nicht dem Fahrzeugbesitzer, sondern den Unternehmen gehören, einfach auszutauschen. Das klingt machbar, erfordert jedoch einen hohen Normungs- und Investitionsaufwand.

Klar ist aber auch:

Die Entwicklung geht weiter und ein »richtiges« Elektroauto wird irgendwann kommen. Dieses könnte man – auch das ist eine gute Idee – in großen Stückzahlen als allgemeine Elektrizitätsspeicher für erneuerbare Energien nutzen, wenn es nicht gebraucht wird.

Elektrisch betriebene Kraftfahrzeuge mit Bleiakkus gab es bereits in der Frühzeit der Automobile, das erste bereits 1861. 1912 wurden in den USA über 30 000 Elektroautos von 20 Herstellern produziert. Elektrolastwagen wurden in Deutschland beispielsweise von der Post eingesetzt. Geblieben sind heute Anwendungen meist innerhalb von Firmengeländen für Elektrokarren, Gabelstapler etc.

Großtechnisch gibt es simple Lösungen für Energiespeicherung: Kernkraftwerke beispielsweise sind ökonomischer, wenn sie nicht je nach Bedarf dauernd hoch- und runtergeregelt werden, sondern auch nachts bei geringer Stromabnahme mit hoher Auslastung betrieben werden. Dieser Strom wird beispielsweise für Pumpspeicherkraftwerke genutzt. Man pumpt nachts Wasser von einem tiefer gelegenen in ein höher gelegenes Wasserreservoir, lässt tagsüber das Wasser über Turbinen wieder ab und erzeugt damit Strom. Das höher gelegene Wasserreservoir ist nichts anderes als ein vorher aufgeladener Energiespeicher. Auch die Schwankungen von Solar- und Windstrom lassen sich so ausgleichen, wenn sie eines Tages gebündelt werden können.

Abb. 10.9: Modernes Elektroauto

Aber was ist mit den Hybridantrieben, die Benzin- bzw. Dieselmotoren und Elektroantriebe kombinieren?

Auch diese Lösung ist leider nicht das Nonplusultra, für das es oft gehalten wird. Von dem benötigten Platzbedarf und den Kosten für zwei Antriebe einmal abgesehen, gibt es ein weiteres, physikalisches Problem: Die für Beschleunigung und Abbremsung eines Fahrzeuges notwendige Energie hängt nun einmal linear von seinem Gewicht ab. Bei Hybridantrieben müssen nun immer zwei Antriebssysteme, Kol-

Abb. 10.10: Elektro-Lkw von 1923

benmotor und Elektromotor, mit zwei Energiespeichern, Treibstofftank und Akkus, durch die Gegend geschleppt werden. Das hat letztlich einen insgesamt höheren Energieverbrauch zur Folge. Ein Teil davon lässt sich zurückgewinnen, indem man die Energie, die beim Bremsen anfällt, nicht zur Aufheizung von Bremsscheiben wie zurzeit, sondern zum Aufladen der Akkus nutzt.

Bei ehrlicher Betrachtung sind alle Ideen für den Ersatz von fossilen Kraftstoffen in Kraftfahrzeugen durch Elektroenergie noch lange nicht marktreif und bisher zu teuer. Aber alles kann sich natürlich ändern, wenn Benzin und Diesel zur Neige gehen.

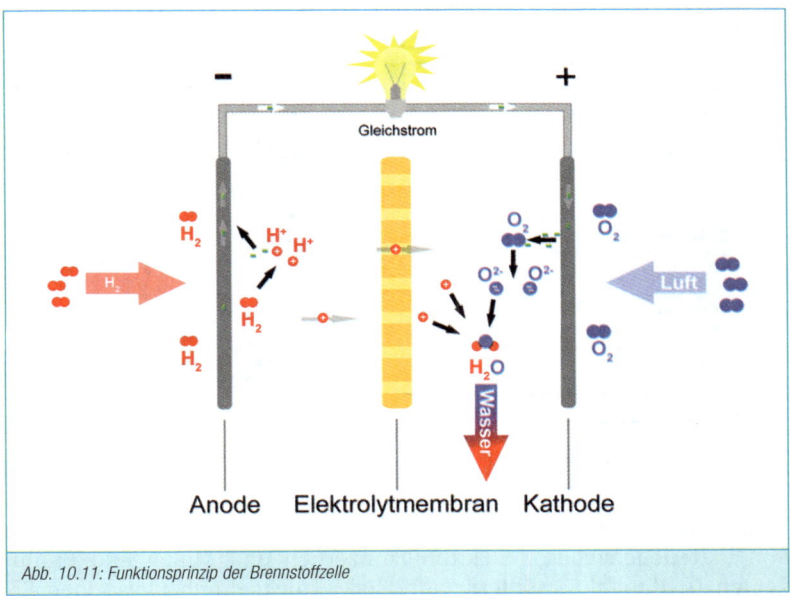

Abb. 10.11: Funktionsprinzip der Brennstoffzelle

Alternativ zum Elektroantrieb mit Akkus wird die Brennstoffzelle entwickelt, die aus Wasserstoff Strom erzeugt. Man kann Wasserstoff natürlich auch direkt als Treibstoff für einen modifizierten Kolbenmotor verwenden, als »Abgas« hätte man dann nur Wasserdampf. Problem bei beiden Antrieben ist die Wasserstofferzeugung, der Transport und die Lagerung.

Zu Letzterem finden Sie mehr im Kapitel 8 »Anlagemetalle« bei »Palladium«. Experten aus der Automobilindustrie geben der Brennstoffzelle für Kraftfahrzeuge aus vielerlei Gründen, auf die ich hier nicht eingehen kann, eine wesentlich größere Chance als dem Elektroantrieb über Akkus. Die Brennstoffzelle bestehend aus unseren Technologiemetallen erzeugt direkt Strom aus Wasserstoff.

Dennoch wird es natürlich wegen der gegenüber früheren Speichermöglichkeiten weitaus höheren Kapazitäten für Lithium-Ionen-Akkus viele neue Anwendungen geben, beispielsweise für den emissionsfreien Betrieb öffentlicher Fahrzeuge in Städten.

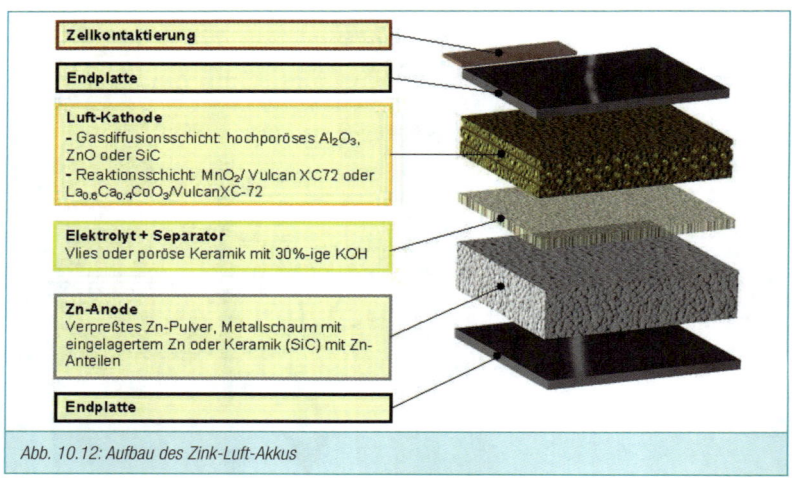

Abb. 10.12: Aufbau des Zink-Luft-Akkus

Finanziell beteiligen kann man sich an dem Lithium-Hype über Aktien von Batterieherstellern, Elektronikkonzernen und Minen und Produzenten (s. Kapitel 13 »Internetadressen«), nicht durch physischen Erwerb des Metalls. Es gibt auch bereits Zertifikate, die verschiedene Lithium-Aktien in einem Korb anbieten. Allerdings ist Vorsicht geboten, denn noch weiß niemand genau, wo die Reise hinführt. Schon jetzt wird befürchtet, dass es bei den vielen Batterieherstellern zu einer Konsolidierung kommen kann und viele kleinere Unternehmen vom Markt verschwinden werden.

Hinzu kommen Meldungen aus der Automobilwirtschaft, dass eine neue Technologie, die der Zink-Luft-Akkus, viel effektiver und umweltfreundlicher sein soll als die der Lithium-Ionen-Akkus. Wenn sich das bestätigen sollte, ist die Lithium-Diskussion schnell vorbei.

⇨ Natrium

Natrium wurde erstmals 1807 von dem englischen Chemiker Humphry Davy zusammen mit Kalium gewonnen und Sodium genannt, da es in Soda vorkommt. Sodium ist immer noch der Name auf Englisch und Französisch, der deutsche Name Natrium ist abgeleitet aus dem frühen Ägyptischen und wurde 1811 von Berzelius vorgeschlagen.

Die wichtigsten Eigenschaften sind:

Name, Symbol, Ordnungszahl	Natrium, Na, 11
Massenanteil an der Erdhülle	2,64 %
Dichte	0,968 g/cm³
Mohshärte	0,5
Schmelzpunkt	97,72 °C
Elektrische Leitfähigkeit	21 x 10⁶ A / V x m

Natrium ist weich, hochreaktiv und sein spezifisches Gewicht ist etwas geringer als das von Wasser. Es schwimmt also auf Wasser. Gelagert wird es luft- und wasserdicht, meist in Petroleum oder Paraffinöl.

Natrium wird gerne für Experimente im Chemieunterricht in Schulen genutzt.

Wie gefährlich das Natrium einzustufen ist, zeigt folgende (gekürzte) Meldung einer Regionalzeitung vom März 2010:

Natrium gestohlen, Vorsicht im Umgang, explosiv!

Am Wochenende entwendete ein unbekannter Täter 200 g Natrium aus der Schillerschule. Die Polizei warnt den Dieb: Natrium ist gefährlich, es reagiert mit Wasser stark exotherm, der freikommende Wasserstoff reagiert explosiv mit Sauerstoff. Finder sollen den Fundort sofort der Polizei mitteilen.

Mit Hilfe der wichtigsten Natriumverbindung mit Chlor kann man übrigens einem der Chemie völlig abholden Laien gut erklären, wie wenig die Eigenschaften von einzelnen Elementen mit den Eigenschaften von Verbindungen aus diesen Elementen zu tun haben müssen. Reines Natrium ist ätzend und leichtentzündlich, bei Berührung mit Wasser verbrennt es heftig zu Natriumhydroxid unter Freisetzung von Wasserstoff aus dem Wasser. Reines Chlor als Gas ist giftig und stark ätzend, ein Gehalt von 1 % in Luft ist tödlich. Wer wollte also mit solchem Teufelszeug etwas zu tun haben? Bringt man es aber zusammen, wird daraus Natriumchlorid, NaCl, also simples Kochsalz!

Dieses Natriumchlorid, aber auch andere natürlich vorkommende Natriumverbindungen sind seit der Antike bekannt und waren schon immer eine begehrte Handelsware.

Vorkommen
Natrium zählt zu den häufigsten Elementen, es findet sich in vielen Mineralen und im Meerwasser.

Anwendungen
Natrium ist das meistgebrauchte Alkalimetall. Die bedeutendste Verwendung ist natürlich Kochsalz, aber als Metall hat es noch viele andere Anwendungen. Es hat eine hohe Wärmeleitfähigkeit und einen niedrigen Schmelzpunkt und wird deshalb als Kühlmittel beispielsweise in Reaktoren verwendet. Natriumdampflampen dienen als Straßenbeleuchtung aufgrund der hohen Lichtausbeute. Charakteristisch ist ihr gelbes, als unangenehm fahl empfundenes Licht.

Natrium wird außerdem genutzt als Reduktionsmittel und als Trocknungsmittel. Natrium-Kalium-Legierungen sind bei Raumtemperatur flüssig und werden zur Wärmeübertragung und zur Trocknung von Lösungsmitteln eingesetzt.

➲ Rubidium

Rubidium wurde 1861 von Gustav Kirchhoff (1824–1887) und Robert Bunsen (1811–1899) entdeckt. Das Problem hierbei war die Trennung von den nur in geringen Mengen vorkommenden Rubidiumsalzen von anderen Alkalisalzen. Für nur 10 g Rubidiumchlorid verarbeitete Bunsen über 40 000 Liter Dürkheimer Mineralwasser.

Die wichtigsten Eigenschaften sind:

Name, Symbol, Ordnungszahl	Rubidium, Rb, 37
Massenanteil an der Erdhülle	29 ppm
Dichte	1,532 g/cm³
Mohshärte	0,3
Schmelzpunkt	39,31 °C
Elektrische Leitfähigkeit	7,52 x 10⁶ A / V x m

Rubidium ist unbeständig an Luft, mit Wasser reagiert es heftig und der dabei entstehende Wasserstoff entzündet sich in der Regel. Mit mehreren Metallen ist es legierbar, mit Quecksilber zu einem Amalgam.

Vorkommen und Anwendungen
Das Element kommt nur in kleinen Konzentrationen in einigen Mineralien vor. Rubidium hat nur ein sehr kleines Anwendungsspektrum beispielsweise in Vakuumröhren, Atomuhren, Kathodenbeschichtungen u. a.

11 Strategische Metalle, Sondermetalle – Technologiemetalle I

»Strategische Metalle« oder »Sondermetalle« sind Begriffe aus der Finanzwelt, genau genommen aus der Politik und bedeuten, dass diese Metalle sowohl für die Herkunftsländer als Exportgut als auch für die verarbeitenden Länder wegen ihrer Anwendungen strategische Bedeutung haben. Man kann die Problematik durchaus erkennen, wenn man sich die Herkunftsländer einiger Metalle anschaut. Viele davon sind Länder mit unsicheren politischen Verhältnissen. Aufgrund ihrer besonderen Rolle für technische Anwendungen werden Strategische Metalle und die im nächsten Kapitel besprochenen Seltenerdmetalle auch unter dem Begriff »Technologiemetalle« oder »Hightech-Metalle« zusammengefasst.

Strategische Metalle sind also keine Metallgruppe, die sich chemisch, physikalisch oder definiert über das Periodensystem beschreiben lässt. Je nach Interessenlage werden Sie in der Literatur den Begriff auch nur für einen Teil der Metalle finden oder vermischt mit Metallen, die eigentlich den Industrie- bzw. Alkalimetallen zuzuordnen sind, wie Aluminium, Kupfer, Lithium etc.

Unter den Strategischen Metallen finden wir auch die Platinmetalle Ruthenium, Rhodium, Osmium und Iridium wieder, die zwar Edelmetalle, aber keine Anlagemetalle (wie Gold, Silber, Platin, Palladium) sind.

Viele dieser Metalle haben ganz verblüffende Eigenschaften, sind sehr selten und werden für interessante Anwendungen genutzt. Da sie keine Anlagemetalle sind, werden sie ausschließlich als Industrierohstoffe gehandelt. Aufgrund der zu erwartenden Wertzuwächse sind sie teilweise auch für Anleger hochinteressant.

Da die jeweiligen Metalle von unterschiedlichen Standpunkten und Sichtweisen aus entweder als »Strategische Metalle« oder als »Sondermetalle« bezeichnet werden, haben wir diese Metalle hier zusammengefasst. Man findet auch die Namen »Nebenmetalle« oder entsprechend den englischen Begriff »Minor Metals«. Neuerdings werden einige von ihnen auch gemeinsam mit anderen aus der Gruppe der Seltenerdmetalle »Gewürzmetalle« oder »Pfeffermetalle« genannt, da sie für verschiedene Anwendungen nur in sehr kleinen Mengen benötigt werden.

Es sind dies Metalle, die in Publikumsmedien bisher eher selten genannt wurden und teilweise einem großen Teil der Öffentlichkeit sogar immer noch völlig unbekannt sind. Dennoch finden alle bedingt durch ihre Eigenschaften in unterschiedlicher Gewichtung Verwendung in der Industrie, meist in Form von Legierungen.

All diesen Metallen ist gemeinsam, dass sie wesentlicher seltener vorkommen als die Industriemetalle und man deshalb im Rahmen zunehmender weltweiter Industrialisierung höhere Preissteigerungsraten erwartet. Ein wichtiger Aspekt der zu erwartenden Preissteigerungen liegt auch in den steigenden Energiepreisen! Die oft sehr komplizierte Gewinnung der Metalle kann im Einzelnen hier nicht behandelt werden, aber Erhitzung, also Schmelzen etc. durch Energieträger wie Kohle, Gas, Öl oder Elektrizität spielt eigentlich immer eine Rolle.

Es sind aber auch Metalle genannt, die selten sind und nur in geringem Maß für bestimmte Anwendungen gehandelt werden. Sie spielen als Metalle unter Anlagegesichtspunkten keine Rolle. Andere Metalle wiederum sind so selten, dass der Handel an Preissteigerungen nicht interessiert ist, da ansonsten die Anwendungsmöglichkeiten entfallen. Es fehlen also die üblichen Marktmechanismen.

Viele dieser Metalle spielen in chemischen Verbindungen eine Rolle als Arznei- oder Nahrungsergänzungsmittel. Diese Anwendungen werde ich hier nicht behandeln, da sie einerseits zum Teil umstritten sind, andererseits von der Menge her für die Vermarktung der Metalle meist keine große Rolle spielen. Aus dem gleichen Grund wird hier auch nicht auf biologische und physiologische Aspekte von Metallverbindungen eingegangen, obwohl diese für Leben aller Art eine große Rolle spielen und zum Teil auch in hohen Mengen in Fauna und Flora weltweit vorhanden sind. Nur Selen bildet hier eine Ausnahme, da es tatsächlich auch von der relativen Menge her als essentielles Spurenelement eine bedeutende Rolle spielt.

Die 29 Strategischen Metalle bzw. Sondermetalle in alphabetischer Reihenfolge mit Symbol und Ordnungszahl:

Antimon (Sb, 51), **Beryllium** (Be, 4), **Chrom** (Cr, 24),
Gallium (Ga, 31), **Germanium** (Ge, 32), **Hafnium** (Hf, 72),
Indium (In, 49), **Iridium** (Ir, 77), **Kadmium** (Cd, 48),
Kobalt (Co, 27), **Magnesium** (Mg, 12), **Mangan** (Mn, 25),
Molybdän (Mo, 42), **Niob** (Nb, 41), **Osmium** (Os, 76),
Quecksilber (Hg, 80), **Rhenium** (Re, 75), **Rhodium** (Rh, 45),
Ruthenium (Ru, 44), **Selen** (Se, 34), **Silizium** (Si, 14),
Tantal (Ta, 73), **Tellur** (Te, 52), **Titan** (Ti, 22), **Uran** (U, 92),
Vanadium (V, 23), **Wismut** (Bi, 83), **Wolfram** (W, 74),
Zirkonium (Zr, 40).

Ein Teil dieser Metalle wird in Keramikverbindungen eingesetzt. Die meisten Keramiken sind von alters her Silicate. Die Ansprüche an Keramiken hinsichtlich Hitzebeständigkeit, Härte und thermische Leitfähigkeit sind in unserer High-Tech-Welt natürlich immer weiter gestiegen. Mittlerweile gibt es die UHTCs (Ultra-High-Temperature-Ceramics), meist Carbide bzw. Boride. Ein Gemisch aus Tantalcarbid und Hafniumcarbid gilt als der Werkstoff mit dem höchsten Schmelzpunkt, unglaubliche 4215 °C!

Boride haben einen etwas niedrigeren Schmelzpunkt, allerdings eine hohe Wärmeleitfähigkeit. Zirkoniumdiborid und Hafniumdiborid gelten als die wichtigsten Vertreter dieser Werkstoffgruppe. Eingesetzt werden sie beispielsweise in der Auskleidung von Wärmetauschern. Eine andere interessante Verwendung finden sie in der Weltraumfahrt für den Schutz von Bauteilen für den Wiedereintritt in die Erdatmosphäre. Hier ist schnelle Wärmeableitung bei gleichzeitiger Hitzebeständigkeit gefragt.

Die Metalle unter Anlagegesichtspunkten

Die Metalle sind nicht alle als Wertanlage oder für Spekulationen interessant, schon gar nicht in physischer Form. Erstens gibt es keine nur als Wertanlage gedachte Handelsform wie Barren oder Münzen bei Anlagemetallen, zweitens ist bei einigen Metallen der Markt so eng, dass aufgrund des wenigen vorhandenen Materials ohnehin nur einige wenige Hersteller und Verbraucher Marktteilnehmer sind.

Es gibt bisher noch nicht sehr viele Möglichkeiten, in Strategische Metalle zu investieren. Man hat die Möglichkeit, direkt Aktien von Minenunternehmen bzw. Produzenten zu erwerben oder sich an entsprechenden Fonds zu beteiligen. Diese beinhalten meist auch Aktien von Minen anderer Rohstoffe.

Im Kapitel 13 »Internetadressen« finden Sie Anbieter, auch Produzenten und Minenbetreiber, falls Sie an Aktien solcher Unternehmen interessiert sein sollten.

Somit gibt es auch nur wenige Indizes.

Von Standard & Poor's gibt es einen Global Rare Mining Index, der folgende Bergbaugesellschaften, die aber keine Weiterverarbeiter sind, auflistet:

Titanium Metals Corp USA	Titan	15,00 %
Sumitomo Titan Corp. Japan	Titan	11,44 %
China Molybdenum Co. Ltd. China	Molybdän	9,42 %
Minara Resources Ltd. Australien	Kobalt	9,00 %
Toho Titanium Co. Ltd. Japan	Titan	8,03 %
Thompson Creek Metals Co. Inc. Kanada	Molybdän	7,34 %
Equinox Minerals Ltd. Kanada	Kobalt	7,13 %
Katanga Mining Ltd. Kanada	Kobalt	5,69 %
RTI International Metals Inc. USA	Titan	5,58 %
Central African Mining & Expl. Großbritannien	Tantal/Kobalt	4,57 %
Northern Dynasty Minerals Kanada	Molybdän	4,47 %
Iluka Resources Ltd. Australien	Titan	4,17 %
Sally Malay Mining Ltd. Australien	Kobalt	3,38 %
Brush Engineered Materials Inc. USA	Beryll	2,75 %
Taseko Mines Ltd. Kanada	Molybdän	2,03 %

Geographisch sind sie wie folgt aufgestellt:

12,74 %	Australien
29,75 %	Nordamerika
22,50 %	Asien ex China
8,91 %	Europa
15,25 %	Afrika
9,42%	China
1,43 %	Südamerika

Auch von Standard & Poor's gibt es den SGI Molybdenum Total Return Index (MOLEX), der folgende Produzenten ausschließlich von Molybdän enthält:

Teck Cominco Ltd-CL B Kanada	20,00 %
Grupo Mexico SAB DE CV-SER B Mexiko	20,00 %
Southern Copper Corp. USA	20,00 %
China Molybdenum Co. Ltd-H China	14,30 %
Thompson Creek Metals Co. Inc. Kanada	12,09 %
Mercator Minerals Ltd. Kanada	3,10 %
Taseko Mines Ltd. Kanada	3,06 %
Northern Dynasty Minerals Ltd. Kanada	2,92 %
General Moly Inc. USA	1,94 %
Amerigo Resouces Ltd. Kanada	0,98 %
Roca Mines Inc. Kanada	0,96 %
Adanac Molybdenum Corp. Kanada	0,65 %

Mit zunehmendem Interesse der Finanzwelt an dem Thema wird es in den nächsten Jahren sicher noch viel mehr Indizes geben.

Über den Zertifikate-Markt, der sich erst langsam entwickelt und mit dessen Hilfe man von der Preisentwicklung profitieren kann, muss man sich in Finanzportalen informieren. In diesem Buch können noch keine Empfehlungen gegeben werden.

Da Metall-Aktien, -Fonds und -Derivate meist in US-Dollar gehandelt werden, ist auf den Kurs zum Euro zu achten. Oft gibt es die Möglichkeit, gegen eine Gebühr währungsgesicherte Anlagen zu zeichnen.

Physisches Investment

Diese Möglichkeit ist relativ neu und vielversprechend. Prinzipiell sind für Investments in physischer Form Metalle interessant, die nicht zu selten sind, aber auch nicht zu häufig vorkommen, die in der Technik und in der Wissenschaft auch künftig benötigt werden und die sowohl in Industrieländern als auch in sogenannten Schwellenländern Zuwachsraten erwarten lassen.

Es sind diese im Wesentlichen:

Gallium, Germanium, Hafnium, Indium, Rhenium, Selen, Tantal, Tellur, Titan, Wismut.

Diese Metalle werden deshalb in den Überschriften in Rot und Großbuchstaben herausgestellt.

Für diese Auswahl wurden neben den zuvor genannten noch einige andere Kriterien zugrunde gelegt, um bei physischen Investments auch die kostengünstige Praktikabilität des Umgangs mit diesen Metallen zu gewährleisten. Denn was nutzt der schönste Wertzuwachs, wenn ein Teil davon beispielsweise durch teure Vorsichtsmaßnahmen bei Lagerung und Transport oder durch großes Lagervolumen vernichtet wird?

Also dürfen die ausgewählten Metalle im Umgang nicht allzu gefährlich sein, d. h. nicht allzu giftig, kaum brennbar, nicht explosibel o. ä. Sie müssen ohne Korrosion oder anderweitige chemische Veränderungen bei kleinem Lagervolumen, also niedrigen Lagerkosten, lange lagerfähig sein.

Für einen zu erwartenden Wertzuwachs ist wichtig: Sie sollten für Zu-kunftstechnologien zwingend erforderlich und nach derzeitigem Stand der Wissenschaft unersetzbar sein. Und letztendlich ist natürlich wichtig, dass sie ein hohes Potenzial für weitere Anwendungen und Entwicklungen haben.

In den Beschreibungen für die einzelnen Metalle werden die Anwendungsmöglichkeiten genannt, die Technologien lassen sich wie folgt zusammenfassen: Automobil, Elektronik, Energiespartechnologien, Luft- und Raumfahrt, Nukleartechnologie, Solartechnologie.

Preisangaben

Folgenden Absatz werden Sie gleichlautend auch in dem folgenden Kapitel »Seltene Erden Metalle, Technologiemetalle II« finden:

Unter den Beschreibungen werden Sie für einige Metalle – nicht für alle – Charts mit Werten finden, die freundlicherweise von dem Handelsunternehmen Tradium GmbH zur Verfügung gestellt wurden. Die Charts stammen deshalb von einem Unternehmen, weil es für einige dieser Metalle zwar Charts im Internet, aber keine Börsen gibt, der Handel sich also direkt zwischen Käufer und Verkäufer abspielt. Aus diesem Grund sind auch die Preisangaben für die Metalle unterschiedlich in Bezug auf Währung, Menge und Preisstellung. Die angegebenen Reinheiten in Prozent entsprechen den üblichen Handelsspezifikationen.

> Währungen können sein $ (US-Dollar), € (EURO) oder RMB (Renminbi, s. »Währung« unter China im Kapitel 3 »Märkte, Börsen und China«)
> Mengen können sein mt oder mtu (Metric Ton Unit = 1 000 kg), kg (Kilogramm) oder lb (Pound, Pfund, entspricht 0,45359237 kg. 1 kg = 2,2046 pounds)
> Die Preisstellung kann sein FOB (Free On Board), CIF (Cost Insurance Freight) oder schlicht EU. FOB und CIF sind Abkürzungen der Incoterms (International Commercial Terms), der Internationalen Handelskammer. Damit wird die Art und Weise von Lieferungen von Gütern international geregelt. Die beiden genannten sind die meist genutzten, sie werden auch für die Außenhandelsstatistik verwendet und zwar FOB für Ausfuhren, CIF für Einfuhren. Wenn also ein Me-

tall aus China eingeführt werden muss, bedeutet FOB, dass die Transportkosten von einem Hafen Chinas zu einem Hafen Europas nicht enthalten sind, bei CIF sind sie es, bei EU ebenfalls. IWH heißt »In Warehouse«, EXW »Ex Works«. Das muss ich nicht übersetzen.

Verpackungen, Verpackungseinheiten und Lieferformen (Barren, Stangen, Stücke, Späne etc.) sind natürlich je nach Handelspartner unterschiedlich, die hier unter Liefer- und Anlageaspekte genannten sind die gängigsten.

Noch eine Information zu Reinheiten: Meist sind sie angegeben in Prozent als Abstufungen von 9 vor und hinter dem Komma. Deshalb kürzt man das in der Metallbranche ab und sagt im Sprachgebrauch beispielsweise zu 99,9 %igem Tantal nur »Dreier Tantal« oder zu 99,999 %igem Gallium nur »Fünfer Gallium« usw. Im Englischen heißt es entsprechend »Three nines fine« bzw. »Five nines fine« oder abgekürzt »3N tantalum« bzw. »5N gallium« etc.

Eigenschaften von Sondermetallen

Innerhalb dieser Metallgruppe gibt es Metalle, die einen besonders hohen Schmelzpunkt oberhalb des Schmelzpunktes von Platin (1772 °C) haben. Diese Metalle nennt man Refraktärmetalle (von lat. refractarius, widerspenstig), sie haben Bedeutung als Abschirmungen, Glühdrähte, Heizleiter etc. und in allen chemischen Anwendungen, die Hitzebeständigkeit erfordern. Sie verfügen meist auch über eine hohe Wärmeleitfähigkeit und hohe elektrische Leitfähigkeit.

Refraktärmetalle sind u. a. Chrom, Hafnium, Molybdän, Niob, Rhenium, Tantal, Titan, Vanadium, Wolfram und Zirkonium.

Bei einigen Metallen findet sich der Begriff Dichteanomalie, der kurz erläutert werden soll. Dichteanomalien finden sich nur bei wenigen Elementen, es sind dies Antimon, Wismut, Gallium, Germanium, Plutonium und Silizium. Sie besagt nichts anderes, als dass ein Stoff in flüssigem Zustand schwerer ist als bei dem Übergang in den festen Zustand, anders ausgedrückt, er dehnt sich in festem Zustand aus.

Am wichtigsten und am leichtesten verständlich aber ist die Dichteanomalie bei Wasser. Wasser hat bei 4 °C seine größte Dichte, deshalb schwimmt Eis oben. Ohne diese Dichteanomalie bei Wasser gäbe es kein Leben in der uns bekannten Form.

Im Kapitel 5 »Das Periodensystem der Elemente« bzw. im Kapitel 7 »Metalle im Vergleich« wurden die wichtigsten Einheiten bereits erklärt, hier finden Sie für die Metalle noch zusätzlich den Massenanteil an der Erdhülle (s. Kapitel 2 »Rohstoffe«) in negativen Prozentzahlen.

Auf den folgenden Seiten will ich die Metalle einzeln vorstellen, wobei auch ein wenig auf interessante Informationen eingegangen wird, die außerhalb von Eigenschaften, Vorkommen und Anwendungen liegen. Wenn dieselben Wissenschaftler bei verschiedenen Elementen und ihrer Entdeckung maßgebend waren, finden Sie mehr biographische Informationen bei einem Metall, bei anderen Metallen wird dann auf dieses Metall hingewiesen.

Aufgeführt sind auch die vier Edelmetalle **Iridium** und **Osmium** (Schwere Platinmetalle) sowie **Rhodium** und **Ruthenium** (Leichte Platinmetalle), die keine Anlagemetalle (s. Erklärung im Kapitel 8 »Edelmetalle, Anlagemetalle«) sind wie Gold, Silber, Platin und Palladium. Deren Märkte sind sehr eng und die Preise können erheblich schwanken. In der Branche werden sie zusammengefasst auch »Kleine Platinmetalle« genannt.

Die Metalle im Einzelnen in alphabetischer Reihenfolge

⇨ Antimon

Der Name geht zurück auf das griechische Anthemon für Blüte, so wurde auch ein Mineral benannt. Die lateinische Bezeichnung Stibium wird auf Vorschlag des schwedischen Chemikers Jöns Jakob Berzelius (1779–1848) in der Abkürzung Sb als Elementbezeichnung genutzt. Berzelius gilt als Vater der modernen Chemie schlechthin, er war es auch, der die Abkürzungen für alle Elemente mit zwei Buchstaben einführte. Er entdeckte außerdem die Elemente Cer (1803, s. Seltenerdmetalle), Lithium (1817, s. Alkalimetalle), Ruthenium (1827, s. u.) und Selen (1817, s. u.). 1837 wurde Berzelius zum Baron geadelt. Der als aufbrausend beschriebene Berzelius war Mitglied in der Königlich Schwedischen Akademie der Wissenschaften, die er in vielen Feldern reformierte.

Abb. 11.1: Jöns Jakob Berzelius

Antimon und Quecksilber (Hg) sind die einzigen Metalle, deren Abkürzungen sich nicht direkt aus dem deutschen Namen ableiten lassen. Antimon ist ein sprödes Metall, das schon in der Bronzezeit als Legierungsmetall genutzt wurde.

Abb. 11.2: Antimon

Die wichtigsten Eigenschaften sind:

Name, Symbol, Ordnungszahl	Antimon, Sb, 51
Massenanteil an der Erdhülle	$6,5 \times 10^{-5}$ %
Dichte	$6,7$ g/cm³
Mohshärte	3
Schmelzpunkt	631 °C
Elektrische Leitfähigkeit	$2,88 \times 10^6$ A / V x m

Antimon hat eine sehr geringe elektrische und thermische Leitfähigkeit. Antimon weist Dichteanomalie auf, ist also in flüssigem Zustand schwerer als im festen. Von Luft und Wasser wird es nicht angegriffen. Antimonverbindungen können giftig sein.

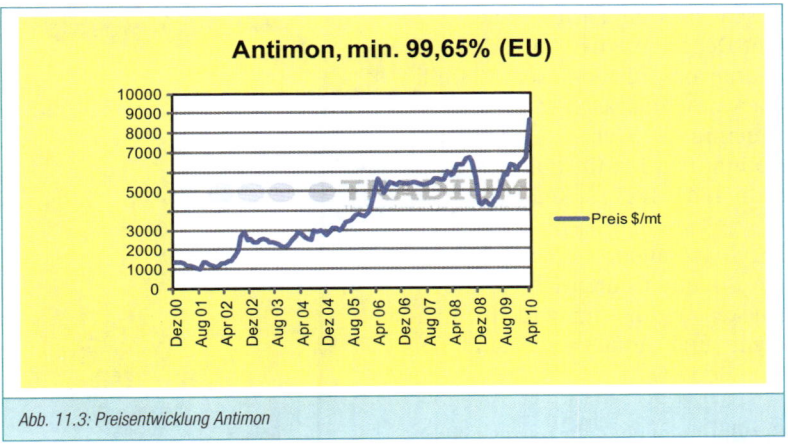

Abb. 11.3: Preisentwicklung Antimon

Vorkommen

Antimon kommt in vielen Mineralien vor. Gewonnen wird es meist aus Stibnit, das man in Südamerika und in China findet.

Anwendungen

Antimon wird meist als Legierungsbestandteil mit Blei, Zinn und Aluminium sowie in Verbindungen verwendet. Als Antimonsulfid und als Antimonoxid hat es viele technische Anwendungen unterschiedlichster Art wie Halbleiter, Lagermetalle, Präzisionsgussteile etc.

➲ Beryllium

Beryllium ist benannt nach dem Mineral Beryll, woraus es zunächst 1798 von dem französischen Chemiker Louis-Nicolas Vauquelin (1763–1829), der auch das Chrom entdeckte, extrahiert wurde. Vauquelin war Chemieprofessor in Paris und betätigte sich dort auch politisch als Deputierter seines Heimat-Départements Calvados. Er nannte das Element seines süßlichen Geschmacks wegen zunächst Glucinium. Der Name Beryll stammt von Martin Heinrich Klaproth (1743–1817, s. Tellur).

Abb. 11.4: Berryllium

Beryll ist auch Namensgeber für die Brille, da durchsichtige Beryllstücke vergrößernd wirken. Smaragde und Aquamarine sind farbige Berylle.

Beryllium ist ein sehr hartes Leichtmetall mit einem außergewöhnlich hohen Schmelzpunkt, hohem Elastizitätsmodul, hoher Schwingungsdämpfung und außergewöhnlichen

Abb. 11.5: Louis Nicolas Vauquelin

atomaren Eigenschaften. Es ist speziell in Pulverform hochgiftig und krebserregend.

Die wichtigsten Eigenschaften sind:

Name, Symbol, Ordnungszahl	Beryllium, Be, 4
Massenanteil an der Erdhülle	5×10^{-4} %
Dichte	1,848 g/cm³
Mohshärte	5,5
Schmelzpunkt	1278 °C
Elektrische Leitfähigkeit	$31,3 \times 10^6$ A / V x m

Vorkommen

Beryllium kommt in vielen verschiedenen Mineralien vor, die Gewinnung ist aufwendig. Zu finden ist es in Äquatornähe in Südamerika, USA, Indien und Afrika vor. Die Jahresproduktion liegt bei etwa 100 Tonnen.

Anwendungen

Beryllium ist teuer und giftig. Also sind die Anwendungen meist auf Legierungen beschränkt. Bei Aluminium im Flugzeugbau wird die Festigkeit verbessert, Kupfer wird elastischer und fester und ist damit besser für Oberleitungen geeignet. Als reines Metall wird Beryllium aufgrund seiner neutronenbremsenden Eigenschaft in der Kernkraft eingesetzt. Beryllium war auch enthalten in der Atombombe, die 1945 Hiroshima zerstört hat.

⮑ Chrom

Chrom wurde als Element erst 1797 von Louis-Nicolas Vauquelin (1763–1829), der auch das Beryllium (s.o.) entdeckte, aus einem Mineral extrahiert. Den Namen hat es von dem griechischen Chroma, Farbe, weil Chromsalze viele Farben aufweisen können.

Die wichtigsten Eigenschaften sind:

Name, Symbol, Ordnungszahl	Chrom, Cr, 24
Massenanteil an der Erdhülle	$1,9 \times 10^{-2}$ %
Dichte	$7,14$ g/cm³
Mohshärte	8,5
Schmelzpunkt	1857 °C
Elektrische Leitfähigkeit	$7,74 \times 10^{6}$ A / V x m

In der Kunstgeschichte spielt das brillante Pigment Chromgelb eine große Rolle, mit dem u. a. die berühmten Sonnenblumenbilder von Vincent van Gogh gemalt sind. Es war auch Grundlage für das »Postgelb«, der Farbe der Post. Chromgelb kommt in den Wappenfarben der Familie von Thurn und Taxis vor, die früher das Postmonopol innehatte. Da Gelb häufig die Farbe Gold vertritt, fand das leuchtstarke Chromgelb auch hierfür gerne Verwendung.

Chrom ist ein weiß glänzendes sehr hartes Schwermetall, das in seiner Reinform ungiftig ist. Das früher in der Galvanotechnik und in Holzschutzmitteln verwendete Chromtrioxid dagegen ist giftig und krebserregend.

Vorkommen
Chrom wird im Tagebau als Chromit abgebaut und daraus in mehreren Verfahrensschritten aufwendig gewonnen. Metallisches Chrom kommt nur sehr selten vor. Hauptlieferanten sind Südafrika, Indien und Kasachstan.

Anwendungen
Die bekannteste Verwendung ist das Verchromen, also das Aufbringen einer Verschleißschutzschicht auf Stahl, Gusseisen, Kupfer und Aluminium. Chrom wird aber auch als Legierungsbestandteil in nichtrostenden Stählen und als Katalysator eingesetzt. Leder wird u. a. mit Chrom gegerbt.

Noch aus Kassettenrekorder- und Walkman-Zeiten jedem bekannt: Chromdioxid wird bei Magnetbändern als höherwertige Alternative zu Eisenoxidbändern eingesetzt.

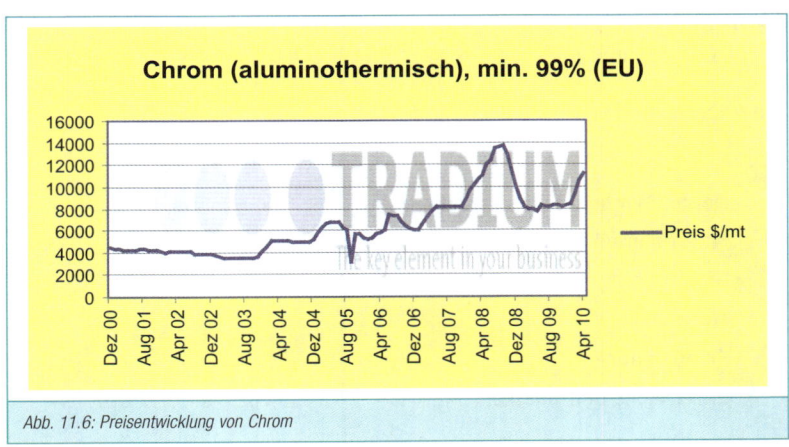

Abb. 11.6: Preisentwicklung von Chrom

⇨ GALLIUM

Gallium ist ein sehr seltenes, hellblau schimmerndes Metall mit seltsamen, widersprüchlichen Eigenschaften. Es wurde 1875 von dem französischen Physiker und Chemiker Paul Emile Lecoq de Boisbaudran (1838–1912, s. auch Kapitel 12, »Seltene Erden Metalle«) entdeckt und nach Gallien benannt, lateinisch für Frankreich. Andere Quellen behaupten, er hätte es nach seinem Namen Le coq, der Hahn, lateinisch Gallus benannt.

Gallium hat eine sehr niedrige Schmelztemperatur (Handwärme), aber eine sehr hohe Siedetemperatur. In Legierungen, beispielsweise

Abb. 11.7: Gallium

mit Indium, können sogar Schmelzpunkte unterhalb von 5 °C erreicht werden. Es ist weich, bei plötzlicher mechanischer Bearbeitung splittern aber feste Stücke ab. Es bleibt auch unter seinem Schmelzpunkt zunächst flüssig, erst durch einen Kristallisationskeim verflüssigt es sich. Es hat in flüssigem Zustand eine höhere Dichte als in festem Zustand, genannt Dichteanomalie.

Die wichtigsten Eigenschaften sind:

Name, Symbol, Ordnungszahl	Gallium, Ga, 31
Massenanteil an der Erdhülle	1×10^{-3} %
Dichte	$5{,}904$ g/cm³
Mohshärte	1,5
Schmelzpunkt	29,76 °C
Elektrische Leitfähigkeit	$6{,}78 \times 10^{6}$ A / V x m

Gallium löst Aluminium, muss also vor allem in Flugzeugen entsprechend gesichert transportiert werden.

Vorkommen
Gallium kommt immer zusammen mit anderen Elementen vor, meistens in Bauxit zusammen mit Aluminium und Zink. Insofern ist Gallium ein Begleitmetall bei der Aluminium- und Zinkgewinnung. Der Galliumanteil in Bauxit liegt bei nur 0,1 %. Gewonnen wird Gallium hauptsächlich in den USA, Kasachstan, Australien, Indien und Afrika. Die Weltjahresproduktion lag 2007 bei ca. 100 Tonnen, davon 20 Tonnen aus Galliumschrotten.

Anwendungen
Gallium ist ungiftig und wird daher als nicht flüchtiger Ersatz für Quecksilber eingesetzt, wo wirtschaftlich möglich, da es sehr viel teurer ist. Hauptsächlich dient es aber für viele Anwendungen in der Hochtechnologie in Verbindungen für Leuchtdioden, Transistoren, Solarzellen und Optoelektronik. In der Computertechnik wird es zusammen mit Indium

als Wärmeleitpaste, also zur Kühlung, eingesetzt. In der Dentaltechnik ist es Legierungszusatz, in der Nuklearmedizin wird es in der Diagnostik verwendet.

Studien zeigen, dass Galliumverbindungen als Medikamente gegen Osteoperose eingesetzt werden können.

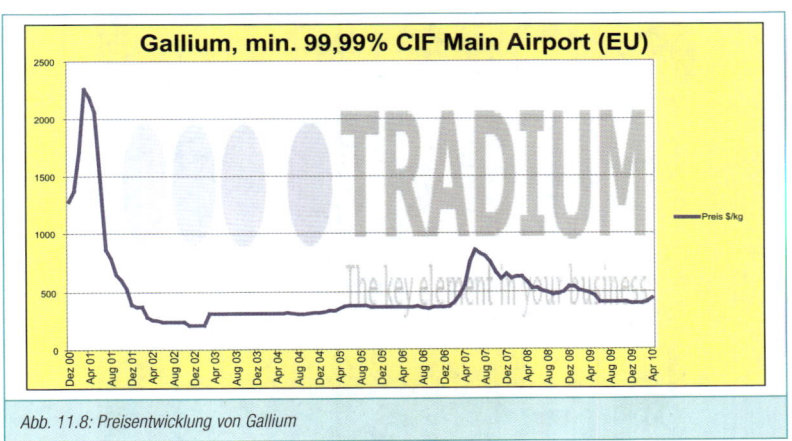

Abb. 11.8: Preisentwicklung von Gallium

Liefer- und Anlageaspekte
Die weltweite Kapazität zur Herstellung liegt bei etwa 280 Tonnen. Im Recycling führend sind die USA, Deutschland, Japan und Großbritannien.

Im Handel sind Reinheiten bis 99,9999 % möglich, üblich sind 99,99 %, verpackt in PE-Flaschen zu 1 oder 2 Kilogramm. Gallium wird als eines der ersten Metalle weltweit knapp werden. Bis 2030 wird sich der Bedarf versechsfachen.

➲ GERMANIUM

Germanium wurde von dem deutschen Chemiker Clemens Winkler (1838–1904) 1886 erstmals in einem Silbererz aus einer Grube in Sachsen nachgewiesen und nach Deutschland, Germania, benannt. Dimitri Mendelejew, den er 1894 erstmals traf, hatte die Existenz des Elements vorhergesagt. 1920 wurde zwar im heutigen Namibia das erste reichere Germaniumvorkommen entdeckt, aber erst 1941 in den USA das erste reine Germanium gewonnen.

Abb. 11.9: Denkmal von Clemens Winkler in Freiberg

Abb. 11.10: Germanium

Die wichtigsten Eigenschaften sind:

Name, Symbol, Ordnungszahl	Germanium, Ge, 32
Massenanteil an der Erdhülle	6×10^{-4} %
Dichte	$5,323$ g/cm³
Mohshärte	6
Schmelzpunkt	938,3 °C
Elektrische Leitfähigkeit	1,45 A / V x m

Germanium ist ein sehr sprödes Metall und in Salzsäure und Schwefelsäure bei Raumtemperatur nicht löslich. Es ist sehr korrosionsbeständig und weist wie Gallium eine Dichteanomalie auf, wiegt also in festem Zustand weniger als in flüssigem Zustand. Es hat eine sehr geringe elektrische Leitfähigkeit.

Vorkommen
Germanium ist zwar weit verbreitet, kommt aber in Erzen nur in geringen Konzentrationen vor. Germanium ist ein Begleitmetall in Kupfer-, Blei- und Zinkerzen. Die Hauptvorkommen liegen in Afrika im Kongo. 2004 belief sich die Germaniumproduktion auf nur ca. 50 Tonnen, 35 % davon entstammen dem Recycling.

Anwendungen
Germanium findet Verwendung als Halbleiter in der Elektronik, in Solarzellen und in optischen Gläsern für Nachtsichtgeräte und Infrarotkameras. In vielen Anwendungen als Halbleiter, Transistoren beispielsweise, wurde Germanium von dem preiswerteren Silizium ersetzt. In Verbindung mit Gold setzt es dessen Schmelzpunkt herab, in Verbindung mit Aluminium erhöht es dessen Härte.

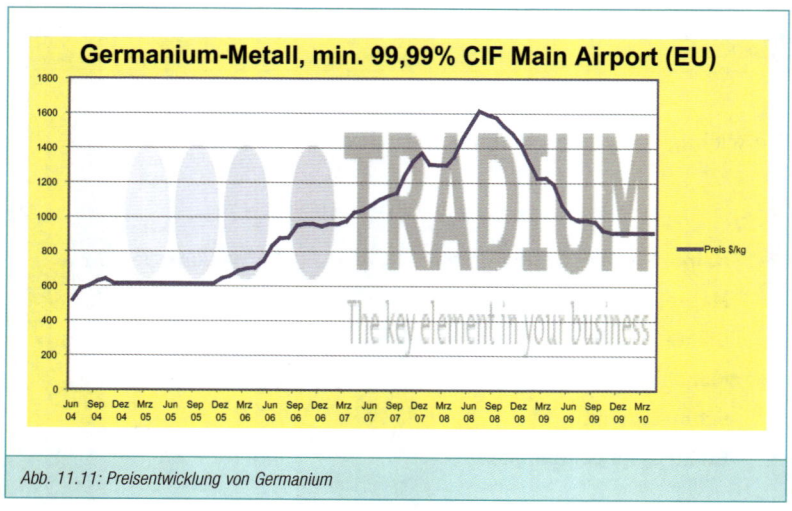

Abb. 11.11: Preisentwicklung von Germanium

Liefer- und Anlageaspekte

Germanium ist etwa dreimal teurer als Gallium. Geliefert wird es mit einer Reinheit von 99,999 % in Barren oder Stücken zu 1–2 kg.

➲ Hafnium

Hafnium ist eines der zuletzt entdeckten Elemente, von dessen Existenz Wissenschaftler, u. a. Niels Bohr, schon vorher durch Berechnungen in Verbindung mit dem Periodensystem überzeugt waren. Erst 1922 wurde es in Kopenhagen von dem ungarischen Chemiker George Charles de Hevesy (1885–1966) gemeinsam mit dem niederländischen Physiker Dirk Coster (1898–1950) aus zirkoniumhaltigem Mineral isoliert. Hafnium ist benannt nach dem lateinischen Namen für Kopenhagen, Hafnia.

Abb. 11.12: George de Hevesy

De Hevesy ist einer der Begründer der Radiochemie. Mit seinem Namen ist folgende Geschichte verbunden:

Nachdem der Nationalsozialismuskritiker Carl von Ossietzky 1935 den Friedensnobelpreis erhalten hatte, wurde Deutschen das Tragen oder Annehmen von Nobelpreisen verboten. Daraufhin vertrauten die deutschen Physiker und Nobelpreisträger von Laue und Franck ihre Medaillen dem dänischen Physiker und Nobelpreisträger Niels Bohr an, der sie nach Kopenhagen brachte und um sie vor deutscher Konfiszierung zu retten. 1940 allerdings besetzten deutsche Truppen Kopenhagen und George de Hevesy löste die beiden goldenen Nobelpreismedaillen in Königswasser auf, um sie erneut vor Beschlagnahme zu schützen. Nach Kriegsende extrahierte de Hevesy das Gold und gab es der Königlichen Schwedischen Akademie der Wissenschaften, die daraus neue Medaillen herstellte und diese wieder den Herren von Laue und Franck überreichte. 1943, also noch zu NS-Zeiten, erhielt de Hevesy selbst den Chemie-Nobelpreis.

Abb. 11.13: Hafnium

Hafnium ist ein weiches Schwermetall, das sich gut walzen und schmieden lässt. Es ist in seinen chemischen, nicht aber seinen physikalischen Eigenschaften dem Zirkonium ähnlich. Hafnium ist ein Elektronenfänger, Zirkonium dagegen ist durchlässig. Hafnium ist sehr korrosions- und säurefest.

Die wichtigsten Eigenschaften sind:

Name, Symbol, Ordnungszahl	Hafnium, Hf, 72
Massenanteil an der Erdhülle	$4,9 \times 10^{-4}$ %
Dichte	13,31 g/cm³
Mohshärte	5,5
Schmelzpunkt	2233 °C
Elektrische Leitfähigkeit	$3,12 \times 10^{6}$ A / V x m

Vorkommen

Hafnium kommt nicht gediegen vor, sondern nur in Zirkonium-Mineralen. Die wichtigsten Lagerstätten befinden sich in Südafrika und Australien. Hafnium muss in aufwendigen Verfahren von Zirkonium abgetrennt werden.

Anwendungen

Hafnium ist selten und teuer. Damit sind seine Anwendungen auf Hochtechnologie begrenzt. In Legierungen mit Niob, Molybdän und Wolfram werden sehr hohe Schmelzpunkte und Festigkeiten erzielt. Außerdem wird es eingesetzt als Steuerstabmaterial in Kernreaktoren zur Regulierung der Kettenreaktion. In der Lasertechnologie wird Hafnium in Laserköpfen eingesetzt. Zunehmend spielt Hafnium auch in der Halbleitertechnik eine Rolle.

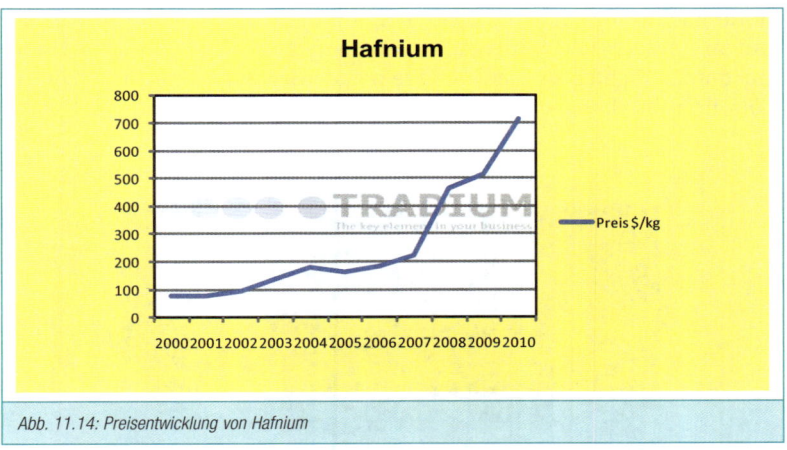

Abb. 11.14: Preisentwicklung von Hafnium

Liefer- und Anlageaspekte

Hafnium wird immer mit einem mehr oder weniger großen Anteil an Zirkonium gehandelt. Die Reinheit für beide Anteile zusammen ist 99,9 %, der Zirkoniumanteil meistens bis zu 2,5 %. Für die Nuklearindustrie gibt es auch Sonderformen mit 0,3 %. Die Weltjahresproduktion schätzt man auf 50–70 Tonnen. In einer aufsehenerregenden Presseerklärung hat Intel, der Weltmarktführer bei Halbleitern, neue Prozessoren auf Basis von Hafnium anstelle des seit über vierzig Jahren verwendeten Siliziums vorgestellt. Auf einem Hafnium-Chip lassen sich mehr Transistoren unterbringen, er spart somit Strom.

Hafnium wird üblicherweise geliefert in Stücken in 50 kg-Fässern mit einer Reinheit von 99,9 % Hf + Zr und max. 2,5 % Zirkonium.

➲ INDIUM

Indium wurde 1863 von den deutschen Chemikern Ferdinand Reich (1799–1882) und Theodor Richter (1824–1898) entdeckt, und zwar durch eine unerwartete indigoblaue Spektrallinie bei der Untersuchung einer Probe. Dieses neue Element konnte dann extrahiert werden und wurde nach seiner Spektralfarbe Indigo Indium genannt. Reich war außerdem Physiker und führte Fallexperimente zum Nachweis der Erdrotation durch. Richter war an der Freiberger Bergakademie Professor für »Lötrohrprobierkunst«, ein Verfahren zur Spektralanalyse.

Abb. 11.15 : Gedenktafel für Ferdinand Reich

Die wichtigsten Eigenschaften sind:

Name, Symbol, Ordnungszahl	Indium, In, 49
Massenanteil an der Erdhülle	1×10^{-5} %
Dichte	7,31 g/cm³
Mohshärte	1,2
Schmelzpunkt	156,6 °C
Elektrische Leitfähigkeit	$12,5 \times 10^{6}$ A / V x m

Indium ist ein sehr weiches Schwermetall, weicher als Blei. Auch sein Schmelzpunkt ist niedriger. Es ist aber nicht toxisch. Ähnlich wie bei Zinn der »Zinnschrei« hört man beim Verbiegen eines Indiumstabes ein knisterndes Geräusch. Flüssiges Indium hinterlässt auf Glas ähnlich wie Gallium eine dauerhafte Benetzung.

Abb. 11.16: Indium

Vorkommen
Indium findet man hauptsächlich in Zink- und Kupfererzen in Australien, Südamerika, Russland, Afrika und USA. Die Gewinnung ist sehr aufwendig. Indium zählt wegen hoher Nachfrage und geringem Angebot zu den knappsten Rohstoffen der Welt. Heute ist der größte Indiumproduzent China. Das wichtige Recycling übertrifft mittlerweile die Primärproduktion aus Lagerstätten.

Indium wird meist gemeinsam mit dem Hauptmetall Zink gefördert. Das kann zu einem Problem werden, weil eine große Nachfrage nach Indium keine große Nachfrage nach Zink begleiten muss.

Anwendungen

Indium wird verwendet in Kernreaktoren, als Lot für Halbleiter und als Ersatz für das giftige Blei, wo das möglich und wirtschaftlich vertretbar ist. In der Nanotechnologie spielen Indiumverbindungen eine große Rolle. Eine Hauptanwendung findet es als Indiumzinnoxid in Flachbildschirmen, Touchscreens und Solarzellen. Beschichtungen von Dünnschicht-Solarzellen bestehen hauptsächlich aus Indium.

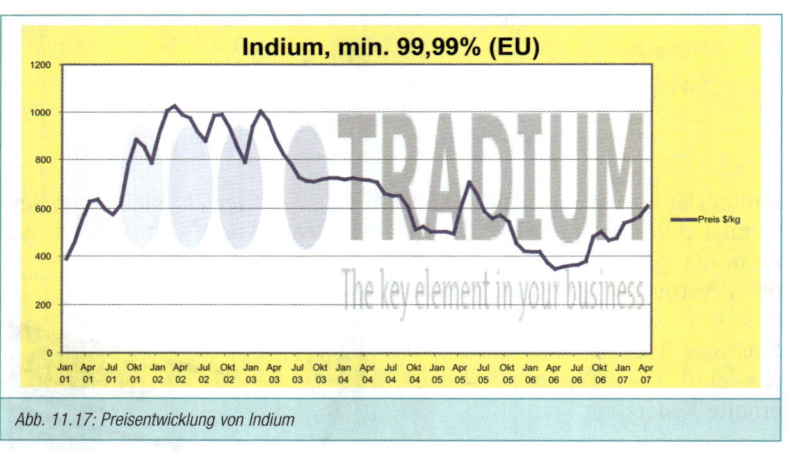

Abb. 11.17: Preisentwicklung von Indium

Diese Anwendungen sind der Hauptgrund für die Preisexplosion innerhalb weniger Jahre. Eine neue Anwendung könnte sich für die Wasserstofferzeugung für Brennstoffzellen ergeben. Forschungen haben erste Resultate mit einem komplexen Werkstoff erzielt, der Indium enthält. Indium wird wegen seiner Ungiftigkeit auch in niedrig schmelzenden Legierungen eingesetzt.

Die heute bekannten Reserven reichen rechnerisch bei gleicher Produktion und gleichem Verbrauch nur noch sechs Jahre.

Liefer- und Anlageaspekte

Unter allen Strategischen Metallen hat Indium eine Sonderstellung, weil es für eine Vielzahl von Anwendungen in heutigen Technologien in relativ großen Mengen benötigt wird, andererseits die Mengen stark begrenzt sind.

Die derzeitige Jahresproduktion beträgt rund 500 Tonnen, benötigt werden aber jetzt bereits 900 Tonnen. Indium kann in hohen Reinheiten von 99,99999 % geliefert werden. Üblich sind aber 99,99 % in der Handelsform Barren zu 0,5 kg oder 1 kg.

⊃ Iridium

Das Element Iridium wurde 1803 zusammen mit Osmium von dem britischen Chemiker Smithson Tennant (1761–1815) als Verunreinigung in Platin entdeckt. Tennant stellte gemeinsam mit William Hyde Wollaston (1766–1828, s. Rhodium) auch fest, dass Diamant reiner Kohlenstoff ist. Später kam Tennant durch einen Reitunfall um.

Benannt wurde das Element Iridium nach dem griechischen Wort Iris, deutsch »Regenbogen«, was sich aus der Farbvielfalt seiner Verbindungen herleitet. Iridium ist seltener als Gold und Platin und gehört zu den schweren Platinmetallen.

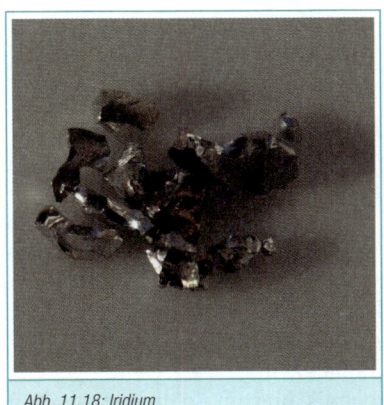

Abb. 11.18: Iridium

Iridium hat die zweithöchste Dichte aller Elemente und den zweithöchsten Schmelzpunkt unter den Platingruppenmetallen (PGM). Iridium hat eine hohe Festigkeit und Härte, weshalb eine Umformung nur bei hohen Temperaturen, etwa 1100–1500 °C, erfolgt. Eine Bearbeitung, zum Beispiel Drehen und Fräsen, ist aufgrund der Sprödigkeit des Metalls praktisch nicht möglich. Gegen Korrosion wird Iridium als beständigstes Metall bezeichnet: gegen Säuren, inklusive Königswasser, ist es resistent.

Vorkommen

Die einzigen Vorkommen des seltensten Edelmetalls Iridium mit wirtschaftlicher Bedeutung sind die edelmetallhaltigen Nickel-/Kupfersulfid-Erze des Bushveld Complex in Südafrika. Hier findet es sich unter anderem auch gediegen in Legierung mit Osmium als Iridosmium (ca. 70 % Iridium). Sekundäre Quellen von Iridium im Recycling sind vor allem die Aufarbeitung verbrauchter Reforming-Katalysatoren, in denen Iridium neben Platin als Promotor enthalten sein kann.

Die wichtigsten Eigenschaften sind:

Name, Symbol, Ordnungszahl	Iridium, Ir, 77
Massenanteil an der Erdhülle	1×10^{-7} %
Dichte	22,56 g/cm³
Mohshärte	6,5
Schmelzpunkt	2466 °C
Elektrische Leitfähigkeit	$19,7 \times 10^6$ A / V x m

Anwendungen

Iridium wird als Bestandteil in Legierungen mit den restlichen Platingruppenmetallen, vornehmlich mit Platin selbst, verwendet. Iridium verleiht den Legierungen eine höhere Härte und Korrosionsbeständigkeit. Bauteile und Halbzeuge aus Platin-Iridium-Legierungen werden zum Beispiel für die chemische Industrie, die Raumfahrttechnik sowie für Zündkerzenelektroden hergestellt. Das Urkilogramm und das Urmeter in Paris sind Platin-Iridium-Legierungen. Wegen der ausgezeichneten Körperverträglichkeit gibt es vielfältige Platin-Iridium-Produkte für die Medizintechnik und im Schmuckbereich für stark beanspruchte Teile. Aufgrund der Temperaturstabilität und der hohen Korrosionsbeständigkeit des Metalls werden Teile für Hochtemperaturanwendungen aus Iridium gefertigt. Iridium-Gamma-Strahlungsquellen werden in Kernreaktoren aktiviert und dienen der Materialuntersuchung. Iridium-Katalysatoren werden in Satelliten- und Raketentriebwerken eingesetzt.

➲ Kadmium

Kadmium oder Cadmium wurde 1817 unabhängig voneinander von den deutschen Physikern Friedrich Stromeyer (1776–1835) und Carl Samuel Leberecht Hermann (1765–1846) entdeckt. Der Name leitet sich ab von Kadmeia, griechisch für Galmei, Zinkerz. In der Botanik findet sich der Name Galmeipflanze für Arten, die gut mit Böden zurechtkommen, die durch Schwermetall belastet sind. Kadmium ist ein seltenes Element, der Name wurde aber schon im Mittelalter für Zink benutzt. 1942 wurde Cadmium für Kontrollstäbe im ersten Atomreaktor verwendet.

Abb. 11.19: Kadmium

Stromeyer analysierte viele Minerale, eines ist nach ihm benannt. Hermann gewann aus Salinenabfällen Kalium- und Magnesiumsalze sowie Salzsäure und vertrieb diese mit seiner Firma Hermania.

Die wichtigsten Eigenschaften sind:

Name, Symbol, Ordnungszahl	Cadmium, Cd, 48
Massenanteil an der Erdhülle	3×10^{-5} %
Dichte	8,65 g/cm³
Mohshärte	2
Schmelzpunkt	321 °C
Elektrische Leitfähigkeit	$13,8 \times 10^{6}$ A / V x m

Kadmium ist sehr weich und ähnelt in seinen Eigenschaften dem Zink. Wie bei Zinn treten beim Verbiegen Geräusche auf, die bei Zinn Zinnschrei genannt werden. An Luft ist Kadmium beständig, bei höherer Temperatur oxidiert es. Es verbrennt zu dem hochgiftigen Cadmiumoxid. Ähnlich wie Quecksilber und Blei ist auch Kadmium giftig.

Vorkommen

Gediegen kommt Kadmium sehr selten vor. Es wird fast ausschließlich als Nebenprodukt bei der Zinkverhüttung gewonnen, das Verfahren ist abhängig von dem Verfahren für Zink. Als Recyclingmaterial wird es aus alten Kadmiumbatterien gewonnen.

Anwendungen

Seiner Giftigkeit wegen sind die Anwendungen begrenzt. Es wird hauptsächlich in Verbindungen genutzt. Verwendungen sind Rostschutz, Farbpigmente, Schmiermittel, Sensoren, Nickel-Cadmium-Akkus, Lötwerkstoffe usw. Gold bekommt in der Legierung mit Kadmium einen grünlichen Schimmer.

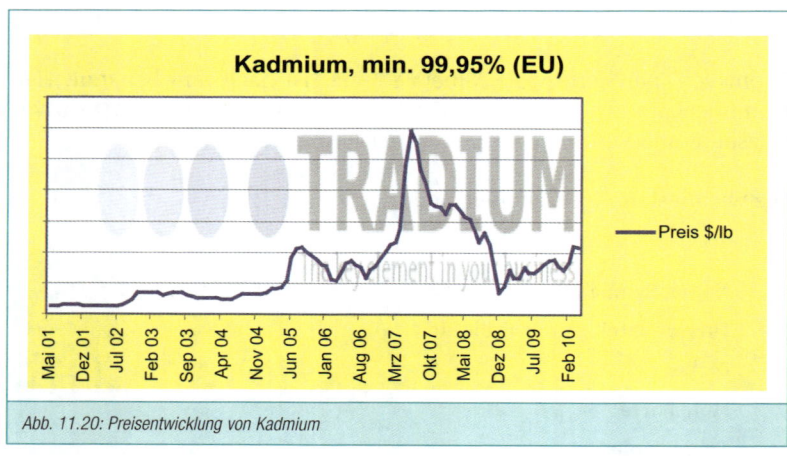

Abb. 11.20: Preisentwicklung von Kadmium

➲ Kobalt

Kobalt oder Cobalt wurde 1735 von dem schwedischen Chemiker Georg Brandt (1694–1768) entdeckt. Kobaltverbindungen wurden schon im Altertum als Farbstoffe (Kobaltblau) genutzt. Das Element Cobalt verdankt seinen Namen genau wie das Element Nickel den Bergleuten des Mittelalters, welche die bösen Erdgeister Kobold und Nickel dafür verantwortlich machten, dass die zugehörigen Erze während des Röstens knoblauchähnliche Gerüche (aufgrund ihres Arsengehaltes) abgaben und aus den Rückständen damals keine wertvollen Metalle gewonnen werden konnten.

Kobalt ist ein zähes Schwermetall, es ähnelt in seinen chemischen Eigenschaften Eisen und Nickel. Es leitet gut Strom und Wärme. Es gibt viele Cobaltisotope, die für Anwendungen wichtig sind.

Abb. 11.21: Georg Brandt

Vorkommen

Kobalt, das in der Natur gediegen nicht vorkommt, ist ein Nebenprodukt bei der Gewinnung von Kupfer und Nickel. Kobalthaltige Erze findet man in Amerika und Australien, wobei es fast immer als Begleiter des Nickels zu finden ist. Der größte Teil der Weltproduktion wird aus kobalthaltigen Kupfererzen gewonnen.

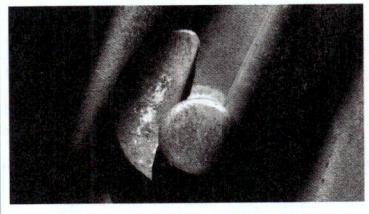

Abb. 11.22: Kobalt

Anwendungen

Seine bedeutendste Anwendung findet das Kobalt in Legierungen. In Stählen und Superlegierungen beispielsweise wird durch das Zulegieren von Kobalt eine Erhöhung der Warmfestigkeit und der Verschleißbeständigkeit erreicht und in Verbindung mit Eisen, Aluminium und Nickel eignet sich das Element zur Herstellung von magnetischen Legierungen für Permantmagnete. In der Glas- und Keramikindustrie werden Cobaltoxide oder -phosphate zur Herstellung von Farbpigmenten verwendet. Als Gamma-Strahler findet das radioaktive Isotop 60Co Anwendung in der Medizin, speziell in der Krebstherapie und bei der Sterilisation, sowie bei der Lebensmittelkonservierung und der Materialprüfung.

Die wichtigsten Eigenschaften sind:

Name, Symbol, Ordnungszahl	Cobalt, Co, 27
Massenanteil an der Erdhülle	37×10^{-6} %
Dichte	$8{,}9$ g/cm³
Mohshärte	5
Schmelzpunkt	1495 °C
Elektrische Leitfähigkeit	$17{,}2 \times 10^{6}$ A / V x m

➲ Magnesium

Magnesium ist eines der häufigsten Elemente. Als Entdecker gilt der schottische Physiker und Chemiker Joseph Black (1728–1799), der 1755 den Unterschied zwischen Calciumcarbonat und Magnesiumcarbonat erkannte, elementares Magnesium aber noch nicht herstellen konnte. Der Erfinder der Dampfmaschine, James Watt, war Assistent und Schüler von Joseph Black und baute auf dessen Untersuchungen des Wasserdampfs auf. Die Herstellung von reinem Magnesium war ein langer Weg und ist verbunden mit Namen und Jahres-

Abb. 11.23: Joseph Black

zahlen wie Humphry Davy (1808), Antoine Bussy (1828), Michael Faraday (1833), Robert Wilhelm Bunsen (1852) und Henri Etienne Sainte-Claire Deville und Henri Caron (1857).

Die wichtigsten Eigenschaften sind:

Name, Symbol, Ordnungszahl	Magnesium, Mg, 12
Massenanteil an der Erdhülle	1,94 %
Dichte	1,738 g/cm³
Mohshärte	2,5
Schmelzpunkt	650 °C
Elektrische Leitfähigkeit	22,7 x 10⁶ A / V x m

Elementares Magnesium ist ein sehr leichtes Metall mit geringer Festigkeit, das sich kalt schwer verarbeiten lässt. Meist wird es gegossen. Es oxidiert schnell an Luft, in Wasser bildet sich Magnesiumhydroxid. Mit Schwefel- und Salzsäure reagiert Magnesium sehr stark, es wird leicht entzündlicher Wasserstoff frei. Generell ist Magnesium leicht entzündlich, als Pulver sogar selbstentzündlich.

Abb. 11.24: Magnesium

Vorkommen
Magnesium kommt nur als Mineral vor. Ein häufiges Mineral, das Dolomit, ist Namensgeber für die Dolomiten, die zu einem großen Teil daraus bestehen. In Wasser gelöst, ist es neben Calcium ein Härtebildner. In Meerwasser findet sich Magnesium in großen Mengen. Die Gewinnung von reinem Magnesium ist sehr energieaufwendig. Der bedeutendste Hersteller ist China.

Anwendungen

Metallisches Magnesium findet überall dort Anwendung, wo seine Entzündlichkeit genutzt werden kann, also beispielsweise in Brandsätzen, Munition, Blitzlichtpulver usw. Magnesiumlegierungen werden zur Gewichtseinsparung genutzt, als Aluminiumzusatz erhöht es dessen Härte. Deshalb findet man Magnesiumlegierungen vor allem im Automobilbau. Dort wird auch eine weitere Eigenschaft geschätzt: Magnesiumlegierungen sind schwingungsdämpfend.

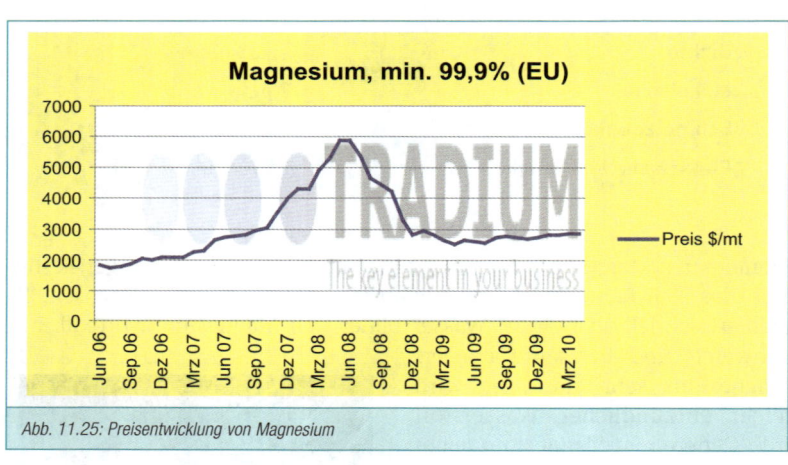

Abb. 11.25: Preisentwicklung von Magnesium

➲ Mangan

Manganverbindungen werden schon seit Tausenden von Jahren von Menschen genutzt, ohne das Metall selbst zu kennen. In Höhlen fand man Manganpigmente in Wandmalereien. Der Chemiker Johann Rudolph Glauber (1604–1670), der auch die abführende Wirkung von Natriumsulfat ent-

Abb. 11.26: Mangan

deckte und damit das nach ihm benannte Glaubersalz, fand im 17. Jahrhundert das Permanganat. 1774 erkannte der deutsch-schwedische Chemiker Carl Wilhelm Scheele (1742–1786), dass in Braunstein ein unbekanntes Metall enthalten sein müsse und im gleichen Jahr gelang es dann dem Schweden Johan Gottlieb Gahn (1745–1818), metallisches Mangan zu isolieren. Gahn verdanken wir auch die Er-

kenntnis, dass das Element Phosphor ein wichtiger Bestandteil von Knochen ist. Mangan ist eine Verkürzung des Begriffs Magnesia, schwarzes Magnesium, um eine Verwechslung zu vermeiden. Das Wort Mangan kommt aus dem Altgriechischen und bedeutet soviel wie »Ich entfärbe wirklich«.

Glauber wurde als erster industrieller Chemiker bezeichnet, der von diesem »Beruf« leben konnte. Er erblindete und erlahmte wahrscheinlich infolge der Vergiftung mit Arsen oder Quecksilber bei seinen Versuchen.

Abb. 11.27: Johann Rudolph Glauber

Scheele wurde in Stralsund geboren, das seit dem Dreißigjährigen Krieg zu Schweden gehörte. Er entdeckte die beiden Hauptelemente der Luft, Stickstoff und Sauerstoff.

Abb. 11.28: Carl Wilhelm Scheele und Johan Gottlieb Jahn

Gahn machte 1770 die für die Medizin wichtige Entdeckung, dass Knochen Phosphor enthalten.

Mangan ist ein hartes und sprödes Schwermetall, das in vielen Eigenschaften dem Eisen ähnelt. Es ist relativ unbeständig und wird von Wasser und verdünnten Säuren angegriffen. An Luft oxidiert es. Mangan ist ein schlechter Stromleiter.

Vorkommen

Mangan ist ein sehr häufiges Element, kommt aber nicht gediegen vor. Es wird aus Erzen in Afrika, Australien, China, Brasilien und Indien gewonnen. Zukünftig interessant für eine Gewinnung können die auf dem Meeresboden in mehreren Tausend Metern Tiefe liegenden Manganknollen sein, die zu ca. 25 % aus Mangan bestehen. Allein im Pazifik vermutet man ca. 100 Millionen Tonnen. Internationale Konsortien haben bereits begonnen, Verfahren zur Förderung zu entwickeln.

Anwendungen

Mangan in reiner Form hat kaum Anwendungen. Fast das gesamte Mangan wird eingesetzt in der Stahlherstellung zur Verbesserung vieler Eigenschaften: Schmelzpunkt, Korrosion, Festigkeit, Härte, Ausdehnung u. a.

Die wichtigsten Eigenschaften sind:

Name, Symbol, Ordnungszahl	Mangan, Mn, 25
Massenanteil an der Erdhülle	0,09 %
Dichte	7,47 g/cm³
Mohshärte	6
Schmelzpunkt	1244 °C
Elektrische Leitfähigkeit	$0,695 \times 10^6$ A / V x m

Manganverbindungen lassen Farben schneller trocknen und werden somit als »Sikkative«, Trocknungsmittel, genutzt.

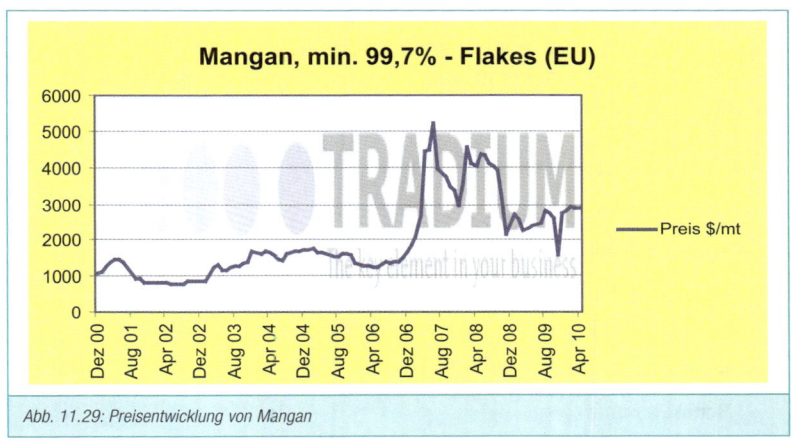

Abb. 11.29: Preisentwicklung von Mangan

➲ Molybdän

Dem deutsch-schwedischen Apotheker und Chemiker Carl Wilhelm Scheele (1742–1786, s. a. Mangan) gelang es 1778, aus Molybdänglanz Molybdäntrioxid herzustellen, aus dem 1782 der schwedische Chemiker Peter Jacob Hjelm (1746–1813) elementares Molybdän gewinnen konnte.

Abb. 11.30: Molybdän

Hjelm war Leiter der königlich schwedischen Münze und der Schwedischen Akademie der Wissenschaften, die heute noch die Nobelpreise für Physik und Chemie verleiht. Molybdän leitet sich ab von dem griechischen Molybdaena, Bleiglanz, mit dem Molybdänglanz lange verwechselt wurde.

Molybdän ist hochfest, zäh, hart und hat einen sehr hohen Schmelz-punkt. Es lässt sich zwar plastisch verformen, wird jedoch bei kleinster Verunreinigung mit Stickstoff oder Sauerstoff spröde. Es lässt sich leicht mit vielen anderen Metallen legieren.

Die wichtigsten Eigenschaften sind:

Name, Symbol, Ordnungszahl	Molybdän, Mo, 42
Massenanteil an der Erdhülle	1×10^{-3} %
Dichte	10,28 g/cm³
Mohshärte	5,5
Schmelzpunkt	2623 °C
Elektrische Leitfähigkeit	$18,7 \times 10^6$ A / V x m

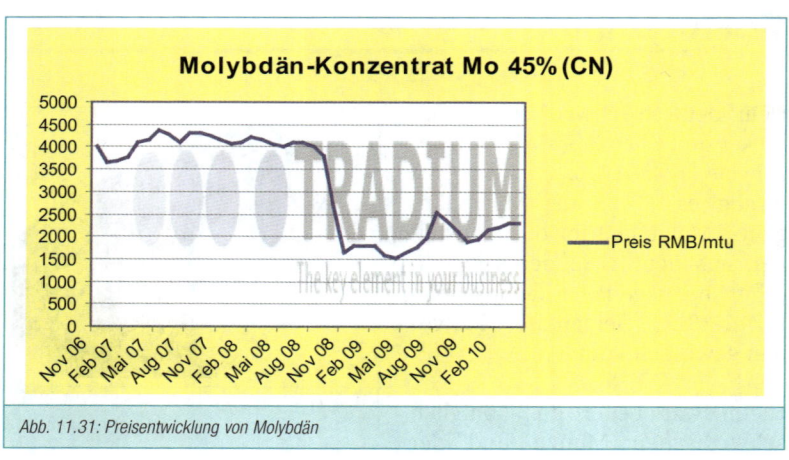

Abb. 11.31: Preisentwicklung von Molybdän

Vorkommen
Elementar kommt Molybdän nicht vor, sondern zumeist als das Mineral Molybdänglanz. Die Hauptmenge jedoch wird aus dem Nebenprodukt Molybdänit im Kupferbergbau gewonnen. Hauptvorkommen finden sich in Nord- und Südamerika, China und Kanada.

Anwendungen

Reines Molybdän ist ein sehr hitzebeständiger Werkstoff für Widerstände, Elektroden und Glühdrähte. Verwendet wird es aber hauptsächlich in Legierungen zur Verbesserung von Festigkeit, Korrosions- und Hitzebeständigkeit und als Katalysator zur Entschwefelung. In beiden Weltkriegen war die Nachfrage zur Herstellung von Waffen wie Kanonenrohre etc. groß, fiel danach aber ab.

Molybdändisulfid ist ein auch bei hohen Temperaturen belastbares Schmiermittel.

⇨ Niob

Niob wurde 1801 von dem englischen Chemiker Charles Hatchett (1765–1847) in England entdeckt. Seine Liebe zur Chemie und zur Mineralogie entwickelte sich während einer Reise nach Sankt Petersburg, als er eine im Kutschbau-Unternehmen seines Vaters gebaute Kutsche für Katharina die Große persönlich ablieferte. Nach vielen Entdeckungen auf dem Gebiet der Mineralogie und Chemie, durch die er Vizepräsident der Royal Institution of Great Britain wurde, zog er sich aus der Naturwissenschaft zurück. Er wurde berühmt als Sammler von Kunst, Büchern, Manuskripten und Musikinstrumenten. Seit 1979 gibt

Abb. 11.32: Heinrich Rose

es den Charles-Hatchett-Preis für besondere Forschungen über Niob. Da Hatchett Niob in einem Columbiterz fand, bezeichnete er das Element, bei dem es sich eigentlich um zwei handelte, als Columbium. Wegen der großen chemischen und physikalischen Ähnlichkeit von Tantal und Niob konnte der deutsche Mineraloge Heinrich Rose (1795–1864) erst 1844 beweisen, dass es sich um verschiedene Elemente handelt. Rose hatte dabei keine Kenntnis von den Arbeiten Hatchetts. Er nannte das Element Niob nach der mythologischen griechischen Figur Niobe, Tochter des Tantalos, wegen der Ähnlichkeit von Niob und Tantal. Erst 1864 gelang dem schwedischen Chemiker Christian Wilhelm Blomstrand (1826–1897) aus Niobchlorid die Reduktion zu metallischem Niob.

Abb. 11.33: Christian Wilhelm Blostrand

Niob ist ein bis 250 °C luftbeständiges, durch eine dünne Oxidschicht sich selbst schützendes, sehr weiches und gut umformbares Metall. Bei Temperaturen über 250 °C reagiert Niob mit Sauerstoff, Stickstoff, Wasserstoff und Kohlenstoff und setzt daher eine Bearbeitung über dieser Temperatur im Vakuum oder unter Schutzgas voraus. Bei einer Temperatur unterhalb 9,46 K ist Niob supraleitend. Es kann leicht Gase aufnehmen, beispielsweise 100 cm³ Wasserstoff auf 1 g Niob.

Die wichtigsten Eigenschaften sind:

Name, Symbol, Ordnungszahl	Niob, Nb, 41
Massenanteil an der Erdhülle	$1,8 \times 10^{-3}$ %
Dichte	8,57 g/cm³
Mohshärte	6
Schmelzpunkt	2477 °C
Elektrische Leitfähigkeit	$6,93 \times 10^{6}$ A / V x m

Vorkommen

Die bedeutendsten Lagerstätten befinden sich in Brasilien (~ 85 %), Kanada, Afrika und Australien. Niob kommt in seinen Mineralien immer verschwistert mit Tantal vor. Daher muss zur Herstellung von Niob das Tantal nach dem Auflösen des Erzkonzentrates durch aufwendige Extraktion abgetrennt werden.

Abb. 11.34: Niob

Anwendungen

Zirka 85 % der Jahresweltproduktion (2006 ca. 55.000 t) werden als Ferroniob zu Bau-, sowie hochwarmfesten Stählen verwendet. Weitere 10 % werden mit Niob und Kobalt zu Superlegierungen für Gasturbinen und Flugzeugtriebwerke verarbeitet. Nur ca. 3–4 % wird als hochreines Metall, Legierung oder Keramik benötigt. Nb_3Sn, eine Niob-Zinn-Verbindung, wird für supraleitfähige Kabel in Hochleistungsmagneten eingesetzt. Bei vielen Anwendungen, die Tantal benötigten, kann mittlerweile das teure Tantal durch das preiswertere Niob ersetzt werden.

➲ Osmium

1804 wurde Osmium zusammen mit Iridium von dem englischen Chemiker Smithson Tennant (1761–1815, s. Iridium) entdeckt, als er Rückstände von in Königswasser aufgelöstem Platin untersuchte. Osmium leitet sich ab von dem altgriechischen Osme für Geruch, da Osmiumtetroxid stechend nach Rettich riecht. Es ist hochgiftig.

Die wichtigsten Eigenschaften sind:

Name, Symbol, Ordnungszahl	Osmium, Os, 76
Massenanteil an der Erdhülle	1×10^{-6} %
Dichte	22,59 g/cm³
Mohshärte	7
Schmelzpunkt	3130 °C
Elektrische Leitfähigkeit	$10,9 \times 10^6$ A / V x m

Osmium ist sehr hart, gehört zu den schweren Platinmetallen und hat von allen Elementen noch vor Iridium das höchste spezifische Gewicht (es ist doppelt so schwer wie Blei!). Osmium hat von allen Platinmetallen den höchsten Schmelzpunkt. Osmium und seine Verbindungen sind giftig.

Abb. 11.35: Osmium

Vorkommen

Osmium ist sehr selten und kommt meist zusammen mit den anderen Platinmetallen vor. Osmium kann gediegen vorkommen, ist aber meist gebunden und findet sich in Kupfer-, Nickel-, Chrom- und Eisenerzen. Die wichtigsten Vorkommen finden sich in Kanada, Russland und Südafrika. Die Gewinnung ist sehr aufwendig, man schätzt die weltweite Produktionsmenge auf gerade einmal 100 kg pro Jahr.

Anwendungen

Der Firmenname »Osram«, bekannt für Glühbirnen, gibt schon einen Hinweis auf die Verwendungsmöglichkeiten. Osram setzt sich zusammen aus den Wörtern Osmium und Wolfram, beide Metalle wurden früher für Glühfäden genutzt. Aufgrund des hohen Preises für Osmium und seiner Giftigkeit ist diese Anwendung heute Wolfram vorbehalten. In der Nukleartechnik werden radioaktive Osmium-Isotope genutzt.

Osmium findet sich nur noch in Platinlegierungen zur Erhöhung der Härte in wenigen Anwendungen für Herzklappen, Abtastnadeln, Füllhalterspitzen usw.

➲ Quecksilber

Quecksilber ist das einzige Metall und neben Brom das einzige Element, das unter Normalbedingungen flüssig ist. Seine hohe Oberflächenspannung sorgt dafür, dass es Unterlagen nicht benetzt, sondern tropfenförmig darauf perlt. Es dehnt sich bei Erwärmung stark aus. Quecksilber bedeutet soviel wie flüssiges, lebendiges Silber (jemand ist quicklebendig!). Es ist seit dem Altertum bekannt, in der griechischen Götterwelt symbolisiert es den Planeten und den Gott Merkur. Daher kommt der englische Name für Quecksilber: Mercury. 1911 wurde von dem niederländischen Physiker und Nobel-

Abb. 11.36: Quecksilber

preisträger Heike Kamerlingh Onnes (1853–1926) mittels Quecksilber das Phänomen der Supraleitung entdeckt. Im Mittelalter galten Quecksilber, Schwefel und Salz als die drei Hauptelemente.

Die Abkürzung Hg leitet sich ab von dem lateinischen »Hydrargyrum«, flüssiges Silber.

Im Sinne von quicklebendig wurde der englische Name Mercury für viele Anwendungen genutzt: als Automarke, als Bootsmotorenmarke, als Windows-Mailserver, als Nähmaschinenmarke, als Hotelmarke, als Weltraumkapseltyp und – wohl am bekanntesten – als Künstlername für den unvergessenen Freddie Mercury.

Die wichtigsten Eigenschaften sind:

Name, Symbol, Ordnungszahl	Quecksilber, Hg, 80
Massenanteil an der Erdhülle	4×10^{-5} %
Dichte	13,55 g/cm³
Mohshärte	ohne, da flüssig
Schmelzpunkt	-38,83 °C
Elektrische Leitfähigkeit	$1,04 \times 10^6$ A / V x m

Quecksilber ist ein Schwermetall, es bildet mit vielen anderen Metallen Amalgame. Es ist flüssig und verdunstet schon bei Raumtemperatur. Insbesondere beim Einatmen wirkt es stark toxisch. Auch viele Verbindungen sind giftig, Quecksilber findet sich ungewollt oft in Nahrungsmitteln. Es ist ca. 13,5-mal schwerer als Wasser, somit schwimmen auch Gegenstände aus schweren Materialien darin, beispielsweise Eisenwürfel.

Vorkommen
Quecksilber kommt auch gediegen vor, hauptsächlich jedoch als Mineral in Zinnober. Dieses findet man in Amerika, Russland, China, Italien und Nordafrika. Die Gewinnung ist relativ einfach. Man lässt Zinnober (HgS),

also eine Verbindung von Quecksilber mit Schwefel, unter Erhitzung mit Sauerstoff reagieren.

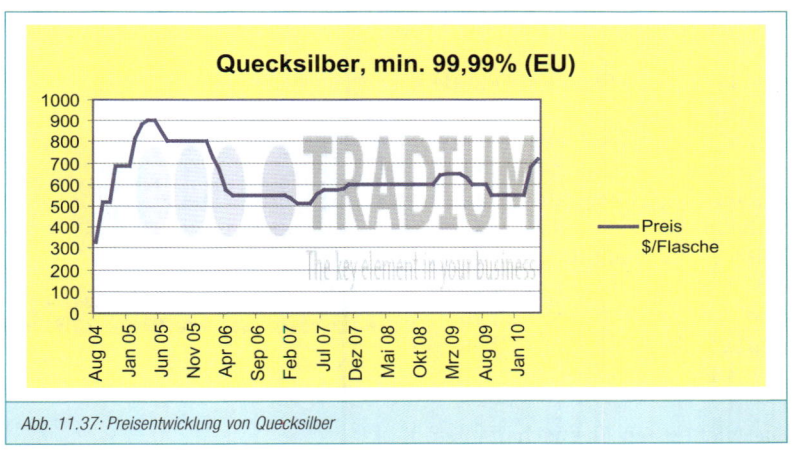

Abb. 11.37: Preisentwicklung von Quecksilber

Anwendungen

Quecksilber hat viele Anwendungen. Es dient in Thermometern und Manometern als Messmedium, als Neigungsschalter in elektrischen Anwendungen, in Quecksilberdampflampen, als Amalgam in Zahnfüllungen, in Batterien usw. Auch in der Goldwäsche wird es zur Abtrennung verwendet, was zu erheblichen Umweltproblemen geführt hat.

➔ RHENIUM

Auch der russische Chemiker Dmitri Iwanowitsch Mendelejew (1834– 1907, mehr finden Sie bei Scandium im Kapitel 12 »Seltene Erden Metalle«) arbeitete an der Systematik der Elemente, die heute als Periodensystem bekannt ist. In diesem Zusammenhang sagte er bereits 1871 die Existenz des Metalls Rhenium voraus. Nachgewiesen als letztes natürliches Element wurde Rhenium erst 1928 von Walter Noddack (1893– 1960), seiner mehrmals vergebens für den Nobelpreis vorgeschlagenen Frau Ida Noddack-Tacke (1896–1978) und Otto Berg (1873–1939). Das

Element wurde nach dem Fluss Rhein (lateinisch Rhenus) benannt. Dieses seltene Übergangsmetall befindet sich zwischen den Refraktärmetallen und den Metallen der Platingruppe in der Mangan-Gruppe des Periodensystems.

Noddack, seine Frau und Otto Berg berichteten auch schon von einem Element namens Masurium (Von »Masuren«, der Heimat Noddacks), dessen Entdeckung aber zunächst nicht anerkannt wurde. Seit 1937 heißt es Technetium (vom altgriechischen Wort für »künstlich«), gehört zu den Übergangsmetallen und war das erste künstlich hergestellte Element.

Abb. 11.38: Rhenium

Die wichtigsten Eigenschaften sind:

Name, Symbol, Ordnungszahl	Rhenium, Re, 75
Massenanteil an der Erdhülle	1×10^{-7} %
Dichte	21,02 g/cm³
Mohshärte	?
Schmelzpunkt	3186 °C
Elektrische Leitfähigkeit	$5,56 \times 10^6$ A / V x m

Rhenium ist ein hartes Metall. Bereits bei leicht erhöhter Temperatur (300 °C) oxidiert Rhenium an Luft. Damit ist die Warmverarbeitung praktisch nicht möglich. Alle Glühungen müssen unter Schutzgasatmosphäre oder Vakuum erfolgen. Rhenium fällt als Nebenprodukt der Molybdängewinnung aus Kupfererzen an. Im Periodensystem liegt Rhenium zwischen dem Refraktärmetall Tantal einerseits und den Platingruppenmetallen Osmium, Iridium und Platin andererseits. Es zeigt typische Eigenschaften beider Metallklassen wie zum Beispiel einen sehr hohen Schmelzpunkt, hohe Dichte sowie einen sehr hohen Elastizitätsmodul.

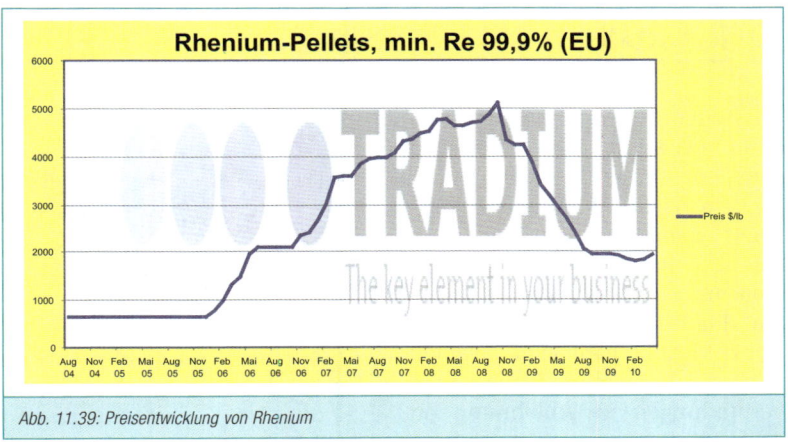

Abb. 11.39: Preisentwicklung von Rhenium

Vorkommen

Die wichtigsten Rhenium-Vorkommen finden sich in Molybdänsulfid-erzen, wobei Chile hier knapp die Hälfte der Weltproduktion (ca. 50 t gesamt in 2006) liefert, gefolgt von den USA und Kasachstan. Rhenium schlägt sich beim Rösten der Molybdänerze in der Flugasche nieder, die in Wäschern aufgefangen wird. Wichtige sekundäre Quellen von Rhenium sind ferner das Recycling gebrauchter Katalysatoren aus der Petrochemie und rheniumhaltige Superlegierungen.

Anwendungen

Rhenium ist ein wichtiges Legierungselement in vielen Werkstoffen für den Hochtemperatureinsatz. Die am höchsten belasteten Turbinenschaufeln in modernen Triebwerken und Gasturbinen bestehen aus Legierungen, die 3–6 % Re enthalten. Etwa gleichwertig in seiner Bedeutung ist die Verwendung als Katalysator bei der Herstellung von Benzin mit hoher Oktanzahl.

Liefer- und Anlageaspekte

Rheniumpulver wird üblicherweise im Sinterverfahren zu 10–20 mm großen Tabletten gepresst und in 10 kg PE-Behältern unter Argon verpackt. Die übliche Reinheit beträgt 99,9 %.

➲ Rhodium

Das seltene Übergangsmetall Rhodium wurde im Jahre 1803 von dem englischen Wissenschaftler William Hyde Wollaston (1766–1828) gemeinsam mit Palladium entdeckt. Rhodium gehört zusammen mit Ruthenium zu den leichten Platinmetallen. Das silberweiße Metall erhielt seinen Namen nach der rosenroten Farbe seiner Verbindungen in Anlehnung an das griechische Wort rhódon (Rose).

Abb. 11.40: Rhodium

Wollaston war Mediziner, Chemiker und Physiker, entdeckte schon 1802 Absorptionslinien im Sonnenspektrum und entwickelte das Refraktometer. Ein Mineral, ein See und ein Mondkrater sind nach ihm benannt.

Die wichtigsten Eigenschaften sind:

Name, Symbol, Ordnungszahl	Rhodium, Rh, 45
Massenanteil an der Erdhülle	1×10^{-7} %
Dichte	12,45 g/cm³
Mohshärte	6
Schmelzpunkt	1964 °C
Elektrische Leitfähigkeit	$23{,}3 \times 10^{6}$ A / V x m

Rhodium ist derzeit das teuerste Edelmetall. Es löst sich nicht in Salz-, Salpeter- und Schwefelsäure sowie in Königswasser. In fester Form ist es ein silberweiß, stark glänzendes Metall mit einem hohen Oberflächenglanz. Das Reflektionsvermögen, die Wärmeleitfähigkeit und die elektrische Leitfähigkeit sind höher als bei den anderen Platingruppenmetallen. Rhodium ist oberhalb 200 °C gut verformbar.

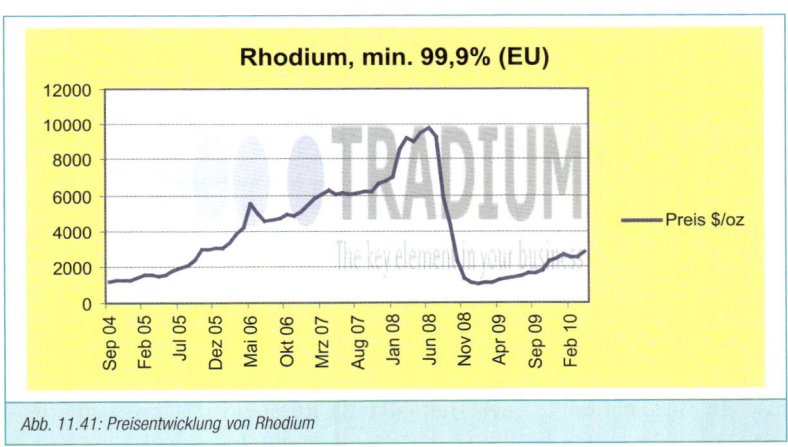

Abb. 11.41: Preisentwicklung von Rhodium

Vorkommen

Mit ca. 85 % der Weltproduktion befinden sich die bedeutendsten Rhodium-Vorkommen in den edelmetallhaltigen Nickel-/Kupfersulfid-Erzen des Bushveld Complex in Südafrika. Von geringerer Bedeutung sind Vorkommen in Russland und Nordamerika. Die im Erz als Chalkogenide oder in Legierung vorliegenden Edelmetalle werden in einem aufwendigen Prozess gewonnen. Wichtige sekundäre Rhodium-Quellen erschließen sich aus dem Recycling von Rückständen aus rhodiumhaltigen Legierungen.

Anwendungen

Rhodium wird vorwiegend als Katalysator eingesetzt. Etwa 90 % der Jahresproduktion an Rhodium werden in der Automobilindustrie für Abgas-Katalysatoren verbraucht. Katalysatornetze aus Platin-Rhodium-Legierungen werden in der chemischen Industrie bei der Kunstdünger- und Blausäureherstellung verwendet. Rhodium wird aufgrund des stark festigkeitssteigernden Effektes in Platinlegierungen gebraucht, die in großem Umfang für hochtemperaturfeste Bauteile für die Glasindustrie genutzt werden. Weiterhin wird Rhodium als Legierungselement in Platin-Rhodium-Thermoelementen und Iridium-Rhodium-Zündkerzenelektroden eingesetzt. Dünne Schichten aus Rhodium werden in hochwertigem Schmuck sowie in elektrischen Kontakten verwendet sowie als Röntgenfilter, um in Mammografiegeräten die optimale Wellenlänge zu erzielen.

⮑ Ruthenium

Der deutsche Chemiker und Physiker Gottfried Wilhelm Osann (1796–1866) und der schwedische Chemiker Jöns Jakob Berzelius (1796–1866, s. Antimon) entdeckten Ruthenium bereits 1827, aber erst 1844 wurde dieses seltene Platinbegleitelement von dem deutsch-russischen Chemiker Karl Ernst Claus (1796–1864) eindeutig identifiziert. Wie bereits von Osann vorgeschlagen, nannte er es Ruthenium nach Ruthenia, der lateinischen Bezeichnung seines Heimatlands Russland. Osann studierte – das verdankte er dem Einfluss Goethes, einem Freund seines Vaters – Naturwissenschaften und wurde Professor an mehreren Universitäten. Er war liiert mit Adele Schopenhauer, der Schwester Arthur Schopenhauers, heiratete aber eine andere. Adele schrieb Jahre später ihrem Bruder: »Ich weiß nur Einen, den ich heirathen könnte ohne Widerwillen, und der ist verheirathet«.

Claus war Apotheker und ursprünglich an Pflanzenkunde interessiert. Deshalb schloss er sich einer wissenschaftlichen Expedition in den Ural an. Dort lernte er aber den Bergbau kennen und interessierte sich fortan mehr für Metallgewinnung und für Chemie, speziell die der Platinmetalle. So fand er das Ruthenium, das neben Rhodium zu den leichten Platinmetallen gehört.

Abb. 11.42: Ruthenium

Die wichtigsten Eigenschaften sind:

Name, Symbol, Ordnungszahl	Ruthenium, Ru, 44
Massenanteil an der Erdhülle	2×10^{-6} %
Dichte	12,37 g/cm³
Mohshärte	6,5
Schmelzpunkt	2334 °C
Elektrische Leitfähigkeit	$13,7 \times 10^6$ A / V x m

Ruthenium ist ein hartes, sprödes Metall. Selbst bei hohen Temperaturen lässt es sich mit den üblichen Metallverarbeitungsprozessen nicht umformen. Bei Raumtemperatur ist es gegen Oxidation an Luft beständig, bildet jedoch bei Temperaturen > 800 °C Oxide, die zum Teil flüchtig sind. Ruthenium ist gegen alle Mineralsäuren, inkl. Königswasser, beständig, wird jedoch von Alkalischmelzen angegriffen. Rutheniumtetroxid ist ein starkes und giftiges Oxidationsmittel, das einerseits in chemischen Prozessen Anwendung findet, andererseits aber auch mit organischen Stoffen explosionsartig reagieren kann.

Vorkommen

Die Ruthenium-Vorkommen mit der größten wirtschaftlichen Bedeutung sind die edelmetallhaltigen Nickel-/ Kupfersulfid-Erze des Bushveld Complex in Südafrika. Die im Erz in Legierung vorliegenden Edelmetalle kommen immer mit anderen Platinmetallen vor und werden in einem aufwendigen Prozess angereichert. Nach Laugen erhält man ein Edelmetallkonzentrat. Vor Trennung der einzelnen Edelmetalle wird dieses Konzentrat oxidativ in Salzsäure gelöst. Das Recycling von Ruthenium aus dem Sputtertarget Business ist eine bedeutende sekundäre Quelle ebenso wie andere rutheniumhaltige Rückstände aus industriellen Anwendungen.

Anwendungen

Ruthenium ist Legierungsbestandteil von Platin und Palladium zur Erhöhung von Verschleißfestigkeit, in Titanlegierungen erhöht bereits ein kleiner Anteil von Ruthenium stark die Korrosionsbeständigkeit. Es wird als Katalysator eingesetzt sowie als Beschichtung von Festplatten und Solarzellen. In der Schmuckindustrie wird es zur galvanischen Veredelung von Oberflächen genutzt. Ruthenium kann große Mengen an Wasserstoff absorbieren.

➲ SELEN

Selen, griechisch »Mond«, wurde 1817 von Jöns Jakob Berzelius (1796–1866, s. Antimon) im Schlamm von Bleikammern einer schwedischen Schwefelsäurefabrik entdeckt. Den Namen wählte er, weil der Schlamm auch das Element Tellur, Erde, enthielt. Selen gehört zu den Halbmetallen, im Periodensystem ist es auch als Nichtmetall aufgeführt. Es ist in höheren Dosen giftig. Selen ist ein

Abb. 11.43: Selen

essentielles Spurenelement und lebensnotwendig für Stoffwechsel und Zellen.

Die wichtigsten Eigenschaften sind:

Name, Symbol, Ordnungszahl	Selen, Se, 34
Massenanteil an der Erdhülle	0.8×10^{-6} %
Dichte	4.79 g/cm³
Mohshärte	2
Schmelzpunkt	221 °C
Elektrische Leitfähigkeit	1×10^{-10} A / V x m

Selen zeigt einen fotovoltaischen Effekt und ändert bei Belichtung seine elektrische Leitfähigkeit. Das chemische Verhalten ist dem Schwefel ähnlich.

Vorkommen

Gediegenes Selen findet sich in kleinen Mengen, meist aber als Begleiter schwefelhaltiger Erze der Metalle Blei, Eisen, Gold, Kupfer und Zink. Selen kommt in mehreren Modifikationen vor. Es gibt sogenanntes rotes Selen, schwarzes Selen und graues, metallisches Selen, die häufigste Form. Selen wird meist als Nebenprodukt bei der Kupferherstellung gewonnen, oft gemeinsam mit Tellur.

Anwendungen

Selen wird in größeren Mengen in Verbindungen als Nahrungsergänzung verwendet und wird auch Futtermitteln für Nutztiere zugesetzt.

Ansonsten ist Selen ein wichtiges Element für die Elektronikindustrie. Es wird bei der Herstellung von Fotozellen sowie für Halbleiter und Gleichrichter verwendet. In der Stahlherstellung wird es als Legierungszusatz genutzt. Röntgendetektoren werden mit Selen beschichtet, in Batterien ist es Legierungsbestandteil, in der Glasindustrie dient es der Färbung und Entfärbung. In CIS (Kupfer-Indium-Diselenid) Dünnschicht-Solarzellen ist Selen Bestandteil und bewirkt einen geringeren Energieverbrauch.

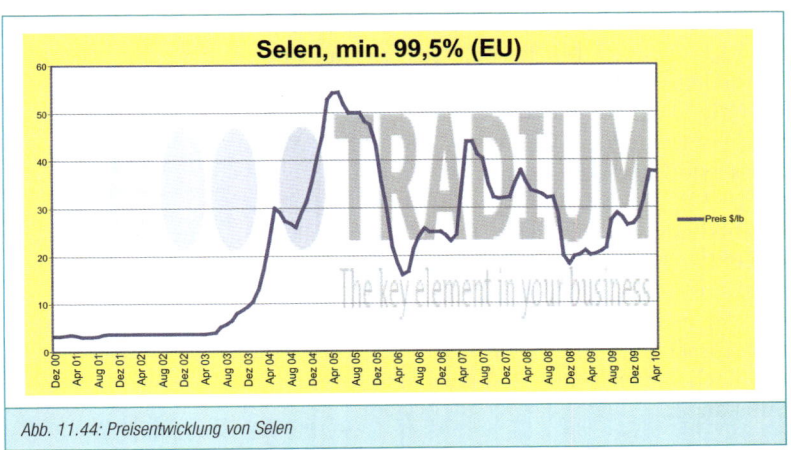

Abb. 11.44: Preisentwicklung von Selen

Liefer- und Anlageaspekte

Die gängige Lieferform ist Pulver mit einer Reinheit von 99,5 %–99,9 % und einer Korngröße von 200 mesh (ca. 0,3 mm) oder Granulat von 1–5 mm. Auch der Selenpreis wird maßgeblich von dem Bedarf in China beeinflusst. In den letzten Jahren war er sehr volatil.

⊃ Silizium

Silizium ist ein ganz besonderer Stoff, ist er doch einerseits in riesigen Mengen vorhanden, andererseits erst nach aufwendiger Isolation nutzbar und in der heutigen Welt einer der wichtigsten Rohstoffe. Silizium leitet sich ab von dem lateinischen »silex« für Kieselstein. Silizium ist ein Halbmetall, weist also sowohl metallische als auch nichtmetallische Eigenschaften auf. Silizium ist nach Sauerstoff das zweithäufigste Element, etwa 25 % der Erdkruste bestehen aus Siliziumverbindungen. Man findet auf Deutsch auch die Schreibweise Silicium.

Die Geschichte der Siliziumentdeckung zog sich über viele Jahrzehnte hin und beschäftigte viele Naturwissenschaftler. 1787 stellte Antoine Laurent de Lavoisier (1743–1794) Silizium als Element her, glaubte aber, dies sei eine Verbindung. Lavoisiers Biographie füllt ganze Bücher (s. Kapitel 6, »Geschichte«), deshalb sei hier nur kurz erwähnt: Er war einer der bedeutendsten Chemiker der Geschichte, entwickelte die Stöchiometrie (die »Mathematik« der Chemie), das Gesetz zur Erhaltung der Massen, entdeckte den Wasserstoff, erkannte Wasser als Verbindung von Wasserstoff und Sauerstoff usw.

Unabhängig von Lavoisiers Entdeckung stellte 1800 auch der englische Chemiker Humphry Davy (1778–1829) Silizium her. Davy war ebenfalls einer der Großen seiner Zeit und Wegbereiter der Elektrochemie, mit der er erstmals viele Elemente darstellen konnte. Er sprach mehrere Sprachen, erhielt viele Ehrungen, verstarb aber schon mit 51 Jahren nach vielen seiner Selbstversuche mit damals noch unbekannten Substanzen.

1811 stellten die französischen Chemiker Joseph Louis Gay-Lussac (1778–1850) und Louis Jaques Thénard (1777–1857) amorphes, also nicht kristallines Silizium her. Gay-Lussac ist vor allem bekannt wegen seiner Gasgesetze. Für ein Experiment stieg er 1804 mit einem Wasserstoffballon über 7 000 Meter hoch. Eine Pariser Straße ist nach ihm benannt, sein Name ist einer der 72 auf dem Eiffelturm verewigten.

Abb. 11.45: Thenard

Thénard entdeckte das Wasserstoffperoxid und entwickelte das industriell herstellbare Kobaltblau für Porzellan. Er veröffentlichte ein Chemielehrbuch, das jahrzehntelang als Standardwerk die chemische Wissenschaft bestimmte. Zu seinen Ehren wurde 1865 seine Heimatstadt Louptire umbenannt in Louptire-Thénard.

1824 erkannte Jöns Jakob Berzelius (1796–1866, s. Antimon) als erster die elementare Natur des Siliziums und gab ihm seinen Namen. 1854 konnte mit Hilfe der Elektrolyse von dem französischen Chemiker Henri Etienne Sainte-Claire Deville (1818–1881) erstmals reines, kristallines Silizium hergestellt werden. Deville, geboren auf der Karibikinsel Saint Thomas, wurde Professor in Besançon und Paris, erforschte die Platinmetalle und stellte erstmals technisches Aluminium her.

Abb. 11.46: Silizium

Der englische Begriff silicon mit der Endung »on« soll auf die chemische Verwandtschaft mit Carbon, Kohlenstoff, hinweisen und wurde 1831 von dem schottischen Chemiker Thomas Thomson (1773–1852) vorgeschlagen. Das Silicon Valley (Silizium-Tal) bei San Francisco in

Kalifornien hat seinen Namen durch die vielen dort beheimateten Unternehmen der Halbleiter- und Computertechnik, die es ohne Silizium nicht gäbe.

Das englische Silicon darf nicht verwechselt werden mit Silikon, einem Kunststoff, der Siliziumatome enthält. Diesen Fehler findet man oft in der Literatur.

Reines Silizium bildet Kristalle mit diamantähnlicher Gitterstruktur. Es ist sehr hart und ist in dünnen Schichten durchsichtig. Auch Silizium hat wie Wismut und Gallium eine Dichteanomalie, sein spezifisches Gewicht ist also in flüssigem Zustand höher als in festem. Es hat eine hohe thermische, aber geringe elektrische Leitfähigkeit. Durch Zusatz geringer Menge fremden Materials erzeugt man einen Halbleiter. Silizium wird von Säuren nicht angegriffen.

Vorkommen
Silizium tritt hauptsächlich als Siliziumdioxid auf, beispielsweise als Sand und Quarz. Auch die Halbedelsteine Amethyst, Rosenquarz, Achat, Opal u.a. bestehen aus Siliziumdioxid. Silicate, Metallverbindungen, sind Asbest, Glimmer, Schiefer, Sandstein u.a. In Form von gelöster Kieselsäure ist Silizium in großen Mengen in Meerwasser enthalten.

In der Herstellung unterscheidet man je nach Anwendung Industrielles Rohsilizium, Solarsilizium und Halbleitersilizium, die sich durch ihre Reinheit unterscheiden. Die Verfahrensschritte bauen aufeinander auf und werden von Stufe zu Stufe immer aufwendiger.

Die wichtigsten Eigenschaften sind:

Name, Symbol, Ordnungszahl	Silizium, Si, 14
Massenanteil an der Erdhülle	25,8 %
Dichte	2,33 g/cm³
Mohshärte	6,5
Schmelzpunkt	1410 °C
Elektrische Leitfähigkeit	$2{,}52 \times 10^{-4}$ A / V x m

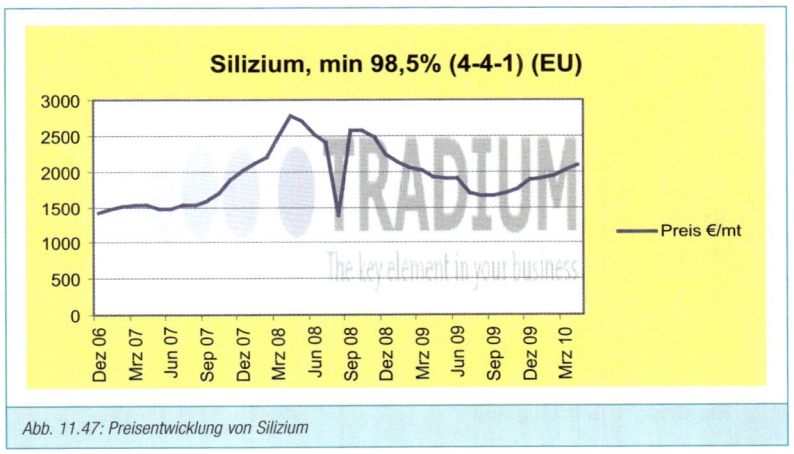

Abb. 11.47: Preisentwicklung von Silizium

Anwendungen

Rohsilizium dient hauptsächlich als Legierungsbestandteil in der Stahl-herstellung, es verbessert die Korrosionsbeständigkeit.

Solarsilizium wird benötigt für die Herstellung von Solarzellen.

Halbleitersilizium, also hochreines, kristallines Silizium ist Ausgangsma-terial für Computerchips, Transistore, Speicher und vieles andere in der Mikroelektronik.

➔ TANTAL

Tantal wurde 1802 von dem schwedischen Naturforscher und Chemiker Anders Gustaf Ekeberg (1767–1813) entdeckt. Er benannte es nach Tan-talos, einer Figur aus der griechischen Mythologie, der seinen Durst nie löschen konnte. Wegen der großen chemischen und physikalischen Ähnlichkeit von Tantal und Niob konnte erst 1844 von dem deutschen Mineralogen Heinrich Rose (1795–1864, s. Niob) eindeutig bewiesen werden, dass es sich um zwei verschiedene Elemente handelt. Werner von Bolton (1868–1912) gelang es erst 1903, duktiles metallisches Tan-tal herzustellen. Als Laborleiter bei Siemens & Halske entwickelte er daraus Glühfäden für Glühbirnen, die ab 1910 durch Wolframfäden ersetzt wurden.

Die wichtigsten Eigenschaften von Tantal sind:

Name, Symbol, Ordnungszahl	Tantal, Ta, 73
Massenanteil an der Erdhülle	$1{,}7 \times 10^{-6}$ %
Dichte	16,65 g/cm³
Mohshärte	6,5
Schmelzpunkt	3017 °C
Elektrische Leitfähigkeit	$7{,}61 \times 10^{6}$ A / V x m

Tantal ist ein schweres, in seinen chemischen und physikalischen Eigenschaften dem Niob sehr ähnliches, bis ~ 250 °C luftbeständiges, durch eine dünne Oxidschicht sich selbst schützendes, sehr gut umformbares Metall. Bei Temperaturen über 250 °C reagiert Tantal mit Sauerstoff, Stickstoff, Wasserstoff und Kohlenstoff und setzt daher eine Bearbeitung über dieser Temperatur im Vakuum oder unter Schutzgas voraus. Tantal ist beständig gegen alle Säuren außer Flusssäure.

Abb. 11.48: Tantal

Bei einer Temperatur unterhalb 4,28 K ist Tantal supraleitend.

Vorkommen

Die bedeutendsten Lagerstätten befinden sich in Australien (~ 70 %), Brasilien (~ 20 %), Kanada und Afrika. Tantal kommt in seinen Mineralien immer verschwistert mit Niob vor. Daher muss zur Herstellung von

Tantal das Niob nach dem Auflösen des Erzkonzentrates abgetrennt werden. Die Reinigung des Metalls erfolgt durch mehrfaches Schmelzen im Vakuum in einer Elektronenstrahlschmelzanlage.

Das zugehörige Roherz heißt Coltan und leitet sich ab von Columbit (Niobit) und Tantalit.

Insbesondere der unkontrollierte Abbau in der zentralafrikanischen Republik Kongo hat zu großen Umweltzerstörungen und zu Bürgerkrieg beigetragen. Verdient wird von ganz wenigen sehr viel unter Einsatz von Gewalt und Korruption, die Arbeiter schuften unter unvorstellbaren Bedingungen zu Hungerlöhnen. Wenn Europäer die Zustände beklagen und mit Sanktionen drohen, interessiert das niemanden. Verkauft wird ohnehin vor allem nach China.

Stammeskriege führten zu einem Rückgang des weltweiten Handels mit Tantal mit der Folge von zunehmenden Preissteigerungen. 2004 betrug die Weltbergwerksproduktion ca. 1 300 Tonnen.

Anwendungen
Zirka 60 % der Jahresweltproduktion (2007 ca. 1100 t) werden zu Kondensatoren verarbeitet. Weitere Anwendung findet Tantal im chemischen Apparatebau sowie für Laborgeräte, als Implantat in der Medizintechnik, als Elektrode in Röntgenröhren, in Superlegierungen mit Nickel für Turbinen, bei Hochtemperaturanwendungen und in optischen Gläsern. Tantalcarbid wird mit einer dem Diamant sehr nahekommenden Härte und einem extrem hohen Schmelzpunkt (~ 3900 °C) als Schutzschicht auf hochwarmfesten Legierungen für Triebwerke und Schneidwerkzeuge eingesetzt.

Tantal ist ein hoch effizientes Metall für kleine Bauteile und findet sich in fast allen Handykondensatoren. Da es auch bei hohen Drücken und Temperaturen beständig gegen Flusssäure ist, kann es in der Chemie als dünnwandiger Ersatz für Keramikwerkstoffe eingesetzt werden. Eine neue Legierung ist auch besonders beständig gegen Salzsäure und vor allem gegen Schwefelsäure, der am häufigsten verwendeten Industriechemikalie.

Die Reserven von Tantal werden vermutlich noch 25 Jahre reichen.

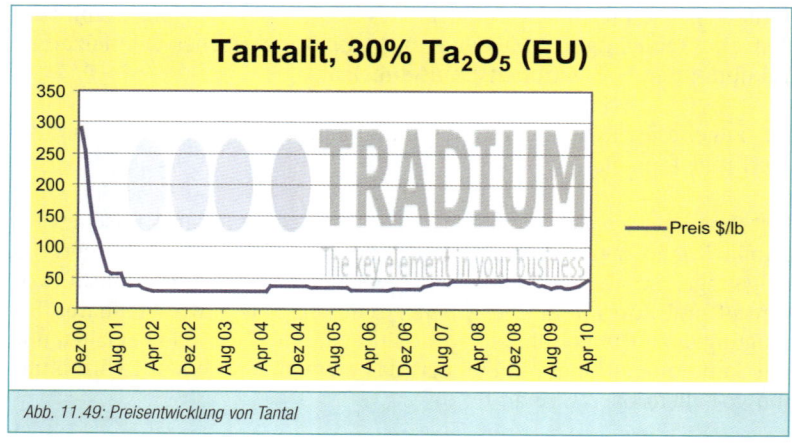

Abb. 11.49: Preisentwicklung von Tantal

Anlageaspekte

Tantal wird mit einer Reinheit von 99,9 % in sogenannten Billets geliefert, das sind Stangen mit einem Durchmesser von ca. 15 cm mit Längen zwischen 1,20 m bis ca. 1,40 m. Verpackt sind diese in Holzkisten.

➲ TELLUR

Tellur wurde 1782 bei Untersuchungen von Golderzen in Siebenbürgen von dem österreichischen Chemiker Franz Joseph Müller Freiherr von Reichenstein (1740 oder 1742–1825) entdeckt. Da er es aber nicht einordnen konnte, nannte er es deswegen zunächst treffend »metallum problematicum«. Von Reichenstein hatte eigentlich Philosophie studiert, später aber sein Interesse für Bergbau und Mineralogie entdeckt. Er ist einer der wenigen großen Entdecker

Abb. 11.50: Sonderbriefmarke Freiherr von Reichenstein

der Neuzeit, dessen Geburtsort und -tag nicht genau bekannt sind. Dennoch wurde zu seinem angenommenen 250. Geburtstag 1992 eine österreichische Sonderbriefmarke herausgegeben.

Den Namen Tellur, von lat. Tellus, Erde, gab dem Element 1798 der deutsche Chemiker Martin Heinrich Klaproth (1743–1817), der von Reichenstein würdigte und Tellur als Element erkannte. Klaproth war einer der bedeutendsten Pharmazeuten und Mineralogen seiner Zeit und der bedeutendste Chemiker der Generation vor Berzelius. Er sammelte ca. 5000 Mineralien und entdeckte auch die Elemente Chrom, Uran und Zirconium. Auf

Abb. 11.51: Tellur

Vorschlag Alexander von Humboldts (1769–1859) wurde er 1810 Professor der Chemie an der neu gegründeten Berliner Universität, der heutigen Humboldt-Universität.

Die wichtigsten Eigenschaften sind:

Name, Symbol, Ordnungszahl	Tellur, Te, 52
Massenanteil an der Erdhülle	1×10^{-6} %
Dichte	6,24 g/cm³
Mohshärte	2,25
Schmelzpunkt	449,51 °C
Elektrische Leitfähigkeit	5×10^{-3} A / V x m

Kristallines Tellur ist ein weiches und sprödes Metall, das sich leicht pulverisieren lässt. Es ist ein Halbleiter, dessen elektrische Leitfähigkeit sich bei Temperaturerhöhung erhöht. In Schwefel- und Salzsäure löst es sich nicht, in Salpetersäure dagegen gut. Tellur-Kontakte führen im Mund zu einem knoblauchähnlichen Geschmack.

Vorkommen

Tellur kommt selten gediegen vor, findet sich aber in zahlreichen Mineralien wieder. Es wird zusammen mit Selen als Nebenprodukt der Kupfer- und Nickelherstellung gewonnen. Die größten Produzenten sind die USA, Peru, Kanada und Japan. Weltweit werden jährlich nur ca. 200 Tonnen produziert.

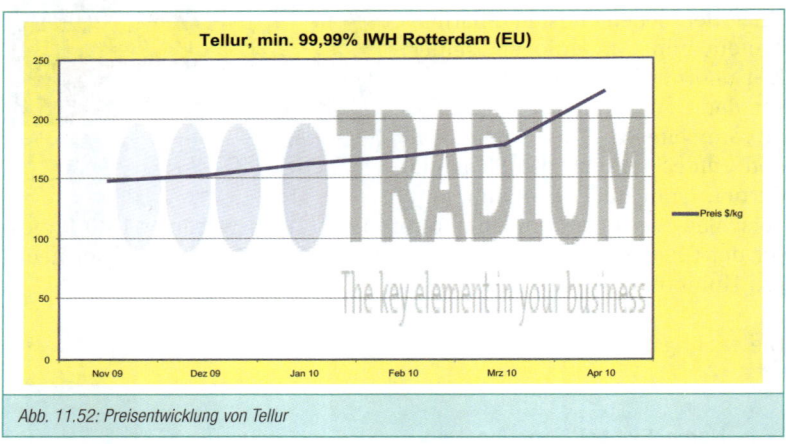

Abb. 11.52: Preisentwicklung von Tellur

Anwendungen

Tellur fördert als Zusatz die Korrosionsbeständigkeit von Metall-Legierungen, findet sich in speziellen Verbindungen als Halbleiter und wird als Tellurdioxid in Lichtwellenleitern eingesetzt. Es wird als Cadmiumtellurid in der Fotovoltaik und in der Solartechnologie verwendet. Als Stahlzusatz sorgt es für eine bessere Zerspanbarkeit. Interessant ist die Anwendung als Ummantelungsbestandteil von Hochseekabeln, da diese in letzter Zeit als Alternative zu unsichereren Satelliten eine Renaissance erleben. In Verbindung mit Wismut, Wismuttellurid, kann es als thermoelektrischer Wandler zur Kühlung von elektrischen Bauteilen genutzt werden.

Liefer- und Anlageaspekte
Tellur wird gehandelt in kleinen Stangen oder Barren mit einer Reinheit von 99,5 %.

➲ TITAN

Titan wurde gleich zweimal entdeckt, einmal 1791 von dem englischen Amateurchemiker William Gregor (1761–1817), der im Hauptberuf Priester war und unabhängig davon 1795 von Heinrich Klaproth (1743–1817, s. a. Tellur), der dem Metall auch den Namen nach den Titanen aus der griechischen Mythologie gab. Reines Titan wurde erstmals 1910 hergestellt, 1938 wurde dann von dem luxemburgischen Metallurgen William Justin Kroll (1889–1973) ein technisches Verfahren entwickelt, mit dem man Titan industriell herstellen konnte. Kroll floh 1940 in die USA, wo er seine Forschungen weiterführen konnte und sein Wissen in Instituten und Universitäten vermittelte. Er meldete über 50 Patente an. 1961 kehrte er nach Brüssel zurück, wo er 1973 hochgeehrt starb.

Der Kroll-Prozess ist kompliziert, deshalb ist Titan, obwohl eigentlich ein häufig vorkommendes Metall in Titaneisenerz, sehr viel teurer als Stahl.

Abb. 11.53: Titan

Die wichtigsten Eigenschaften sind:

Name, Symbol, Ordnungszahl	Titan, Ti, 22
Massenanteil an der Erdhülle	0,56 %
Dichte	4,507 g/cm³
Mohshärte	6
Schmelzpunkt	1668 °C
Elektrische Leitfähigkeit	$2,34 \times 10^6$ A / V x m

Titan vereinigt viele für Anwendungen positive Eigenschaften. Es ist leicht, dennoch sehr fest und korrosionsbeständig. Auch gegen verdünnte Säuren ist Titan beständig. Titandioxid ist ein preiswertes, stabiles und ungiftiges weißes Farbpigment, dem nicht einmal konzentrierte Salzsäure etwas anhaben kann.

Vorkommen
Titan findet man in vielen Mineralien, dort allerdings in geringer Konzentration. Hauptvorkommen sind in Australien und Nordamerika sowie in Skandinavien und im Ural. Auch in Meteoriten und auf dem Mond wurde Titan gefunden. Größte Produzenten von Titan nach dem Kroll-Prozess sind russische Staatsunternehmen.

Anwendungen
Titandioxid findet sich in fast allen weißen Kunststoffen und Farben, auch in Lebensmittelfarben (E 171). Titan wird als Metall und in Legierungen überall dort verwendet, wo es auf geringes Gewicht und hohe Belastbarkeit ankommt. Das sind Flugzeugbau, Weltraumfahrt, U-Bootbau, Anlagenbau, in der Medizintechnik für Prothesen u. a. Titan wird auch für Schmuck verwendet.

Der weltgrößte russische Titanproduzent VSMPO-AVISMA soll die Airbus-Muttergesellschaft EADS bis 2020 mit Titan beliefern.

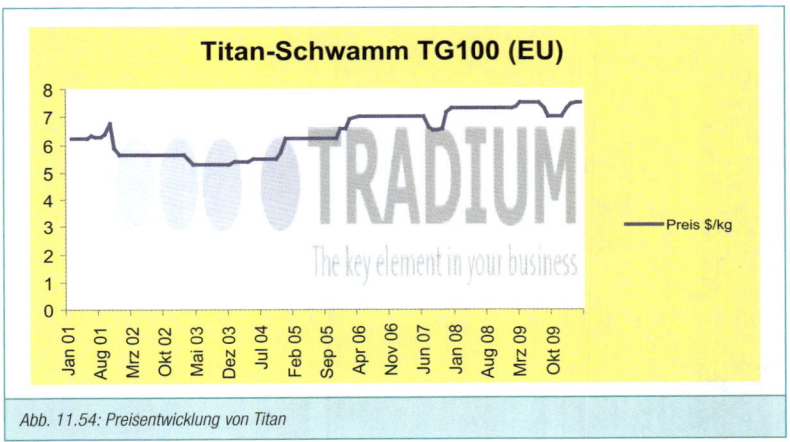

Abb. 11.54: Preisentwicklung von Titan

Liefer- und Anlageaspekte

Die gängigste Lieferform von Titan ist Titanschwamm in einer Reinheit von 99,7 % in unregelmäßigen Stücken von 12 bis 25 mm, verpackt in Fässern.

➲ Uran

Uranoxid wurde 1789 von Martin Heinrich Klaproth (1743–1817, s. Tellur) aus Pechblende isoliert und nach dem Planeten Uranus benannt, der einige Jahre zuvor entdeckt wurde. Reines Uran konnte erst 50 Jahre später hergestellt werden. Uranverbindungen wurden zunächst hauptsächlich für das Färben von Glas und Keramik verwendet.

Seine Radioaktivität, die Hauptanwendungseigenschaft, wurde 1896 von dem französischen Physiker Antoine Henri Becquerel (1852–1908) zunächst zufällig entdeckt, als er eine von Uranmaterialien ohne Lichteinfluss geschwärzte Fotoplatte vorfand. Für die Entdeckung der Radioaktivität erhielt er 1903 den Nobelpreis für Physik gemeinsam mit dem Ehepaar Pierre (1859–1906) und Marie (1867–1934) Curie, deren aufregende Biographien hier leider nicht näher berücksichtigt werden kön-

Abb. 11.55: Henri Becquerel

nen. Sie entdeckten die Elemente Polonium und Radium. Marie Curie erhielt 1911 außerdem noch den Nobelpreis für Chemie und ist damit die einzige Person neben Linus Pauling, die Nobelpreise auf zwei unterschiedlichen Gebieten erhalten hat. Nach Becquerel ist auch die Maßeinheit für Radioaktivität benannt. 1938 wurde am Kaiser-Wilhelm-

Institut in Berlin die folgenreiche Kernspaltung und damit die Kernenergie entdeckt. Verbunden damit sind berühmte Namen wie Otto Hahn, Fritz Strassmann, Lise Meitner, Otto Frisch, Enrico Fermi, Werner Heisenberg und andere, auf deren Biographien in Verbindung mit Nazizeit, Vertreibung, Atombombe usw. hier aus Platzgründen leider auch nicht eingegangen werden kann.

Nicht unerwähnt bleiben darf aber das »Manhattan Project«, das unter der militärischen Leitung von General Groves und der physikalischen Leitung von Robert Oppenheimer ab 1942 stand. Es war der Deckname für die Entwicklung der Atombombe, die dann 1945 in Hiroshima und Nagasaki eingesetzt wurde (s. auch Kapitel 6 »Geschichte«).

Abb. 11.56: Uran

Verantwortlich war das Oak Ridge National Laboratory (ORNL) in Tennessee, das dafür 1943 gegründet wurde. Heute ist es ein Forschungsinstitut für mehrere Naturwissenschaften.

Die wichtigsten Eigenschaften sind:

Name, Symbol, Ordnungszahl	Uran, U, 92
Massenanteil an der Erdhülle	3×10^{-4} %
Dichte	19,16 g/cm³
Mohshärte	2,5–3
Schmelzpunkt	1133 °C
Elektrische Leitfähigkeit	3,24 A / V x m

Uran ist ungefähr so schwer wie Gold, es ist in Pulverform selbstentzündlich. In Säuren löst es sich. Viele Uranverbindungen sind giftig und krebserzeugend. Aus Uranisotopen lässt sich Plutonium herstellen, ein künstliches, giftiges und hoch radioaktives Schwermetall.

Vorkommen

Uran kommt nicht gediegen, sondern nur in Mineralien vor. Die größten Vorkommen finden sich im Norden und im Süden der Erdkugel in Nordamerika und Russland sowie in Südafrika und Australien. Uranverbindungen und Spurenelemente sind aber auch im Wasser sowie in normalen Böden enthalten. Die Herstellung von Uran ist ein kompliziertes Verfahren in mehreren Stufen. Viel Uran wird aus alten Brennstäben und Kernwaffen recycelt. Eng verknüpft ist Uran mit der Geschichte des Bergbaus im Erzgebirge. Ab 1946 wurde dort unter dem Namen Wismut Uran für die Atomindustrie der Sowjetunion gefördert. Mehr dazu finden Sie unter Wismut.

Anwendungen

Uran wird als preiswerte Möglichkeit dort eingesetzt, wo viel Gewicht bei geringem Platzbedarf benötigt wird, beispielsweise als Gegengewicht im Flugzeugbau. Das hohe Gewicht von Uran wird in der Waffentechnik auch als Projektilmaterial in Verbindung mit seinen anderen Eigenschaften genutzt. Die Hauptanwendung von Uran findet sich in Kernkraftwerken und in Kernwaffen. Das Uranisotop Plutonium kann für die sogenannte »schmutzige« Bombe genutzt werden, bei der Plutonium zwar nicht wie eine Atombombe explodiert, aber in Verbindung mit einer »normalen« Bombe die Umgebung kontaminiert.

➲ Vanadium

Vanadium, bis 1975 in Deutschland auch Vanadin genannt, wurde erstmals 1801 in Mexiko von dem spanischen Mineralogen und Chemiker Andrés Manuel del Rio (1764–1849) zufällig entdeckt, als er ein Bleierz untersuchte. Del Rio studierte in Spanien, Paris und in Sachsen und freundete sich dort mit Friedrich Wilhelm Heinrich Alexander von Humboldt (1769–1859) an, einem der bedeutendsten Naturforscher aller Zeiten. Zurück in Paris wurde er Assistent von Lavoisier (1743–1794, s. Kapitel 6, »Geschichte«) bis zu dessen Verhaftung, dann floh er noch vor Lavoisiers Hinrichtung über England nach Mexiko und wurde dort Professor. Als Alexander von Humboldt 1803 in Mexiko weilte, bezweifelte er del Rios Entdeckung und hielt sie für Chrom. Del Rio widerrief daraufhin. Erst 1830 wurde Vanadium von dem schwedischen Chemiker Nils Gabriel Sefström (1787–1845) nochmals entdeckt und nach dem Beinamen Vanadis der germanischen Göttin Freya benannt. Del Rios Vermutung wurde damit bestätigt. Er hat Alexander von Humboldt dessen falsche Einschätzung nie verziehen. Er arbeitete noch einige Jahre in den USA und starb 1849 in Mexiko.

Abb. 11. 57: Andrés Manuel del Rio

Vanadium ist ein relativ weiches, zähes Schwermetall. In vielen Eigenschaften ähnelt es Titan. Gegen Säuren und Laugen ist es bei Raumtemperatur stabil, kann aber mit vielen Nichtmetallen reagieren. Der bereits hohe Schmelzpunkt kann mit Zugabe von nur 10 % Kohlenstoff auf 2700 °C angehoben werden. Vanadiumpulver kann sich selbst entzünden.

Abb. 11.58: Vanadium

Vorkommen

Vanadium ist ein häufiges Element, es kommt nicht gediegen, sondern nur in Mineralien vor. Allerdings sind hohe Konzentrationen selten. Die Gewinnung von reinem Vanadium ist aufwendig und damit teuer, einfacher ist die Herstellung von Ferrovanadium aus vanadiumhaltigen Eisenerzen. Dies ist eine Eisen-Vanadium-

Legierung, die ohnehin für den höchsten prozentualen Anteil der Vanadiumverwendung benötigt wird.

Die wichtigsten Eigenschaften sind:

Name, Symbol, Ordnungszahl	Vanadium, V, 23
Massenanteil an der Erdhülle	0,013 %
Dichte	6,11 g/cm³
Mohshärte	7
Schmelzpunkt	1910 °C
Elektrische Leitfähigkeit	5 x 106 A / V x m

Anwendungen

Hauptsächlich in Legierungen verwendet, erhöht Vanadium Härte, Festigkeit, Zähigkeit und Verschleißfähigkeit. Bekannt sind höherwertige Werkzeuge aus Chrom-Vanadium-Stahl. Reines Vanadium wird nur in kleinen Mengen für Spezialanwendungen benötigt, beispielsweise als Hüllstoffe für Kernbrennstoffe.

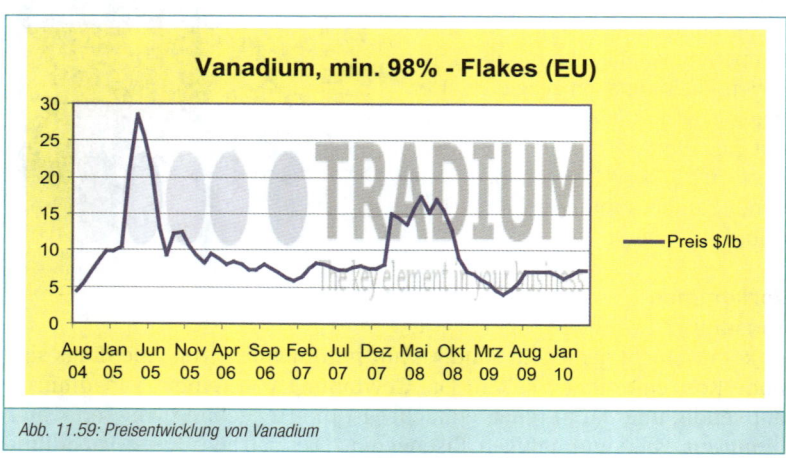

Abb. 11.59: Preisentwicklung von Vanadium

⇒ WISMUT

Wismut ist der umgangssprachlich meist genutzte Name, oft auch Wismuth geschrieben. Der fachsprachlich korrekte Name ist Bismut in dieser Schreibweise, man findet aber auch Bismuth. Über die Namensgebung kursieren zwei Theorien. Die eine geht auf Paracelsus zurück, der das Metall weiße Masse, »wis mat«, nannte, die andere auf den wichtigen Fundort »in den Wiesen« im Erzgebirge. Abbau nannte man »Mutung«, aus Wiesemutung könnte dann Wismut entstanden sein.

Paracelsus, eigentlich Philippus Theophrastus Aureolus Bombastus von Hohenheim (1493–1541), beschrieb 1527 zum ersten Mal das Element, das zuvor oft mit Zinn und Zink verwechselt wurde. Paracelsus war ein für seine Zeit typischer Allroundwissenschaftler, wie man heute sagen würde. Er war Alchemist (»Chemiker« gab es noch nicht), Arzt, Astronom, Theologe und Philosoph. Bekannt wurde Paracelsus hauptsächlich durch seine medizinischen Lehren. Er starb durch eine Bleivergiftung.

Ein Zeitgenosse, Georgius Agricola (1494–1555), nannte das Wismut

Abb. 11.60: Paracelsus

Abb. 11.61: Georgius Agricola

Plumbum cinereum, was soviel wie aschgraues Blei bedeutet. Und tatsächlich haben beide Elemente zum Teil ähnliche Eigenschaften. Beide sind schwer, weich und haben einen niedrigen Schmelzpunkt.

Schon damals gab es Künstlernamen, denn Georgius Acricola hieß eigentlich Georg Bauer, was ihm als anerkanntem Gelehrten in den Gebieten Mineralogie, Medizin, Philosophie, Alchemie u. a. wohl zu profan war. Sein Hauptwerk ist das 12-bändige Metallkundewerk »De re metallica libri XII« von 1556.

Die schwedischen Chemiker Carl Wilhelm Scheele (1742–1786, s. Mangan) und Torbern Olof Bergmann (1735–1784) erkannten 1775 den Elementcharakter von Bismut. Nach Bergmann sind das Mineral Torbernit und ein Mondkrater benannt.

Wismut ist nicht radioaktiv. Deshalb wurde sein Name benutzt als Tarnname für die 1946 gegründete Wismut SDAG (Sowjetisch-Deutsche Aktiengesellschaft), die bis 1990 für die Sowjetunion im Erzgebirge Uran abbaute.

Die wichtigsten Eigenschaften sind:

Name, Symbol, Ordnungszahl	Bismut, Bi, 83
Massenanteil an der Erdhülle	2×10^{-5} %
Dichte	9,78 g/cm³
Mohshärte	2,25
Schmelzpunkt	271,2 °C
Elektrische Leitfähigkeit	$0,867 \times 10^6$ A / V x m

Wismut ist eines der wenigen ungiftigen Schwermetalle. Es hat einen hohen elektrischen Widerstand und ist spröde. Gegen Salzsäure und verdünnte Schwefelsäure ist es resistent. Wismut bildet an feuchter Luft eine Oxidschicht, die in vielen Anlauffarben schillern kann. Deshalb ziert Wismut auch das Titelblatt dieses Buches. Auch Wismut weist Dichteanomalie auf, ist also flüssig schwerer als fest. Es kann sich sehr stark ausdehnen.

Viele Wismut-Legierungen haben einen Schmelzpunkt weit unterhalb dessen von Wismut selbst. Die wichtigste ist die Woodsche Legierung – benannt nach dem gleichnamigen Physiker – mit Blei, Zinn und Kadmium mit einem Schmelzpunkt von nur 60–70 °C.

Abb. 11.62: Wismut

Vorkommen
Wismut ist relativ selten, es kommt auch in gediegener Form vor. Man findet es aber hauptsächlich in verschiedenen Erzen, so auch als Begleitmaterial in Blei-, Kupfer- und Zinnerzen. Die Angaben für die weltweite Produktion in 2007 reichen von 5 000 bis 15 000 Tonnen. Auch dieser Markt wird von China kontrolliert. Erschwerend kommt hinzu, dass das Recycling von Wismut schwierig ist.

Anwendungen
Wismut wird hauptsächlich in Legierungen verwendet. Mit Mangan werden Dauermagnete hergestellt. Als Woodsches Metall mit seinem niedrigen Schmelzpunkt wird es eingesetzt für Schmelzsicherungen, Sprinkleranlagen etc. Außerdem dient Wismut als Katalysator. Blei-Wismut-Legierungen können als Kernreaktorkühlmittel verwendet werden. Allgemein wird aber Blei in vielen Anwendungen immer mehr durch Wismut ersetzt, so auch in piezokeramischen Elementen. Sie erzeugen unter Druck eine elektrische Spannung.

Wismut wird in Verbindungen häufig auch in der Kosmetik und der Medizin genutzt. Es ist ein Metall, für das immer neue Anwendungen gefunden werden.

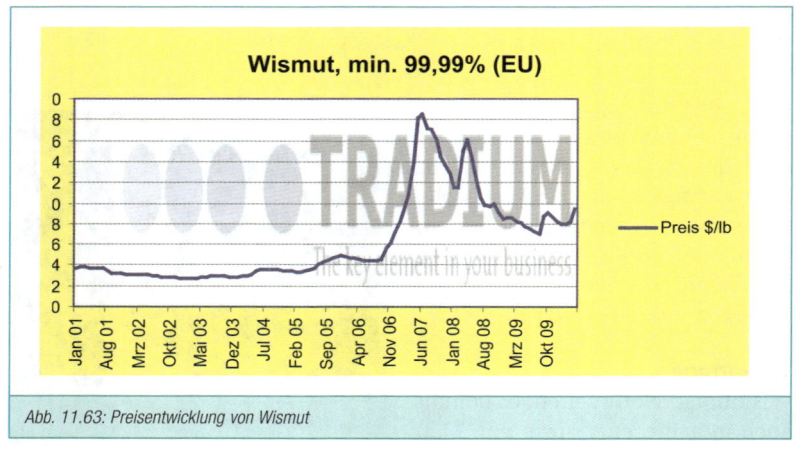

Abb. 11.63: Preisentwicklung von Wismut

Liefer- und Anlageaspekte
Wismut wird in einer Reinheit von 99,99 % in Blöcken bis 10 kg geliefert.

⇥ Wolfram

Im 16. Jahrhundert fand der Wissenschaftler Georgius Agricola (1494–1555, s. Wismut) ein Mineral in Zinnerzen, das die Zinngewinnung erschwerte. Er führte auch den »Wolf« in den Namen »Wolfram« ein und nannte das Mineral »lupi spuma«, Wolfs-Schaum. Später wurde daraus Wolfram, »ram« aus dem Mittelhochdeutschen bedeutet Ruß. 1783 gelang es den spanischen Brüdern Fausto (1755–1833) und Juan José (1745–1796) Elhuyar, reines Wolfram herzustellen.

Abb. 11.64: Wolfram

Wolfram ist ein sprödes und hartes Schwermetall, ungefähr so schwer wie Gold und hat von allen Elementen nach Kohlenstoff den höchsten Schmelzpunkt. Gegenüber Säuren ist es widerstandsfähig. Bei sehr tiefen Temperaturen ist es supraleitend. Einige Eigenschaften ähneln denen von Molybdän.

Die wichtigsten Eigenschaften sind:

Name, Symbol, Ordnungszahl	Wolfram, W, 74
Massenanteil an der Erdhülle	6×10^{-3} %
Dichte	$19,25$ g/cm³
Mohshärte	7,5
Schmelzpunkt	3422 °C
Elektrische Leitfähigkeit	$18,9 \times 10^{6}$ A / V x m

Vorkommen

Wolfram kommt nicht gediegen vor. Die größten Erzlagerstätten liegen in China, das allein ca. 80 % des auf der Welt produzierten Wolframs herstellt. Es folgen Russland und Kanada, aber auch in Österreich, im Felbertal, wird seit 1976 Wolframerz abgebaut.

Anwendungen

Die wichtigsten und bekanntesten Anwendungen für Wolfram sind wegen seines hohen Schmelzpunkts Glühwendel und Elektroden. Auch als Legierungsbestandteil für Stahl findet Wolfram Verwendung, es erhöht die Härte. Wo es wirtschaftlich vertretbar oder technologisch erforderlich ist, wird Wolfram als Gewicht genutzt. Es ist so schwer wie Gold, aber billiger. Es ist schwerer als Blei, aber als Material und in der Verarbeitung wesentlich teurer. Projektilkerne in Granaten sind ein Beispiel für militärische Anwendungen, Kielbomben bei teuren Segelyachten haben einen geringeren Widerstand als Bleikiele. Wolfram dient auch als Strahlungsabschirmung.

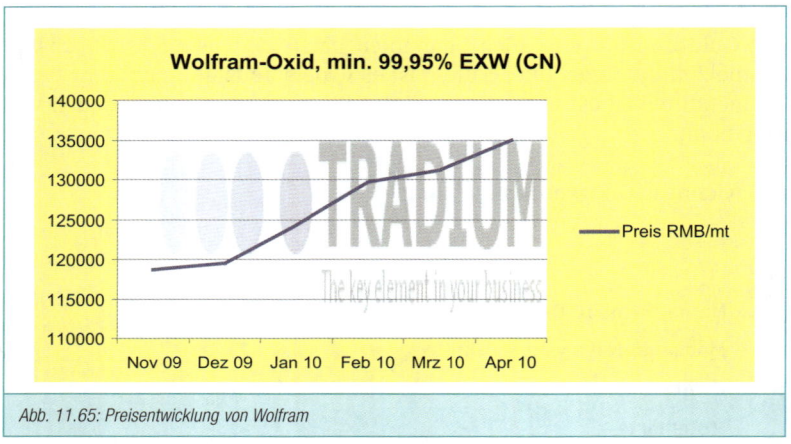

Abb. 11.65: Preisentwicklung von Wolfram

➲ Zirconium

Zur besseren Unterscheidung von dem Mineral Zirkon schreibt man das Metall Zirkonium richtig mit »c«, also Zirconium. Das Mineral Zirkon war bereits als Schmuckmaterial in der Antike bekannt. Es ist erdgeschichtlich gesehen das älteste Mineral. Zirkon (persisch »zargun«, goldfarben) kann verschiedene Färbungen aufweisen, farblos wird es als Diamantersatz genutzt. Dennoch darf es nicht verwechselt werden mit Zirkonia, Zirconiumdioxid, dem synthetisch hergestellten Diamantmaterial. Als Element wurde Zirconium 1789 von Martin Heinrich Klaproth (1743–1817, s. Tellur) entdeckt. Zirconium enthält auch in sehr reiner Form immer etwas Hafnium, das nur schwer abtrennbar ist. Deshalb ist völlig reines Zirconium erst ab 1924 bekannt.

Zirconium ist ein Schwermetall und weich und biegsam. Geringe Verunreinigungen jedoch lassen es aber spröde und schwer verarbeitbar werden. Zirconium ist ein guter Wärmeleiter. Es reagiert bei Hitze mit vielen Nichtmetallen, ist also relativ unedel. Die Eigenschaften ähneln denen des Hafniums, abgesehen von der Dichte, die bei Zirconium doppelt so groß ist. Zirconiumpulver kann sich entzünden und ist mit Wasser nicht löschbar.

Die wichtigsten Eigenschaften sind:

Name, Symbol, Ordnungszahl	Zirconium, Zr, 40
Massenanteil an der Erdhülle	0,016 %
Dichte	6,511 g/cm³
Mohshärte	5
Schmelzpunkt	1857 °C
Elektrische Leitfähigkeit	2,36 x 10⁶ A / V x m

Abb. 11.66: Zirconium

Vorkommen

Zirconium kommt nicht gediegen vor, sondern in Mineralien. Es ist weit verbreitet, die Konzentrationen sind aber gering. Die wichtigsten Lagerstätten liegen in Australien, USA und Brasilien, die wichtigsten Förderländer sind Australien und Südafrika. Nach der aufwendigen Gewinnung von fast reinem Zirconium enthält dieses immer noch Hafnium, das, wenn für bestimmte Anwendungen notwendig, auch noch in komplexen Verfahren abgetrennt werden muss.

Anwendungen

In reiner Form ohne Hafnium wird Zirconium verwendet als Hüllmaterial für Brennelemente in Kernkraftwerken. In chemischen Anlagen wird es aufgrund seiner Korrosionsbeständigkeit für Armaturen u. a. eingesetzt. Als Blitzlichtpulver verbrennt Zirconium rauchfrei. Zirconium-Niob-Legierungen sind supraleitend. Mit Zirconiumdioxid kleidet man feuerfeste Öfen aus, als Kristall Zirkonia dient es als Diamantersatz. Zirconiumoxid findet man in den Laufringen für Kugellager.

Fazit

Bisher wurden in den Publikumsmedien fast ausschließlich die Anlagemetalle Gold, Silber, Platin und Palladium als Finanzanlage mit der Hoffnung auf Wertzuwachs bzw. unter Inflationsschutzaspekten diskutiert. Die anderen Metalle fand man unter diesen Gesichtspunkten bisher nur in entsprechenden speziellen Publikationen, die Fachleute vorbehalten waren, oder aber subsumiert unter Rohstoffe. Warum ist das eigentlich so?

Dafür gibt es keinen Grund. Sie haben überragende technische Eigenschaften und sind aus diesem Grund geeignet für immer mehr hochwertige technologische Anwendungen. Die Tatsache, dass Strategische Metalle nicht in Münz- oder Barrenform für jedermann sinnvoll zu Hause eingelagert werden können, ist jedenfalls kein ausreichender Grund. Fachfirmen bieten Unterstützung, da nur über diese – mit den entsprechenden Analysen – physisch vorhandene Metalle in Privatbesitz an Anwender veräußert werden können. Renommierten Händlern wird in Bezug auf ihre fachlichen Angaben ein hohes Vertrauen entgegengebracht, das Privatpersonen naturgemäß nicht haben können.

Die Zukunftsaussichten als Finanzanlage für die oben beschriebenen Metalle sind vielversprechend. Bei Privatbesitz stellt sich die Frage der Mehrwertsteuer dann nicht, wenn die Metalle in einem Zollfreilager eingelagert werden. Auch hierfür können die Fachfirmen sorgen. Abgeltungssteuer fällt ohnehin nicht an.

Auch für Strategische Metalle sind Investitionen in Sparpläne mit dem Vorteil des im Kapitel »Märkte, Börsen, China« erklärten »Cost Average Effect« möglich.

12 Seltene Erden Metalle – Technologiemetalle II

Diese Metallgruppe war bei Investoren bisher so gut wie nicht bekannt, das hat sich erst seit 2009 zunehmend geändert. Auffallend sind mittlerweile zahllose Artikel in Fachpresse und Publikumsmedien in Verbindung mit China. Dieses Buch berücksichtigt die Zeit bis Mai 2010. Wenn Sie es in Händen halten, wird sich auf dem Gebiet sicherlich schon wieder mehr ereignet haben.

Geben Sie doch einfach einmal in einer Suchmaschine »Seltenerdmetalle« ein und Sie werden überrascht sein von den vielen Seiten aus der Finanzwelt. Wenn Sie aber außerdem noch nach »rareearth« für englischsprachige Seiten suchen, müssen Sie ein wenig blättern. Denn die obersten Treffer in den Suchergebnissen beziehen sich auf eine 1961 gegründete amerikanische Rockband, die es immer noch gibt. So ist das nun mal mit den Prioritäten der Suchmaschinen, in der Beziehung ist Deutschland also weiter.

In meinem Buch »Sicher mit Anlagemetallen«, das zur Frankfurter Buchmesse im Oktober 2009 erschien, handelte ich die Seltenen Erden Metalle noch mit folgender Bemerkung ab:

> *»Die Seltenerdmetalle werden zurzeit noch kaum als Anlagemöglichkeit diskutiert, das kann sich in Zukunft durchaus ändern. Im Moment wollen wir es dabei belassen.«*

Interessant in diesem Zusammenhang ist im Nachhinein gesehen, dass China Ehrengast und Ausstellungsschwerpunkt der Buchmesse 2009 war, also genau das Land, das nun führend in der Exploration und der Anwendung der Seltenerdmetalle ist und die Diskussion entsprechend belebt. 2010 wird Argentinien der Ehrengast sein, ein Land, das zwar über einige Bodenschätze im Andenraum verfügt, aber in Bezug auf unsere Metalle noch keine große Rolle spielt.

Lassen Sie mich auch an dieser Stelle beispielhaft einen Artikel von Dirk Müller, genannt »Mr. Dax« aus dem Kapitalanlagemagazin »Cash« zitieren, der nicht zu Unrecht die »Seltenen Erden« im Hinblick auf ihre Bedeutung für unser Alltagsleben und damit der Wirtschaft auch »Existentielle Erden« nennt:

Existenzielle Erden

»Zu den gefragtesten Rohstoffen haben sich in den letzten Jahren die sogenannten ›seltenen Erden‹ entwickelt. Es handelt sich um 17 besondere Metalle mit weitgehend unbekannten Namen wie Cer, Lanthan oder Neodym.

So unbekannt diese Rohstoffe den meisten Menschen sind, so wichtig sind sie für die Hightech-Industrie. Kaum ein modernes Produkt wie Energiesparlampe, iPod oder Akku für Elektroautos kommt heute ohne aus.

Auch Glasproduzenten wie Schott oder Zeiss sind ohne seltene Erden (SE) nicht mehr arbeitsfähig. Die chemische Industrie braucht Cer dringend für Katalysatoren. Ein Experte der Uni Augsburg fasste es in den Satz zusammen: ›Wenn der Nachschub an seltenen Erden ausbleibt, steht die Produktion der westlichen Industrie still.‹

Es handelt sich also nicht mehr nur um seltene Erden, sondern um ›existenzielle Erden‹. Umso beunruhigender, dass China es in den letzten Jahren geschafft hat, sich 95 Prozent der weltweiten Produktion zu sichern. Ohne den Willen und die Exporte Chinas geht nichts mehr. Wehe, wenn die chinesische Wirtschaft den 2012/2013 erwarteten Punkt der kritischen Masse erreicht hat. China wird dann sämtliche verfügbare Produktion für die eigene Bevölkerung benötigen Einen kleinen Vorgeschmack gab es bereits 2009, als China begonnen hat, die Exporte in den Westen deutlich zu reduzieren und die Ausfuhr von bestimmten Elementen komplett zu verbieten. Laut eigenen Aussagen der Chinesen pro-

duzieren die eigenen Minen kaum genug SE für den stark steigenden chinesischen Eigenbedarf.

Die Gefahr, die sich aus dieser Entwicklung ergibt, ist gar nicht groß genug abzuschätzen und findet in den westlichen Medien und Politik praktisch keine Resonanz. Das Problem wird vollkommen unterschätzt. Dennoch beginnen die ersten, sich auf diese Zeit vorzubereiten. In den USA gab es seit Mitte der 90er-Jahre keine eigene nennenswerte SE-Produktion. In den kommenden Monaten will die Chevron-Tochter Molycorp die einzige große Mine der USA wieder in Betrieb nehmen. Weltweit gibt es einen ersten Run auf die SE-Minengesellschaften.

Wettlauf um die Lagerstätten hat begonnen

Steigende weltweite Nachfrage, insbesondere aus China. Quasi-monopolistische Produktion im Reich der Mitte mit der realistischen Gefahr eines Exportstopps. Diese Argumente führen zu einem Wettlauf um die Erschließung neuer SE-Minen in Regionen, die von China unabhängig sind, um die Versorgung des Westens auch in Zukunft aufrechtzuerhalten. Bislang sind nur wenige interessante Player auf den internationalen Kurszetteln zu finden.«

Die amerikanische Behörde United States Geological Survey (USGS) hat ausgerechnet, dass es schon bei einer Nachfragesteigerung von nur 10 % eine ernsthafte Verknappung mit deutlich ansteigenden Preisen geben wird. Die Industrial Mineral Company of Australia (IMCOA) hat in einer Konferenz 2009 die in Abb. 12.1 dargestellte Nachfragevorhersage bis 2014 vorgestellt.

Der im Wortsinn seltsame Name der Metallgruppe »Seltene Erden« geht zurück auf den früheren chemischen Ausdruck »Erde« für Oxid und die Annahme, dass diese Mineralien sehr selten seien. Dem ist jedoch nicht so. Cer beispielsweise ist ähnlich häufig wie Kupfer und Nickel – und das seltenste, Thulium, immer noch häufiger als Gold oder Platin.

Forecast Global Demand for Individual Rare Earths in 2014 (±15%)

Rare Earth Oxide	Demand REO Tonnes	%	Supply/Production REO Tonnes	%
Lanthanum	51,050	28.4%	54,750	26.9%
Cerium	65,750	36.5%	81,750	40.2%
Praseodymium	7,900	4.4%	10,000	4.9%
Neodymium	34,900	19.4%	33,000	16.3%
Samarium	1,390	0.8%	4,000	2.0%
Europium	840	0.5%	850	0.4%
Gadolinium	2,300	1.3%	3,000	1.5%
Terbium	590	0.3%	350	0.2%
Dysprosium	2,040	1.1%	1,750	0.9%
Erbium	940	0.5%	1,000	0.5%
Yttrium	12,100	6.7%	11,750	5.7%
Ho-Tm-Yb-Lu	200	0.1%	1,300	0.5%
Total	**180,000**	**100%**	**203,500**	**100.0%**

IMCOA

Abb. 12.1: IMCOA Nachfragevorhersage

Interessant ist in diesem Zusammenhang, dass die Seltenerdmetalle trotz ihres vergleichsweise häufigen Vorkommens auf der Erde bisher nur an wenigen Stellen der Erdkruste in abbauwürdigen Mengen vorhanden sind. Die weltweiten Reserven werden auf etwa 100 Millionen Tonnen geschätzt, zur Zeit hiervon wirtschaftlich abbauwürdig sind aber lediglich 10 %, also 10 Millionen Tonnen. Die weltweite Produktion liegt zurzeit bei 100 000 Tonnen pro Jahr und wird sich Vorhersagen folgend auf 150 000 Tonnen bis 2015 steigern. Es gibt Annahmen, wonach über 95 % der Abbaugebiete alleine in China liegen, dort hauptsächlich in der inneren Mongolei (s. Karte China auf Seite 84).

Einteilung der Seltenerdmetalle und Historie

Alle Metalle sind in ihrer Reinform silbrig glänzend, leicht giftig, relativ weich und sehr reaktionsfreudig. Sie oxidieren schnell an Luft und zersetzen sich in Wasser unter Freisetzung von Wasserstoff. Der Begriff »unedel« steht in der Chemie für dieses Verhalten.

Durch ihre Ähnlichkeit im Verhalten, die durch ihren ähnlichen Atomaufbau bedingt ist, waren diese Metalle nur schwer voneinander zu trennen. Anfänglich glaubte Johan Gadolin (1760–1852, s. Gadolinium), nach dem bereits ein 1784 von ihm gefundenes Mineral benannt wurde, mit Yttererde, also Yttriumoxid, 1794 ein einziges neues Element gefunden zu haben.

Zu den 17 Metallen der Seltenen Erden gehören die Lanthanoide, eine Elementegruppe aus dem Periodensystem (s. Kapitel 5) sowie Scandium und Yttrium und das Lanthan selbst. Lanthanoid bedeutet soviel wie »dem Lanthan ähnlich«.

Auf Deutsch findet man sie folgendermaßen abgekürzt:

SE   Seltene Erden
SEM   Seltene Erden Metalle oder Seltenerdmetalle
SEE   Seltene Erden Elemente oder Seltenerdelemente

Die englischen Abkürzungen und Begriffe sind wichtig zu kennen, da die Literatur über diese Metallgruppe nun mal hauptsächlich in Englisch vorhanden ist und die englischen Abkürzungen auch in deutschen Publikationen verwendet werden. Sie sind aber leicht zu verstehen. Es gibt:

RE   Rare Earth
REM   Rare Earth Metals
REE   Rare Earth Elements
REO   Rare Earth Oxides
LRE, LREE, LREO   Light RE, Light REE, Light REO
Leichte SEM: Lanthan (La, 57) bis Samarium (Sm, 62)

HRE, HREE, HREO	Heavy RE, Heavy REE, Heavy REO
	Schwere SEM: Europium (Eu, 63) bis
	Lutetium (Lu, 71)
TREE, TREO	Total REE, Total REO
	Angabe bei Lagerstätten, wenn man
	Relationen benennen möchte,
	also z. B. 23 % HREO / TREO

Weiterhin unterteilt man die Seltenerdmetalle nach ihrem Vorkommen in der Natur. Die sogenannten Ceriterden beinhalten das Lanthan und die leichteren Lanthanoide (Ordnungszahlen 58–63, Cer bis Europium), die Yttererden das Yttrium und die schwereren Lanthanoide (Ordnungszahlen 64–71, Gadolinium bis Lutetium). Die Begriffe »leicht« und »schwer« differieren also in der englischen und der deutschen Literatur um ein Element.

Generell sind die schweren Seltenerdmetalle die für die Technik wichtigeren.

Lanthanoide kommen in Mineralien fein verteilt und miteinander vermischt vor, sodass es lange Zeit wegen ihrer ähnlichen chemischen Eigenschaften nur schwer möglich war, ein Lanthanoid-Gemisch zu trennen. Dies führte in ihrer Entdeckungsgeschichte von 1784 (Gadolinit) bis 1947 (Promethium) zu vielen Missverständnissen und auch Doppelentdeckungen.

Eine Erzgrube spielt eine besondere Rolle für die Entdeckung vieler Elemente der Seltenen Erden. Es ist die Grube Ytterby, die auf einer Ostseeinsel im Schärengarten vor Stockholm liegt. Hier wurden Gadolinium, Holmium und Thulium entdeckt, außerdem Yttrium, Ytterbium, Erbium und Terbium, die alle nach der Grube benannt sind. Heute ist die Grube weitgehend ausgebeutet, sie steht unter Denkmalschutz.

Verglichen mit anderen Elementgruppen erfolgten die einzelnen Entdeckungen der Seltenerdmetalle sehr spät und in einem relativ kurzen Zeitraum von gerade einmal 120 Jahren, wenn man von der Entdeckung des Promethiums 1947 absieht.

Abb. 12.2: Tafel der Ytterby Grube

Die nachfolgende nach Jahreszahlen geordnete Auflistung zeigt dies:

Jahr	Element/Mineral	Entdecker	Namensgebung
1784	Gadolinit	C. A. Arrhenius	Person: Johan Gadolin
1794	Yttriumoxid	Gadolin	Ort: Ytterby
1751	Cerit	Cronstedt	Planetoid: Ceres
1804	Cer	Berzelius Hisinger	Planetoid: Ceres
1839	Samarskit	KlaprothG. Rose	Person: Oberst Samarsky
1839	Lanthan	Mosander	Eigenschaft: Versteckt sein
1842	Didym	Mosander	Eigenschaft: Zwillinge
1843	Terbium bzw. Erbium	Mosander	Ort: Ytterby

1878	Ytterbium	Marignac	Eigenschaft: Zwischen Erbium und Ytterbium
1879	Samarium	Boisbaudran	Mineral: Samarskit
1879	Scandium	Nilson	Ort: Skandinavien
1879	Thulium	Cleve	Ort: Skandinavien (alter Name: Thule)
1879	Holmium	Cleve	Ort: Stockholm
1886	Dysprosium	Boisbaudran	Eigenschaft: Schwer beizukommen
1886	Gadolinium	Marignac	Person: Gadolin
1886	Praseodym	Auer von Welsbach	Eigenschaft: Grüner Zwilling
1886	Neodymium	Auer von Welsbach	Eigenschaft: Neuer Zwilling
1901	Europium	Demarçay	Ort: Europa
1907	Lutetium	Urbain Auer von Welsbach	Ort: Paris (lateinisch Lutetia)
1947	Promethium	Marinsky Glendenin Coryell	Sage: Prometheus
(Quelle: http://de.wikipedia.org/wiki/Metalle_der_Seltenen_Erden)			

Die häufigsten lanthanoidführenden **Mineralien** sind **Monazit** und **Bastnäsit**.

Diese beiden Mineralien, die in der Natur verglichen mit anderen eher selten vorkommen, spielen eine wichtige Rolle zum Verständnis der Herkunft der Seltenerdmetalle und ihrer Bedeutung im Weltmarkt. Deshalb wollen wir uns ihnen etwas ausführlicher widmen.

Der Name **Monazit** leitet sich aus dem Griechischen ab und bedeutet soviel wie allein (mono) lebend. Dies bezieht sich auf die einzeln vorkommenden Kristalle. Monazit enthält auch Zerfallsprodukte wie Blei und Helium. Daher ist Monazit ein wichtiges Mineral für die absolute Altersdatierung von Gesteinen (Geochronologie). Monazit hat eine Mohshärte von ca. 5 und eine Dichte von ca. 5 kg/dm³. Es gehört zur Mineralklasse der Phosphate, Arsenate und Vanadate. Seine Farbe variiert zwischen rot-braun und gelb.

Abb. 12.3: Monazit

Monazit findet man in Erzgruben in Gebirgen, aber auch als Monazit-sand an Flussläufen und Küstenstreifen. Die bedeutendsten Monazitab-baugebiete sind in Erzgruben in der inneren Mongolei in China, im Sü-den Kaliforniens, in Südafrika und in Australien, außerdem an Stränden von Südindien, Sri Lanka und Brasilien.

Abhängig vom Fundort enthält Monazit folgende Elemente (ungefähre Werte):

> Cer   50 %
> Lanthan   20 %
> Neodym   20 %
> Praseodym   5 %
> Andere   5 %

Monazit wurde von dem österreichischen Chemiker und Unternehmer Carl Freiherr Auer von Welsbach (1858–1929) gefunden, als er nach Thorium, einem radioaktiven Actinoid, im Ballastsand aus brasilianischen Schiffen suchte. Dies benötigte er für die von ihm erfundenen Glühstrümpfe für Gaslicht, der damals wichtigsten Lichtquelle. Dieses Gasglühlicht wurde auch »Auerlicht« genannt, es wurde für Auer von Welsbach ein großer wirtschaftlicher Erfolg. Er entdeckte auch die vier Elemente Neodym, Praseodym, Ytterbium und Lutetium und erfand den Zündstein für das Feuerzeug.

Unter der Leitung von Prof. Robert Wilhelm Bunsen (1811–1899) in Heidelberg, an dessen Brenner wir uns alle aus dem Chemieunterricht noch gerne erinnern, begann Auer mit Arbeiten an den Seltenen Erden. Über Bunsen sagte sein Freund, der englische Chemiker Henry Enfield Roscoe (1833–1915), nach dessen Tod:

> *»Als Forscher war er großartig. Als Lehrer sogar noch großartiger. Als Mann und Freund war er der Größte.«*

Gelehrte aus der ganzen Welt baten Auer von Welsbach um Präparate, die er, beeinflusst von Bunsen, kostenfrei zur Verfügung stellte, was ihm hohe Achtung weltweit einbrachte. Schließlich waren Eifersüchteleien und Geheimniskrämerei in der Welt der Wissenschaft, der Entdecker und Erfinder schon immer eher der Normalfall.

Abb. 12.4: Auer von Welsbach

In einem Bericht über seine Arbeiten vor 1910 beschrieb Auer auch Beobachtungen zur Radioaktivität, also 24 Jahre vor ihrer offiziellen Entdeckung! Seine Studien über hoch temperaturbeständige Metalle für Glühfäden führten zur Gründung der Marke »Osram«, wobei »Os« für Osmium und »ram« für Wolfram steht. Er erhielt viele Ehrendoktorwürden sowie den Adelstitel und wurde auf Geldscheinen und Münzen verewigt. Ein Museum in Althofen in Österreich ist allein ihm gewidmet.

Bastnäsit ist nach dem Fundort Bastnäs in einer alten Bergbauregion in Schweden benannt. Bastnäsit ist der Name für eine Serie von Mineralen aus der Gruppe der Carbonate, genauer der Lanthanoid-Fluorcarbonate. Aus ihnen wird seit den 1960er-Jahren ein großer Teil der Weltproduktion an Lanthanoiden gewonnen. Die Einzelminerale, die zur Bastnäsit-Gruppe gehören und anerkannt sind, lauten Bastnäsit-(Ce), Bastnäsit-(Y) und Hydroxylbastnäsit-(Ce), wobei das Element in Klammern den jeweiligen Hauptbestandteil des Minerals angibt, jedoch auch andere Lanthanoide in mehr oder minder großer Konzentration vorkommen.

Durch Verwitterung und damit einhergehenden chemischen Prozessen kann sich Monazit bilden. Die Mohs-Härte der Bastnäsite liegt bei 4 bis 4,5 und die Dichte bei ca. 5,0 g/cm^3.

Eine typische Verteilung der Seltenerdmetalle am Beispiel des Einzelminerals Bastnäsit-(Ce) zeigt folgende Tabelle, wobei die genaue Zusammensetzung je nach Fundstätte schwanken kann:

Element	typischer Anteil
Lanthan	33,2 %
Cer	49,1 %
Praseodym	4,3 %
Neodym	12 %
Samarium	0,8 %
Europium	0,12 %
Gadolinium	0,17 %

Terbium	160 ppm
Dysprosium	310 ppm
Holmium	50 ppm
Erbium	35 ppm
Thulium	8 ppm
Ytterbium	6 ppm
Lutetium	1 ppm
(Quelle: Wikipedia)	

Abb. 12.5: Bastnäsit

Was »**ppm**« bedeutet, finden Sie im Kapitel 7 »Metalle im Vergleich«. Der jeweilige Massenanteil an der Erdhülle ist auch bei der Vorstellung der einzelnen Metalle genannt.

Die bedeutendsten Hauptfundorte von Bastnäsit sind die innere Mongolei in China, Mountain Pass im Süden Kaliforniens und Madagaskar.

Beteiligungsmöglichkeiten und Aussichten für Anleger

Noch weniger als bei den Strategischen Metallen gibt es bisher Möglichkeiten, in Seltene Erden zu investieren. Man kann entweder direkt Aktien von Minenunternehmen bzw. Produzenten zu erwerben oder sich an entsprechenden Fonds zu beteiligen. Diese beinhalten meist auch Aktien von Minen anderer Rohstoffe, oft Strategische Metalle und nicht nur Seltene Erden.

Noch gibt es keine Indizes ausschließlich für Seltenerdmetalle.

Internetadressen von Gesellschaften, die infrage kommen, finden Sie in Kapitel 13. Auch Finanzportale können Ihnen weiterhelfen.

Auch in diesem Fall gilt: Über den Zertifikate-Markt, der sich erst langsam entwickelt und mit dessen Hilfe man an der Preisentwicklung profitieren kann, muss man sich in Finanzportalen informieren. In diesem Buch können noch keine Empfehlungen gegeben werden. Da Metall-Aktien, -Fonds und -Derivate meist in US-Dollar gehandelt werden, sollten Sie auf den Kurs zum Euro achten. Oft gibt es die Möglichkeit, gegen eine Gebühr währungsgesicherte Anlagen zu zeichnen.

Für ein direktes Investment in Minenaktien oder in gemanagte Fonds oder in zukünftige Indexfonds, die solche Aktien beinhalten, ist natürlich China das bedeutendste Land, vor USA und Australien.

Bedeutung der Lagerstätten in China

Der Bezirk Bayan Kuang (»Reiche Mine«), der zur Stadt Baotou in der inneren Mongolei in China gehört und Gansu und Sichuan sind die bisher bedeutendsten Fundorte weltweit, die bereits produzieren.

Aus China kommen 95 % der Weltproduktion, über 100 000 Tonnen. So beziehen auch die USA 90 % ihres Bedarfs aus China. Die strategische Bedeutung für China ist demzufolge natürlich groß, es begrenzt schon die Ausfuhren und belegt sie mit Ausfuhrzoll, den China aufgrund der Monopolstellung bald völlig frei festsetzen kann. Auch deshalb werden die Preise in die Höhe schnellen.

60 000 Tonnen exportierte China noch 2004, nur noch 40 000 Tonnen in 2007. Hinzu kommt die erklärte Absicht Chinas, künftig vorrangig nicht die Metalle an Produzenten aller Art außerhalb des Landes verkaufen zu wollen, sondern die daraus zu fertigenden Endprodukte bzw. Halbfertigzeuge im Lande zu produzieren, um auch an den dazu notwendigen Verfahrensschritten zu profitieren.

In Bayan Kuang wurden die Erzgruben, die im Tagebau abgebaut werden, 1920 entdeckt. Man schätzt die Reserven an Erzen der Seltenen Erden auf über 35 Millionen Tonnen. Dort befinden sich auch die größten Eisenerzvorkommen Chinas mit über einer Milliarde Tonnen Reserven.

Die führenden Produzenten von Seltenerdmetallen in China sind Baotou Steel, Baotou Rare Earth Group Co., Gansu Rare Earth Co. und Sichuan Rare Earth Group.

Lagerstätten in den USA

Das Abbaugebiet Mountain Pass befindet sich im San Bernardino County im Süden Kaliforniens. Die Mine gehört der Moly Corp Division, die sich auch »The Rare Earths Company« nennt. Für viele ist allerdings wichtiger: In San Bernardino wurde 1940 das erste McDonald's eröffnet, heute ein Wallfahrtsort für meist dicke Amerikaner.

Viele Informationen über die Region und die Mine, auch über die Geschichte, bietet Ihnen die Internetseite der Molycorp. Unter »The Green Elements« (!) finden Sie Einzelheiten zu Cer, Lanthan, Praseodym, Neodym, Europium und Yttrium sowie in einem separaten Kapitel zu den anderen Lanthanoiden, die »The Heavies« genannt werden.

Interessant ist die ausführliche Schilderung der derzeitigen Lage unter »Global Outlook«. Hier wird eindringlich vor einer Übermacht Chinas gewarnt. Molycorp Minerals hatte einmal die weltgrößte Fördermine für Seltenerdmetalle, stellte aber aufgrund der billigeren Konkurrenz aus China 2002 die Förderung ein. Diese soll nun wieder aufgenommen werden, allerdings wird es Jahre dauern, bis eine nennenswerte Produktion aufgebaut ist.

Abb. 12.6: Das erste McDonald's in San Bernadino

Abb. 12.7: Devils Tower in der Nähe des Bear Lodge Project

Eine weitere Lagerstätte in den USA ist Bear Lodge im Nordosten von Wyoming. Es soll die größte für Seltenerdmetalle in Nordamerika sein und befindet sich im Besitz des kanadischen Unternehmens Rare Element Resources Ltd.

In der Nähe befindet sich ein einzigartiges Naturdenkmal, der Devils Tower. Er wurde von Präsident Roosevelt im Jahre 1906 zum ersten National Monument der USA erklärt und wurde 1977 weltberühmt durch den Spielfilm »Unheimliche Begegnung der dritten Art« von Steven Spielberg, in welchem er als Landeplatz für Außerirdische diente.

Lagerstätten in Australien
Die australischen Minenunternehmen sind im Abbau vieler Rohstoffe tätig. Die Seltenerdmetalle sind nur ein Teil der Aktivitäten und man steht damit noch am Anfang.

Eine besonders ergiebige Lagerstätte befindet sich in Mt. Weld im Westen Australiens. Erschlossen wird es von der Lynas Corporation Ltd. Nach eigenen Angaben zählt das Vorkommen zu den größten weltweit. Lynas hat große Pläne. So will das Unternehmen nicht nur als Lieferant, sondern auch als Weiterverarbeiter auftreten.

Ein anderes australisches Unternehmen, Arafura Resources Ltd., soll auch über große SEM-Reserven verfügen. Es gibt mehrere Abbauprojekte in Nolans Bore, Lagoon Creek, Lucy Creek und Aileron Basin.

Ganz aktuell: Im März 2010 wurden in China vier australische Manager von Rio Tinto zu bis zu vierzehn Jahren Haft wegen Industriespionage und Korruption verurteilt. Rio Tinto ist eines der größten Bergbauunternehmen weltweit, 1873 gegründet mit Unternehmenssitz in London und Melbourne und über 100 000 Mitarbeitern, das hauptsächlich Eisenerz, Aluminium, Kupfer und Gold gewinnt. Das Unternehmen hat enge Wirtschaftsbeziehungen zu China. Es fand die Strafen zwar hart, hat aber nicht protestiert und die Mitarbeiter sofort entlassen.

Weitere Lagerstätten
Usbekistan ist ein Land mit reichen Bodenschätzen. Es gibt Kohle, ÖL, Erdgas, Edelmetalle, Buntmetalle und vieles andere. Bei der Suche fand

man auch Vorkommen an Seltenerdmetallen und Strategischen Metallen. Für eine endgültige Bewertung ist es aber noch zu früh.

In **Kanada** hat die Avalon Rare Metals Company Seltene Erden in der Lagerstätte »Nechalacho« entdeckt, von der man sich viel verspricht.

In **Deutschland** will die Deutsche Rohstoff AG Seltenerdmetalle fördern, die im Erzgebirge schon in den siebziger Jahre bei der Suche nach Uran gefunden wurden (s. Kapitel 4, »Minen, Recycling«).

Wenn China so übermächtig im Abbau der Erze und in der Produktion der Seltenerdmetalle bleibt, wie bei Molycorp beschrieben, dann wird China die Preise diktieren. Sollte sich das ändern und beispielsweise Molycorp aufholen, also in einem Markt zwei Wettbewerber vorne liegen, gibt es zwei Möglichkeiten: Man liefert sich einen knallharten Konkurrenzkampf mit entsprechendem Verfall der Preise oder man spricht sich ab.

Was ist wohl für beide Seiten sinnvoller? Eben! Selbstverständlich spreche ich hier nicht von dem deutschen Binnenmarkt, hier sind Preisabsprachen ja verboten. Bedingt durch die strikte Einhaltung dieses Verbotes haben wir einen so extremen Wettbewerb und Preiskampf beispielsweise bei Strom, Benzin und Medikamenten. Zynisch? Ja, aber erinnern Sie sich, was ich in der Einleitung zum Thema Korruption sagte?

Da man sowohl Amerikanern als auch Chinesen einen gesunden Geschäftssinn unterstellen kann, neige ich zu der Annahme, dass vielleicht nicht sofort, aber mit zunehmender Bedeutung schon in wenigen Monaten, spätestens in einigen Jahren die Preise für Seltenerdmetalle rasant steigen werden, natürlich mit dem üblichen Auf und Ab, wie das bei allen anderen Rohstoffpreisen auch der Fall ist.

Mit hohen Volatilitäten ist zu rechnen.

Die anderen Nationen mit den kleineren Abbaugebieten werden sich daran erfreuen und sicher nichts dagegen haben. Um im Markt bestehen zu können, müssen sie nicht die Preise der Großen unterbieten, es ist genug Bedarf für alle da.

Die Metalle

Aus beiden Erzsorten werden die Seltenerdmetalle in mehreren Verfahrensschritten mittels Zusatz von Säuren (Saure Behandlung) und/oder Laugen (Alkalische Behandlung) und Hitze gewonnen. Die Verfahren sind sehr komplex und aufwendig. Sie laufen grundlegend anders ab als die Gewinnung der meisten anderen Metalle aus Erzen, die meist durch Erhitzung herausgeschmolzen werden. Dies ist auch der Grund dafür, dass die Seltenerdmetalle verglichen mit anderen erst so spät entdeckt wurden und es so viele Missverständnisse gab. Näheres zu diesen Verfahren würde hier zu weit führen; unter den Stichworten Monazit und Bastnäsit finden an Chemie Interessierte genügend Informationen im Internet.

Viel mehr noch als in anderen Wissenschaftsgebieten gab es speziell bei den Entdeckungen der Metalle der Seltenen Erden Forscher, die metallübergreifend viele Grundlagen entdeckten. Dies hängt unter anderem mit der typischen und komplizierten Urform der Metalle als unterschiedliche Oxide zusammen, die man nicht auf Anhieb auseinanderhalten konnte.

Wie auch die Strategischen Metalle will ich Ihnen auf den folgenden Seiten die Metalle einzeln vorstellen. Dabei will ich auch ein wenig auf interessante Informationen eingehen, die über die Eigenschaften, Vorkommen und Anwendungen der Metalle hinausgehen. Wenn dieselben Wissenschaftler für verschiedene Elemente maßgebend waren, finden Sie dann mehr Informationen über ihre Biographien nur bei einem Metall, bei anderen Metallen wird dann auf dieses Metall hingewiesen.

Vieles konnte erst in der jüngeren Wissenschaftsgeschichte geklärt werden. So hat beispielsweise der französische Chemiker Georges Urbain (1872–1938) erst 1905 reines Erbiumoxid hergestellt. Er studierte an der Sorbonne in Paris und war dort bis zu seinem Tod Hochschullehrer. Erst er erkannte, dass mehrere bis dahin als rein angesehene Lanthanoid-Elemente in Wirklichkeit Gemische waren. So stellte er erstmals auch reines Lutetium und reines Gadolinium her. 1919 gründete er die Société des terres rares (Gesellschaft für Seltene Erden). Wie viele große Köpfe dieser und der vorangegangenen Zeiten war er sehr vielseitig, auch künstlerisch interessiert und wirkte als Bildhauer, Maler und Musiker.

Die 17 Metalle der Seltenen Erden in alphabetischer Reihenfolge mit Symbol und Ordnungszahl

Cer (Ce, 58), **Dysprosium** (Dy, 66), **Erbium** (Er, 68), **Europium** (Eu, 63), **Gadolinium** (Gd, 64), **Holmium** (Ho, 67), **Lanthan** (La, 57), **Lutetium** (Lu, 71), **Neodym** (Nd, 60), **Praseodym** (Pr, 59), **Promethium** (Pm, 61), **Samarium** (Sm, 62), **Scandium** (Sc, 21), **Terbium** (Tb, 65), **Thulium** (Tm, 69), **Ytterbium** (Yb, 70), **Yttrium** (Y, 39)

Ausnahmsweise wollen wir diese Metallgruppe auch noch einmal anders ordnen, und zwar nach den Ordnungszahlen. Hintergrund ist die für Anlagebetrachtungen und Minenbewertungen wichtige Unterscheidung in leichte und schwere Seltenerdmetalle (LREE 21 bis 62, HREE 63 bis 71). Also:

Die 17 Metalle der Seltenen Erden geordnet nach Ordnungszahl

Scandium (Sc, 21), **Yttrium** (Y, 39), **Lanthan** (La, 57), **Cer** (Ce, 58), **Praseodym** (Pr, 59), **Neodym** (Nd, 60), **Promethium** (Pm, 61), **Samarium** (Sm, 62), **Europium** (Eu, 63), **Gadolinium** (Gd, 64), **Terbium** (Tb, 65), **Dysprosium** (Dy, 66), **Holmium** (Ho, 67), **Erbium** (Er, 68), **Thulium** (Tm, 69), Ytterbium (Yb, 70), **Lutetium** (Lu, 71)

Schon bei der Auflistung einiger Eigenschaften der Seltenerdmetalle wird Ihnen auffallen, dass sich diese im Gegensatz zu den Eigenschaften der meisten anderen Metallgruppen stark ähneln. So sind die Mohshärten sehr niedrig und können oft gar nicht angegeben werden. Die Dichten sind unterschiedlich, gehen aber nicht über 10 g/cm³ hinaus. Die elektrischen Leitfähigkeiten bewegen sich in ähnlichen Größenordnungen.

Gefahrstoffe
Einige Metalle unterliegen der Gefahrstoffkennzeichnung nach der Gefahrstoffverordnung. Diese besagt, dass Gefahrstoffe mit Namen, Gefahrensymbol und -namen sowie Risiko- und Sicherheitssätzen gekennzeichnet sein müssen.

Folgende Symbole werden hierfür verwandt:

 **Leichtentzündliche Stoffe** (Auszug): Stoffe, die sich bei Raumtemperatur an Luft ohne äußere Energiezufuhr erhitzen und entzünden können oder Feststoffe, die sich bei kurzfristiger Einwirkung einer Zündquelle leicht entzünden und von alleine weiterbrennen können.

 **Gesundheitsschädlich, reizend**
Stoffe, die bei Berührung mit Wasser oder Luft hochentzündliche Gase entwickeln.
Stoffe, die beim Verschlucken, Einatmen oder über die Haut Gesundheitsschäden hervorrufen können.

 **Radioaktiv**

Seltenerdoxide haben generell den Vorteil, sehr lagerstabil zu sein. Geliefert werden sie meist als Oxide in Pulverform in Plastik- oder Stahlfässern.

Physisches Investment
Neu ist die Möglichkeit, direkt in physische Seltenerdmetalle zu investieren, allerdings nicht in die Metalle in Reinform, sondern in ihre Oxide, die auch die Handelsform dieser Metalle darstellen. Hier gilt das Gleiche wie schon in dem Kapitel »Strategische Metalle« aufgeführt, was die sinnvolle Auswahl betrifft.

Am ehesten in Frage hierfür kommen die Metalle:

Dysprosium, Europium, Neodym, Terbium, Yttrium

Diese Metalle werden deshalb in den Überschriften **in Rot und Groß-buchstaben** herausgestellt.

Preisangaben

Wie im vorherigen Kapitel »Strategische Metalle, Technologiemetalle I« möchte ich auch an dieser Stelle anmerken::

Unter den Beschreibungen werden Sie für einige Metalle – nicht für alle – Charts mit Werten finden, die freundlicherweise von dem Handelsunternehmen Tradium GmbH zur Verfügung gestellt wurden. Die Charts stammen deshalb von einem Unternehmen, weil es für einige dieser Metalle zwar Charts im Internet, aber keine Börsen gibt, der Handel sich also direkt zwischen Käufer und Verkäufer abspielt. Aus diesem Grund sind auch die Preisangaben für die Metalle unterschiedlich in Bezug auf Währung, Menge und Preisstellung. Die angegebenen Reinheiten in Prozent entsprechen den üblichen Handelsspezifikationen.

> Währungen können sein $ (US-Dollar), € (EURO) oder RMB (Renminbi, s. »Währung« unter China im Kapitel 3 »Märkte, Börsen und China«)
> Mengen können sein mt oder mtu (Metric Ton Unit = 1 000 kg), kg (Kilogramm) oder lb (Pound, Pfund, entspricht 0,45359237 kg. 1 kg = 2,2046 pounds)
> Die Preisstellung kann sein FOB (Free On Board), CIF (Cost Insurance Freight) oder schlicht EU. FOB und CIF sind Abkürzungen der Incoterms (International Commercial Terms), der Internationalen Handelskammer. Damit wird die Art und Weise von Lieferungen von Gütern international geregelt. Die beiden genannten sind die meist genutzten, sie werden auch für die Außenhandelsstatistik verwendet und zwar FOB für Ausfuhren, CIF für Einfuhren. Wenn also ein Metall aus China eingeführt werden muss, bedeutet FOB, dass die Transportkosten von einem Hafen Chinas zu einem Hafen Europas nicht enthalten sind, bei CIF sind sie es, bei EU ebenfalls. IWH heißt »In Warehouse«, EXW »Ex Works«. Das muss ich nicht übersetzen.

Verpackungen, Verpackungseinheiten und Lieferformen (Barren, Stangen, Stücke, Späne, Pulver etc.) sind natürlich je nach Handelspartner unterschiedlich, die hier unter Liefer- und Anlageaspekte genannten sind die gängigsten.

Die Metalle im Einzelnen in alphabetischer Reihenfolge

⊃ Cer

Cer, auch Zer oder Cerium genannt, wurde als Oxid 1803 von
den schwedischen Wissenschaftlern Jöns Jakob Berzelius (1779–
1848) und Wilhelm von Hisinger
(1766–1852) gleichzeitig mit Martin Heinrich Klaproth (1743–1817,
s. Kapitel »Strategische Metalle«,
Tellur) entdeckt und nach dem
Zwergplaneten Ceres benannt, der

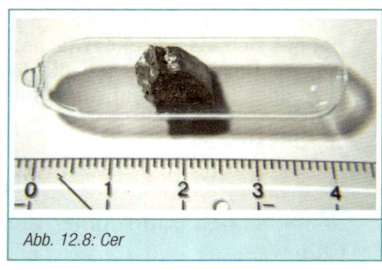

Abb. 12.8: Cer

kurz vorher 1801 von dem italienischen Astronomen Giuseppe Piazzi
(1746–1826) entdeckt wurde.

Berzelius gilt als Vater der modernen Chemie, Hisinger, in dessen Haus
er zeitweilig wohnte, finanzierte gemeinsame Studien. Sie entdeckten
auch das Lithiumoxid.

Die Darstellung des Elements gelang 1825 Carl Gustav Mosander (1757–
1858). Er war Apotheker, studierte Medizin und wurde Professor für Chi-
rurgie. Durch Jöns Jacob Berzelius fand er zur Chemie und wurde 1836
dessen Nachfolger als Professor für Chemie und Pharmazie. Diese wis-
senschaftsübergreifenden Karrieren waren zu dieser Zeit nicht unüblich.
In zwanzig Jahren Beschäftigung mit den Seltenen Erden entdeckte Mosander noch weitere Elemente, so Erbium, Terbium und Yttrium.

Cer ist silbrigweiß glänzend und das zweitreaktivste Lanthanoidmetall.
Schon eine oberflächliche Verletzung der gelben Oxidschicht entzündet
das Metall. Fein verteilt erhitzt es sich ohne Energiezufuhr an Luft und
entzündet sich. Bei 150 °C verbrennt es. Von Wasser und Laugen wird es
angegriffen. Cer ist leicht entzündlich und hat die Gefahrstoffkennzeichnung F.

Vorkommen

In der Natur kommt Cer in Ceriterden zusammen mit anderen Lanthanoiden vor. Es muss aufwendig auf chemischem Wege abgetrennt werden
bis hin zu einer Abschmelzung im Vakuum.

Die wichtigsten Eigenschaften sind:

Name, Symbol, Ordnungszahl	Cer, Ce, 58
Massenanteil an der Erdhülle	43 ppm
Dichte	6,689 g/cm³
Mohshärte	2,5
Schmelzpunkt	795 °C
Elektrische Leitfähigkeit	$1{,}35 \times 10^6$ A / V x m

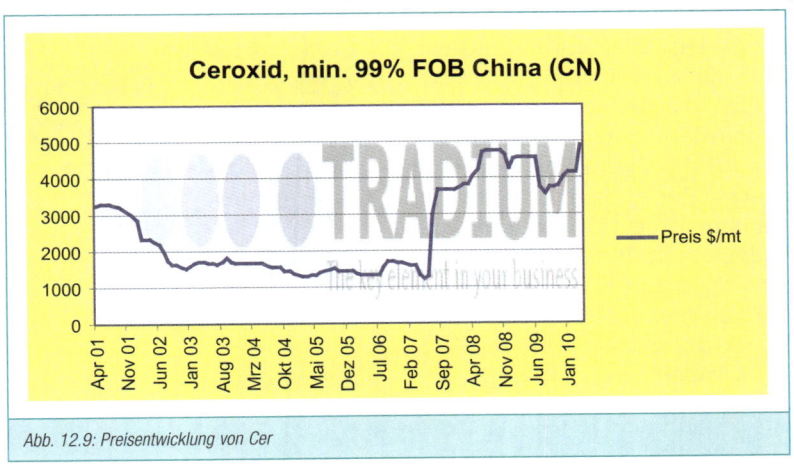

Abb. 12.9: Preisentwicklung von Cer

Anwendungen

Aufgrund seiner Eigenschaften wird Cer vorwiegend als Mischmetall eingesetzt, und zwar in Verbindungen mit Metallen, die bei der Herstellung
aus den entsprechenden Seltenerdmineralien anfallen. Der Begriff

»Mischmetall« hat sich inzwischen durchgesetzt für eine Verbindung aus 50 % Cer, 25 % Lanthan, 15 % Neodym und 10 % anderen Zusätzen. Diese Mischung wird gehandelt als Pulver, Barren, Stangen etc. Interessant ist die englische Übersetzung. Sie lautet nicht »mixed metal« o. ä., sondern »Mischmetal«. Die Verbindungen werden angeboten in Reinheiten von 99 % bis 99,999 %. Es gibt Azetat, Nitrat, Sulfat, Carbonat, Chlorid, Fluorid, Hydroxid u. a.

Cer und seine Verbindungen dienen zur Färbung von Emaille, als Ausgangsstoff für Zündsteine, Bestandteil von Katalysatoren, UV-Filter, Bildröhren etc.

⇨ DYSPROSIUM

Dysprosium wurde 1886 von dem Franzosen Paul Émile Lecoq de Boisbaudran (1838–1912), Sohn einer Weinhändlerfamilie, entdeckt, als er mit aufwendigen Analysemethoden Dysprosiumoxid von Holmiumoxid trennen konnte. Bis dahin galt das Oxid als nur eine Substanz. Der Name Dysprosium kommt aus dem Griechischen und bedeutet treffend soviel wie »schwer zugänglich«. Er entdeckte 1875 auch das Element Gallium (s. Kapitel 11, »Strategische Metalle«), 1879 Samarium und 1886 Dysprosium.

Abb. 12.10: Dysprosium

Boisbaudran machte sich in der Wissenschaft einen Namen, als er den Zusammenhang zwischen Spektrallinienfrequenzen und Atommassen entdeckte. 1895 erlitt er eine Gelenkversteifung und konnte danach zu seinem großen Leidwesen nicht mehr experimentell arbeiten.

Die wichtigsten Eigenschaften sind:

Name, Symbol, Ordnungszahl	Dysprosium, Dy, 66
Massenanteil an der Erdhülle	4,3 ppm
Dichte	8,551 g/cm³
Mohshärte	o.A.
Schmelzpunkt	1407 °C
Elektrische Leitfähigkeit	1,08 x 10⁶ A / V x m

Dysprosium ist dehnbar und biegbar. Es ist sehr reaktionsfähig, chemisch gesehen also unedel. An Luft oxidiert es, in Wasser wird es angegriffen, in verdünnter Säure gelöst. Dysprosium ist leicht entzündlich und hat die Gefahrstoffkennzeichnung F.

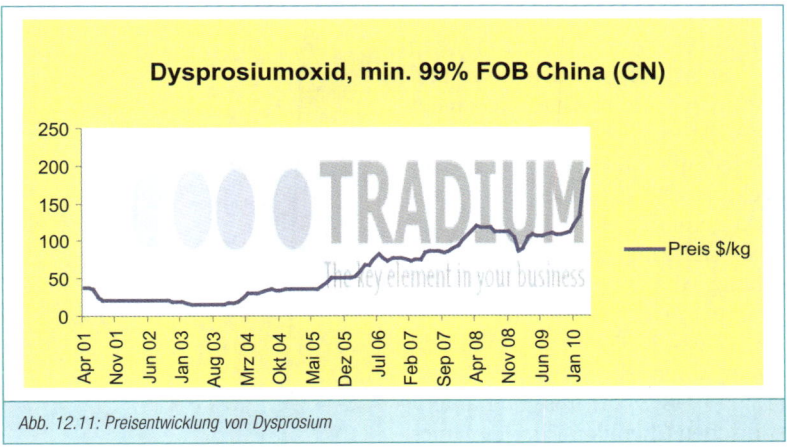

Abb. 12.11: Preisentwicklung von Dysprosium

Vorkommen
Auch Dysprosium muss aufwendig chemisch abgetrennt werden bis hin zu einer Destillation im Hochvakuum. Die Ausgangsmaterialien sind Monazit und Bastnäsit. Die Fördermenge beträgt zurzeit weniger als 100 Tonnen pro Jahr.

Anwendungen

Dysprosium findet man in mehreren Legierungen, es dient als Abschirm-material bei kerntechnischen Anwendungen, wird für Laserwerkstoffe verwendet und ist Bestandteil von Permanentmagneten. Diese werden benötigt in Generatoren für die Stromerzeugung, in Elektroautos etc. Dysprosium findet man auch in Energiesparlampen.

Liefer- und Anlageaspekte

Dysprosium wird als Dysprosiumoxid Dy_2O_3 in einer Reinheit von 99,0 % gehandelt. Verpackt wird es üblicherweise in Plastik- oder Stahlfäs-sern mit einem Gewicht von 25 kg bzw. 50 kg. Es ist sehr lagerstabil.

⊃ Erbium

Der Name Erbium leitet sich ab von der Grube Ytterby bei Stock-holm, die oben näher beschrieben wurde. Es wurde dort 1843 von dem schwedischen Chemiker und Chirurgen Carl Gustav Mosander (1797–1858, s. Cer) entdeckt. Mo-sander glaubte bei seiner Ent-deckung des Erbiums, ein reines Oxid gefunden zu haben. Es han-delte sich aber um eine Oxidmi-schung, die auch andere SE-Me-talle enthielt. Reines Erbiumoxid konnte erst 1905 von dem französi-schen Chemiker Georges Urbain (1872–1938, s. o.) und dem ameri-kanischen Chemiker Charles James hergestellt werden.

Abb. 12.12: Erbium

An Luft läuft Erbium grau an. Es ist zwar schmiedbar, andererseits aber auch sehr spröde. Mit Wasser reagiert es zu Hydroxid, in Mine-ralsäuren löst es sich auf. Seine Verbindungen und Salze sind rosafarben. Erbium ist leicht entzündlich und hat die Gefahrstoffkennzeichnung F.

Vorkommen
Erbium gehört zu den seltenen Seltenerdmetallen. Es muss aufwendig von anderen Stoffen getrennt werden bis hin zu einer Umschmelzung im Vakuum.

Anwendungen
Erbium hat viele bedeutende Anwendungen. In Lichtwellenleitern kann es als optischer Verstärker eingesetzt werden, das Glasfasersignale direkt ohne Einsatz elektrischer Signale verstärken kann. Bei Kalorimetern (Wärmemessgeräte) dient es als Sensormaterial.

Eine wichtige Anwendung erfährt Erbium in Festkörperlasern, die in der Humanmedizin eingesetzt werden. Durch schlagartige Verdampfung lässt sich Gewebe in dünnen Schichten abtragen, die sogenannte Fotoablation. Es können sowohl Hautgewebe als auch Hartgewebe wie beispielsweise in der Zahnmedizin behandelt werden.

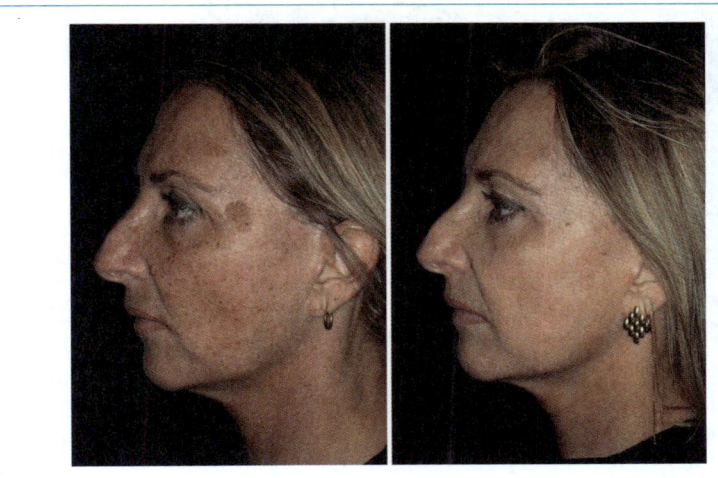

Abb. 12.13: Erbiumlaserbehandlung

➲ EUROPIUM

Europium ist als eines von nur zwei Elementen nach einem Erdteil, in diesem Fall Europa benannt. Das andere ist Americium, ein künstlich erzeugtes, radioaktives Transuran der Actinoide, das für unsere Metallbetrachtungen irrelevant ist.

Der französische Chemiker Paul Émile Lecoq de Boisbaudran (1838–1912, s. Dysprosium), der auch die Seltenerdelemente Samarium und Dysprosium entdeckte, fand 1890 in einem Samarium-Gadolinium Konzentrat ihm zunächst unbekannte Spektrallinien.

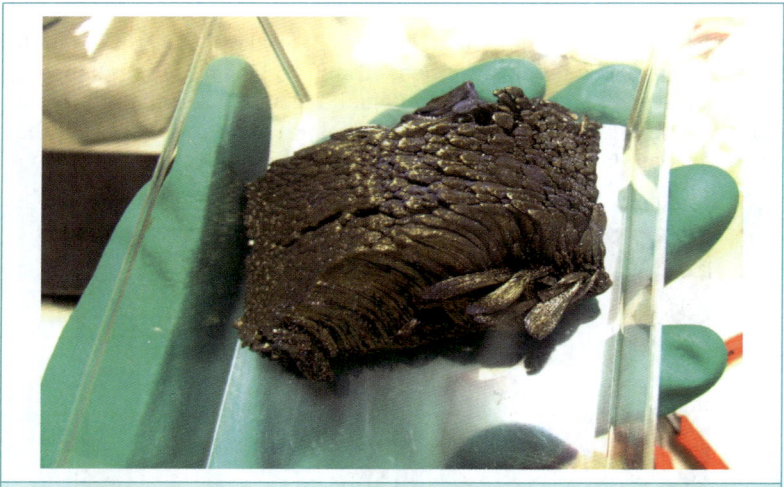

Abb. 12.14: Europium in Argongas

1901 dann gelang dem ebenfalls französischen Chemiker Eugène-Anatole Demarçay (1852–1904) die Abtrennung und Entdeckung des Europiums, nachdem er 1896 in dem von Boisbaudran gerade entdeckten Samarium ein weiteres Element vermutete. In dieser Zeit arbeitete Demarçay mit Marie Curie (1867–1934) zusammen, der er bei der schwierigen Isolierung von Radium half.

Marie Curie ist der bisher einzige Mensch aus der Reihe der wenigen Mehrfachpreisträger, der je einen Nobelpreis für Physik (1903) und Chemie (1911) erhalten hat. Sie prägte den Begriff »Radioaktivität«.

Rein metallisches Europium konnte aber erst Jahre später nach seiner Entdeckung durch Demarçay hergestellt werden.

Die wichtigsten Eigenschaften sind:

Name, Symbol, Ordnungszahl	Europium, Eu, 63
Massenanteil an der Erdhülle	0,099 ppm
Dichte	5,244 g/cm³
Mohshärte	o.A.
Schmelzpunkt	826 °C
Elektrische Leitfähigkeit	1,11 x 10⁶ A / V x m

In der Unterscheidung von Leicht- und Schwermetallen ist Europium das leichteste Schwermetall, das nächst leichtere Titan ist das schwerste Leichtmetall.

Europium ist das reaktivste Seltenerdmetall. In Luft läuft es sofort an, entzündet sich schon bei 150 °C und verbrennt mit roter Flamme. In Wasser reagiert es unter Wasserstoffentwicklung.

Europium und seine Verbindungen sind giftig. Metallstäube können explosionsgefährlich sein. Europium ist leicht entzündlich und hat die Gefahrstoffkennzeichnung F.

Vorkommen
Auch Europium kommt in der Natur nur in Verbindungen vor. Man kann es aus Bastnäsit und aus Monazit gewinnen, wobei zunächst sehr aufwendig hochreines Europiumoxid gewonnen und dieses dann zu metallischem Europium reduziert wird.

Europium wurde mittels Spektralanalyse auch in der Sonne und in einigen Sternen nachgewiesen.

Anwendungen
Europium findet Anwendungen als Lumineszenzmaterial in Farbbildröhren und als Dotiermaterial. Unter Dotierung (lat. dotare, ausstatten) versteht man in der Halbleitertechnik das Verändern der Eigenschaften eines Ausgangsmaterials, beispielsweise der Leitfähigkeit, durch Einbringen kleiner Mengen eines anderen Materials.

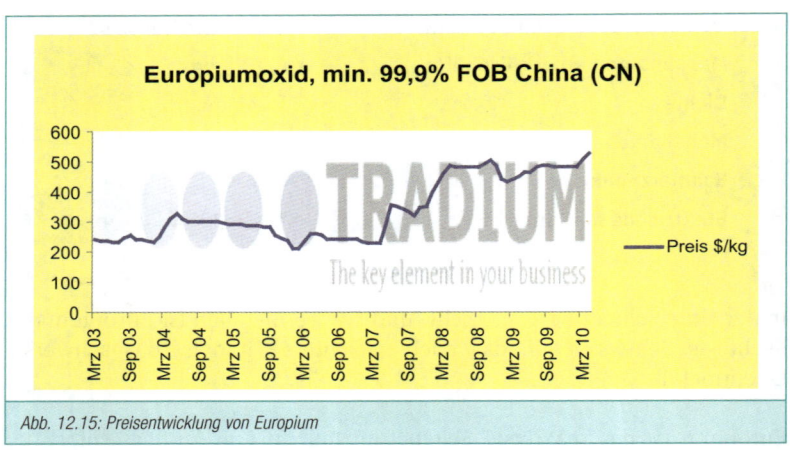

Abb. 12.15: Preisentwicklung von Europium

Liefer- und Anlageaspekte
Europium wird als Europiumoxid Eu_2O_3 in einer Reinheit von 99,9 % gehandelt. Verpackt wird es üblicherweise in Plastik- oder Stahlfässern mit einem Gewicht von 25 kg bzw. 50 kg. Es ist sehr lagerstabil.

⮕ Gadolinium

Auch Gadolinium zeigt auf, wie schwierig und komplex die Entdeckung der Metalle der Seltenen Erden sein konnte. Spektroskopisch wurde es bereits 1880 von Jean-Charles Galissard de Marignac (1817–1894) entdeckt und 1886 als Oxid hergestellt. Gadolinium erhielt seinen Namen 1886 durch Paul Emile Lecoq de Boisbaudran (1838–1912, s. Dysprosium) nach dem finnischen Chemiker Johan Gadolin (1760–1852), der nicht nur das nach ihm benannte Mineral Gadolinit entdeckte, sondern auch das erste Seltenerdelement Yttrium. Gadolin war ein finnischer Chemiker und ein bedeutender Universalgelehrter seiner Zeit. Großvater und Vater waren sowohl Bischöfe als auch Physikprofessoren an der Universität von Åbo in Südwestfinnland.

Reines Gadolinium konnte erstmals von dem französischen Chemiker Georges Urbain (1872–1938, s. o.) hergestellt werden, dessen Hauptarbeitsgebiet die Lanthanoiden waren. Er isolierte auch erstmals Lutetium.

Abb. 12.16: Gadolinium

Gadolinium lässt sich schmieden und ist duktil. Hierunter versteht man die Eigenschaft eines Materials, sich durch Belastung verformen zu lassen. Glas beispielsweise ist nicht duktil, weil es sofort bricht; Gold ist sehr duktil, weil es sich gut biegen und walzen lässt.

Die wichtigsten Eigenschaften sind:

Name, Symbol, Ordnungszahl	Gadolinium, Gd, 64
Massenanteil an der Erdhülle	5,9 ppm
Dichte	7,901 g/cm³
Mohshärte	o.A.
Schmelzpunkt	1312 °C
Elektrische Leitfähigkeit	0,763 x 10⁶ A / V x m

In feuchter Luft oxidiert Gadolinium, die Oxidschicht haftet jedoch nur lose und blättert leicht ab. In verdünnter Säure löst es sich auf. Gadolinium ist unterhalb 16 °C ferromagnetisch, hat dann also ähnliche magnetische Eigenschaften wie Eisen.

Gadolinium ist leicht entzündlich und hat die Gefahrstoffkennzeichnung F. Freies Gadolinium wirkt toxisch.

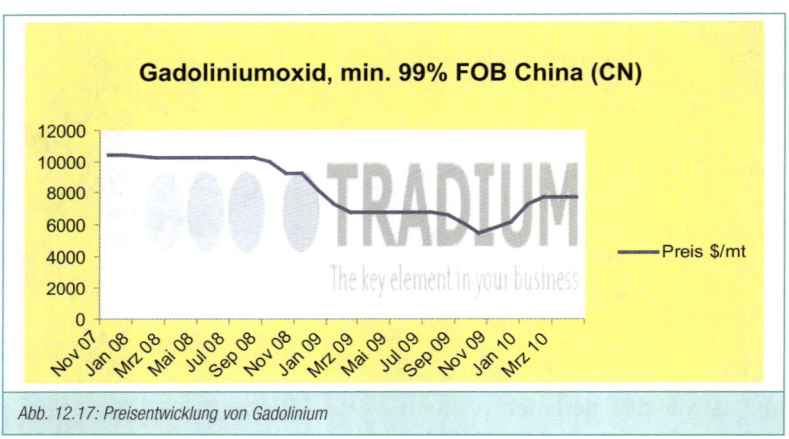

Abb. 12.17: Preisentwicklung von Gadolinium

Vorkommen
Gadolinium kommt nur in Verbindungen vor, gewonnen wird es aus Monazit und Bastnäsit. Die Grube Ytterby nördlich von Stockholm, wo es erstmals gefunden wurde, ist heute erschöpft.

Nachdem Gadoliniumoxid von den anderen Begleitstoffen aufwendig abgetrennt wurde, wird es in mehreren Verfahrensschritten über den Umweg Gadoliniumfluorid zu metallischem Gadolinium reduziert.

Anwendungen
Gadolinium wird für Mikrowellenanwendungen sowie für Radarschirme benötigt. Es ist ferromagnetisch. In der Medizin wird Gadolinium als Kontrastmittel in der Kernspintomographie eingesetzt sowie für Untersuchungen am Gehirn, da Gadolinium-Komplexe die Blut-Hirn-Schranke nicht überwinden. (Die Blut-Hirn-Schranke grenzt als selektiver Filter

den Blutkreislauf vom Zentralnervensystem ab und schützt somit das Gehirn vor Krankheitserregern im Blut.)

Bisher noch keine technische Bedeutung hat Gadolinium für die Verwendung in Kühlgeräten ohne FCKW. Hieran wird noch gearbeitet. Experten sehen in diesem Bereich große Zukunftschancen.

Verwendet wird Gadoliniumoxid in modernen Brennelementen für Kernreaktoren.

⊃ Holmium

Auch Holmium wurde metallisch rein erst sehr spät, nämlich 1940 hergestellt. Zuvor gelang dem schwedischen Chemiker Holmberg 1911 die Gewinnung von reinem Holmiumoxid. 1878 und 1879 entdeckten die Schweizer Chemiker Marc Delafontaine (1838–1911) und Jacques Louis Soret (1827–1890) sowie der schwedische Naturforscher Per Theodor Cleve (1840–1905) unabhängig voneinander das neue Element mit unterschiedlichen Methoden. Cleve erhielt nach Abtrennung aller Verunreinigungen einen braunen Rest, den er Holmia nannte und einen grünen Rest, der den Namen Thulia erhielt. Im Rahmen seiner wissenschaftlichen Studien bereiste Cleve zunächst Europa, später auch Nordamerika und die Karibik.

Abb. 12.18: Holmium

Ob Holmberg den Namen Holmium, wie von Cleve mit der Zustimmung Sorets wegen der Nähe zu vielen Yttererden vorgeschlagen, nach der schwedischen Hauptstadt Stockholm oder nach seinem eigenen Namen gewählt hat, ist umstritten.

Die wichtigsten Eigenschaften sind:

Name, Symbol, Ordnungszahl	Holmium, Ho,67
Massenanteil an der Erdhülle	1,1 ppm
Dichte	8,795 g/cm³
Mohshärte	o.A.
Schmelzpunkt	1461 °C
Elektrische Leitfähigkeit	1,23 x 10⁶ A / V x m

Auch Holmium ist weich und schmiedbar. Seine ferromagnetischen Eigenschaften sind denen aller anderen Elemente einschließlich Eisen überlegen. In feuchter Luft bildet Holmium eine Oxidschicht, oberhalb 150 °C verbrennt es. In Wasser reagiert es unter Wasserstoffentwicklung, in Säuren löst es sich auf. Holmium und seine Verbindungen gelten nicht als toxisch. Es unterliegt keiner Gefahrstoffkennzeichnung, Metallstäube sind aber feuergefährlich.

Vorkommen
Holmium kommt nur in Verbindungen wie Gadolinit und Monazit vor. Die Gewinnung erfolgt ähnlich aufwendig wie die anderer Seltenerdmetalle über Abtrennung anderer Begleiter, Umsetzung zu Holmiumfluorid und Umschmelzung im Vakuum.

Anwendungen
Durch seine hervorragenden magnetischen Eigenschaften wird Holmium für Hochleistungsmagnete zur Erzeugung starker Magnetfelder in vielen Anwendungen genutzt. Es dient als Material für Steuerstäbe in Brutreaktoren, Dotiermaterial in Yttriumverbindungen und hat optische Anwendungen als Holmiumoxid.

⊃ Lanthan

Lanthan ist der Namensgeber für die Gruppe der Lanthanoide. Es wurde 1839 von Carl Gustav Mosander (1797–1858, s. Cer) entdeckt. Der Name steht für das griechische Wort »lanthanein, versteckt sein«, das ja symptomatisch für die gesamte Elementgruppe und der Grund für deren vergleichsweise späte Entdeckung ist.

Lanthan ist hämmerbar und duktil. Es oxidiert an Luft, in Verbindung mit Feuchtigkeit wird aus der Oxidschicht Hydroxid. Oberhalb von 440 °C verbrennt Lanthan zu Lanthanoxid. Bereits in verdünnten Säuren löst es sich auf. Außerdem reagiert es unter Wärmezufuhr direkt mit vielen Elementen.

Abb. 12.19: Lanthan

Lanthan ist leicht entzündlich und hat die Gefahrstoffkennzeichnung F. Es gilt als wenig toxisch.

Die wichtigsten Eigenschaften sind:

Name, Symbol, Ordnungszahl	Lanthan, La, 57
Massenanteil an der Erdhülle	17 ppm
Dichte	6,146 g/cm³
Mohshärte	2, 5
Schmelzpunkt	920 ºC
Elektrische Leitfähigkeit	$1,626 \times 10^6$ A / V x m

Vorkommen
Lanthan kommt nur vergesellschaftet mit anderen Lanthanoiden in Monazit und Bastnäsit vor. Die Gewinnung erfolgt wie bei den anderen bisher besprochenen Metallen bis hin zur Umschmelzung im Vakuum zur Abtrennung verbleibender Reste und Verunreinigungen.

Anwendungen
Lanthan wird als Legierungsmetall vielseitig verwendet. Man findet es in Kathoden, Kaltleitern, Brennstoffzellen, Akkumulatoren und in medizinischen Apparaten. Als Lanthanoxid wird es in optischen Anwendungen eingesetzt.

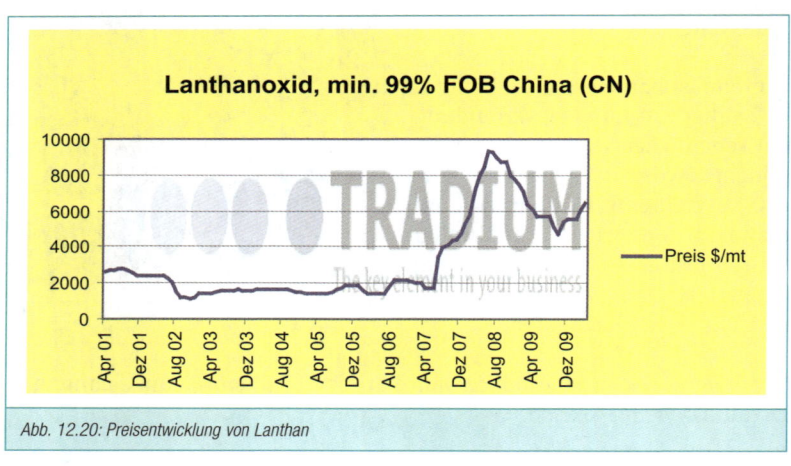

Abb. 12.20: Preisentwicklung von Lanthan

➲ Lutetium

Auch Lutetium wurde 1905 unabhängig voneinander von drei Wissenschaftlern entdeckt. Es waren Carl Auer von Welsbach (1858–1929, s. Monazit), Charles James und Georges Urbain (1872–1938, s. o.). Der Franzose Urbain benannte das Metall nach Lutetia, dem römischen Namen für Paris. Dieser Name war auch in Russland und in der englischsprachigen Welt in Gebrauch, die Abkürzung war Lu.

Bis 1949 wurde das Metall in Deutschland und in Österreich Cassiopeium genannt und hatte das chemische Zeichen Cp. Die Umbenennung in Lutetium hatte auch etwas mit dem verlorenen Krieg, dem Nationalsozialismus und dem damit verbundenen Ansehensverlust der ehemals führenden Wissenschaftsnation Deutschland zu tun.

An dieser Stelle machen wir einen kleinen Ausflug, denn die Abkürzung Cp hat einen höchst aktuellen Bezug:

1996 wurde erstmals ein künstliches Element durch Fusion eines Zink- und eines Bleikerns erzeugt, das bisher mit dem provisorischen Namen Ununbium versehen wurde. Die Gesellschaft für Schwerionenforschung (GSI) schlug hierfür den Namen Copernicium nach dem Astronomen Nicolaus Copernicus (1473–1543) vor und hatte nun ein Abkürzungsproblem. Das zunächst vorgeschlagene Cp war schon für ein Element in Gebrauch, wenn auch nicht mehr gültig. Die dann folgenden Buchstaben hinter dem »C« im Namen »Copernicus« waren auch bereits vergeben, so Co für Cobalt, Cr für Chrom, Cs für Caesium und Cu für Kupfer.

Die für Benennungen letztendlich zuständige International Union of Pure and Applied Chemistry (IUPAC) entschied sich dann für die Abkürzung Cn, die seit dem 19. Februar 2010 Gültigkeit hat. Die IUPAC in North Carolina, USA, wurde 1919 mit dem Ziel gegründet, die weltweite Kommunikation zwischen Chemikern zu vereinfachen und ist international als die Institution anerkannt, die für Terminologie, Symbole, Nomenklatur etc. zuständig ist.

Zurück zu Lutetium:

Die wichtigsten Eigenschaften sind:

Name, Symbol, Ordnungszahl	Lutetium, Lu, 71
Massenanteil an der Erdhülle	0,7 ppm
Dichte	9,841 g/cm³
Mohshärte	o.A.
Schmelzpunkt	1652 °C
Elektrische Leitfähigkeit	1,72 x 10⁶ A / V x m

Lutetium ist weich, dehnbar und schmiedbar. In feuchter Luft läuft es grau an. In Wasser reagiert es langsam, in Säuren löst es sich unter Wasserstoffentwicklung auf. Lutetium ist leicht entzündlich und hat die Gefahrstoffkennzeichnung F. Es gilt als wenig toxisch.

Vorkommen

Lutetium kommt in der Natur nur in Verbindungen vor. Das Mineral Monazit ist lutetiumhaltig. Der weitere Vorgang ist so wie bei den meisten anderen Seltenerdmetallen: Abtrennung, Umwandlung zu Fluorid, Reduzierung, Vakuumschmelze.

Abb. 12.21: Lutetium

Anwendungen

Lutetium findet Anwendung in Szintillator-Kristallen für die Positronen-Emissions-Tomographie, abgekürzt PET, ein bildgebendes Verfahren in der Nuklearmedizin zur Erkennung von Stoffwechselstörungen. Da diese aber schlecht zu lokalisieren sind, wird die PET in der Praxis heutzutage kombiniert mit der CT, der Computertomographie. Das Verfahren heißt infolgedessen PET/CT.

➲ NEODYM

Der Name Neodym setzt sich zusammen aus den beiden griechischen Wörtern »neos« für »neu« und »didymos« für »Zwilling«. Mit Zwilling ist das Metall Lanthan gemeint.

Erstmals isoliert wurde Neodym zusammen mit Praseodym 1885 durch Carl Freiherr Auer von Welsbach (1858–1929, s. Monazit) aus Didym, das 1839 von Carl Gustav Mosander (1797–1858, s. Cer) im Mineral Cerit gefunden wurde (s. auch Praseodym).

Reines metallisches Neodym konnte erstmals 1925 hergestellt werden.

Die wichtigsten Eigenschaften sind:

Name, Symbol, Ordnungszahl	Neodym, Nd, 60
Massenanteil an der Erdhülle	22 ppm
Dichte	6,8 g/cm³
Mohshärte	o.A.
Schmelzpunkt	1024 °C
Elektrische Leitfähigkeit	$1{,}56 \times 10^6$ A / V x m

Neodym ist gegenüber vielen anderen Seltenerdmetallen korrosionsbeständiger, eine rosafarbene Oxidschicht blättert leicht ab. Mit Wasser reagiert es unter Wasserstoffbildung. Neodym ist leicht entzündlich und reizend und hat somit die Gefahrstoffkennzeichnungen F und Xi.

Vorkommen
Auch Neodym kommt in der Natur nur in Gesellschaft mit anderen Lanthanoiden vor, in Monazit und Bastnäsit. Mischmetall enthält bis zu 18 % Neodym.

Hauptlieferant ist China, Vorkommen finden sich auch in Australien.

Der Gewinnungsvorgang ist so wie bei den meisten anderen Seltenerdmetallen: Abtrennung, Umwandlung zu Fluorid, Reduzierung, Vakuumschmelze. Neodym lässt sich auch gewinnen durch Elektrolyse von Neodymhalogenid.

Anwendungen
Neodym wird eingesetzt zur Herstellung sehr starker Magnete, bei-

Abb. 12.22: Neodym

spielsweise für Kernspintomographen, Gleichstrommaschinen, Generatoren. Neodym ist also auch wichtig für Elektroautos. Auch in Lautsprechermagneten wird Neodym verwendet. Der zurzeit stärkste Werkstoff für Permanentmagnete ist Neodym-Eisen-Bor ($Nd_2 Fe_{14} B$). Solche Magnete sind auch sehr temperaturstabil und können in unterschiedliche Formen gebracht werden.

Mit Neodymverbindungen kann man Emaille, Porzellan und Glas einfärben und UV-absorbierende Sonnenschutzgläser herstellen. Neodym wird auch in Lasern verwendet.

Eine interessante Anwendung ist die Dotierung von Polizeimunition, damit man nach einer Schießerei weiß, wer die Guten und wer die Bösen waren.

Der Bedarf an Neodym bis 2030 wird vermutlich um das Vierfache des heutigen Bedarfs ansteigen.

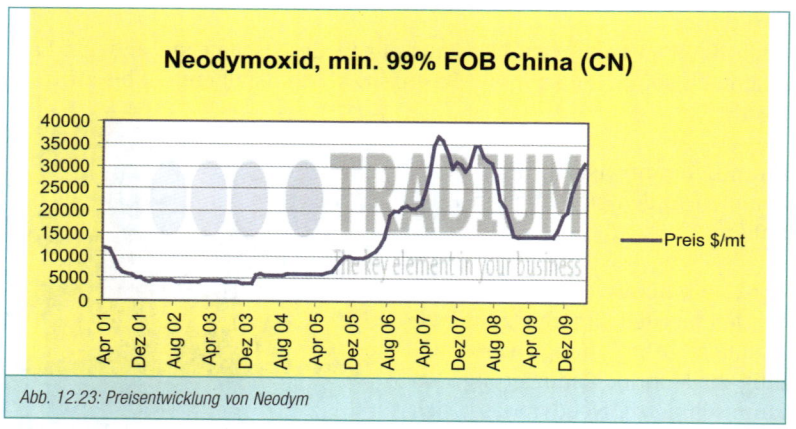

Abb. 12.23: Preisentwicklung von Neodym

Liefer- und Anlageaspekte

Neodym wird als Neodymoxid Nd_2O_3 in einer Reinheit von 99,0 % gehandelt. Verpackt wird es üblicherweise in Plastik- oder Stahlfässern mit einem Gewicht von 25 kg bzw. 50 kg. Es ist sehr lagerstabil.

⇒ Praseodym

Auch der Name Praseodym ist eine Zusammensetzung, in der »didymos« für »Zwilling« vorkommt. Das griechische Wort »prásinos« heißt »lauchgrün« und bezeichnet die Farbe der Praseodym-Verbindungen.

Auch bei der Geschichte dieses Metalls finden wir wieder die üblichen Verdächtigen:

Abb. 12.24: Praseodym

1841 extrahierte Carl Gustav Mosander (1797–1858, s. Cer) die von ihm so benannte seltene Erde Didym aus Lanthanoxid. Gemeint hatte er mit der Namensgebung die zwillingshafte Ähnlichkeit zu Lanthan. Friedrich Wöhler (1800–1882) spottete daraufhin, Mosander habe mit diesem albernen Namen nur seine vier Kinder, zwei Zwillingspaare, verewigen wollen.

1874 bemerkte Per Teodor Cleve (1840–1905, s. Holmium), dass es sich bei Didym eigentlich um zwei Elemente handelte. Im Jahr 1879 isolierte Lecoq de Boisbaudran (1838–1912, s. Dysprosium) Samarium aus Didym, das er aus dem Mineral Samarskit gewann. 1885 gelang es Carl Auer von Welsbach (1858–1929, s. Monazit), Didym in Praseodym und Neodym zu trennen, die beide Salze mit verschiedenen Farben bilden.

Praseodym ist weich und bildet an Luft eine leicht abblätternde grüne Oxidschicht aus. Es ist korrosionsbeständiger als Europium, Lanthan und Cer. Praseodym ist leicht entzündlich und hat die Gefahrstoffkennzeichnung F. Es gilt als wenig toxisch, soll aber leberschädigend wirken können.

Die wichtigsten Eigenschaften sind:

Name, Symbol, Ordnungszahl	Praesodym, Pr, 59
Massenanteil an der Erdhülle	5,2 ppm
Dichte	6,64 g/cm³
Mohshärte	o.A.
Schmelzpunkt	935 °C
Elektrische Leitfähigkeit	$1,43 \times 10^6$ A / V x m

Vorkommen

Praseodym kommt als Begleiter in Cerit, Monazit und Bastnäsit vor. Gewonnen werden sie im Prinzip ähnlich wie die anderen Seltenerdmetalle mit sehr aufwendigen Verfahren in vielen Schritten.

Anwendungen

Aus Legierungen mit Cobalt und Eisen werden starke Dauermagnete hergestellt, in Legierungen mit Magnesium hochfeste Metalle. Mit Praseodymverbindungen werden Gläser und Emaille grün eingefärbt. Sie können auch UV-Licht absorbieren und werden deshalb für Augenschutzgläser eingesetzt, beispielsweise für Schweißer.

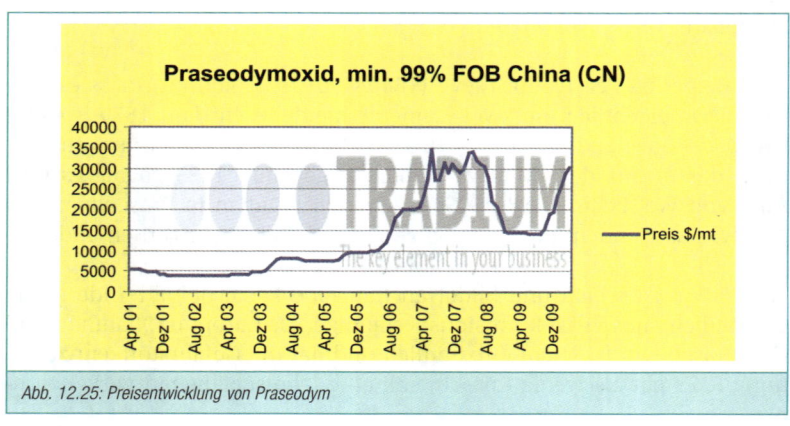

Abb. 12.25: Preisentwicklung von Praseodym

➲ Promethium

Promethium ist zwar von seinen Eigenschaften her ein typisches Lanthanoid, durch seine Radioaktivität hat es aber eine eigene Stellung innerhalb dieser Gruppe.

Dies bezieht sich auch auf seine späte Entdeckung. Seine Existenz wurde zwar schon 1902 aufgrund von Berechnungen vorhergesagt, es wurde jedoch erst 1945 als Spaltprodukt des Urans von Jacob Akiba Marinsky (1918–2005), Lawrence E. Glendenin (1918–2008) und Charles D. Coryell (1912–1971) entdeckt. Die drei Wissenschaftler waren Mitarbeiter des Oak Ridge National Laboratory (ORNL) in Tennessee, USA, einem Laboratorium des Energieministeriums.

Abb. 12.26: Promethium

Gegründet wurde das ORNL 1943 für die Aufgabe, die Urananreicherung für das »Manhattan Projekt«, die Deckbezeichnung für den Atombombenbau, zu untersuchen. In diesem Zusammenhang ist auch die Namensgebung für das Promethium zu verstehen. Die Entdecker nannten es warnend nach Prometheus, der in der griechischen Mythologie den Menschen das Feuer brachte.

Heute ist das ORNL ein renommiertes Forschungsinstitut mit 4 000 Mitarbeitern für viele Wissenschaften.

Metallisches Promethium konnte erst 1963 erstmals durch Erhitzen von Promethium(III)-Fluorid hergestellt werden.

Promethium ist weich, reagiert langsam mit Wasser und oxidiert schnell an Luft. Wässrige Lösungen sind violett bis rosa gefärbt.

Es ist radioaktiv und muss entsprechend gekennzeichnet werden.

Vorkommen

Promethium entsteht bei Kernspaltungsprozessen und wird künstlich hergestellt.

Die wichtigsten Eigenschaften sind:

Name, Symbol, Ordnungszahl	Promethium, Pm, 61
Massenanteil an der Erdhülle	$1{,}5 \times 10^{-15}$ ppm
Dichte	$7{,}22$ g/cm³
Mohshärte	o.A.
Schmelzpunkt	1100 °C
Elektrische Leitfähigkeit	$1{,}33 \times 10^{6}$ A / V x m

Anwendungen

Promethium findet nur in kleinen Mengen Verwendung. Radionuklidbatterien verwendet man in der Raumfahrt, die Betastrahlung nutzt man für radiometrische Dickenmessungen und für Kaltlichtquellen, wie wir sie für Leuchtziffern bei Armbanduhren kennen.

⊃ Samarium

Samarium ist benannt nach dem Mineral Samarskit, dieses wiederum wurde benannt nach dem russischen Bergbaubeamten, Oberst und Ingenieur W. M. Samarski, der das Mineral entdeckte.

Über seine Entdeckung gibt es verschiedene Versionen:

> 1853 wies der Schweizer Jean Charles Galissard de Marignac (1817–1894), der auch Ytterbium und Gadolinium entdeckte, Samarium spektroskopisch anhand einer scharfen Absorptionslinie im Didymoxid nach.

> 1878 entdeckt der schweizerische Chemiker Marc Delafontaine (1837–1911) Samarium, das er Decipum nennt, im Didymiumoxid. 1881 zeigt Delafontaine, dass sein isoliertes Element neben Samarium ein weiteres Element enthält.

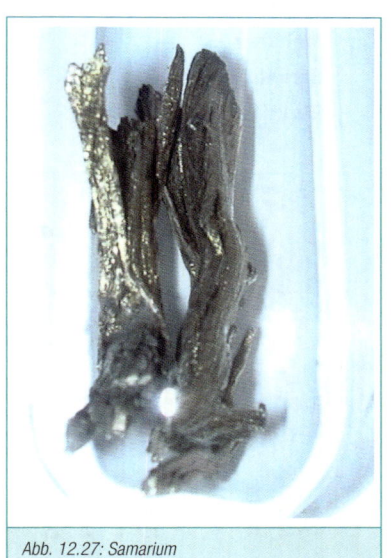

> 1879 entdeckte unabhängig von ihm Paul Emile Lecoq de Boisbaudran (1838–1912, siehe auch Dysprosium) Samarium, das er aus dem Mineral Samarskit isolierte.

> 1903 stellte der deutsche Chemiker Wilhelm Muthmann (1861–1913) metallisches Samarium durch Elektrolyse her.

Samarium ist verglichen mit anderen Lanthanoiden relativ beständig. Es bildet an Luft eine gelbliche Oxidschicht aus, mit Wasser reagiert es heftig unter Bildung von Wasserstoff. Samarium unterliegt keiner Gefahrstoffkennzeichnung.

Abb. 12.27: Samarium

Vorkommen

Elementares Samarium kommt nicht vor. In Verbindungen findet man es in den Mineralien Monazit, Bastnäsit und Samarskit. Nach deren Auftrennung wird Samarium aus Samariumoxid reduziert.

Anwendungen

Samarium wird verwendet in Lichtbogenlampen und Lasern und als Magnetwerkstoff für viele Anwendungen. Samariumoxid nutzt man zur Absorption von infrarotem Licht und als Katalysator. Ein Samariumisotop wird in der Krebstherapie eingesetzt.

Die wichtigsten Eigenschaften sind:

Name, Symbol, Ordnungszahl	Samarium, Sm, 62
Massenanteil an der Erdhülle	6 ppm
Dichte	7,353 g/cm³
Mohshärte	o.A.
Schmelzpunkt	1072 °C
Elektrische Leitfähigkeit	1,06 x 10⁶ A / V x m

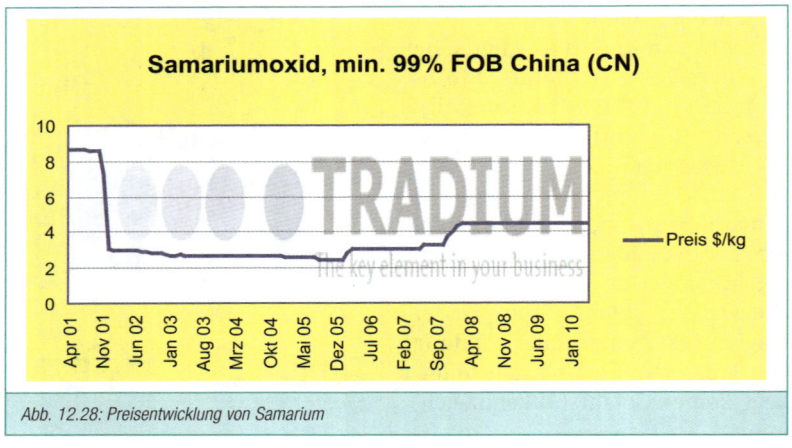

Abb. 12.28: Preisentwicklung von Samarium

➲ Scandium

Scandium ist benannt nach dem lateinischen Namen Scandia für Skandinavien und zwar 1897 von seinem schwedischen Entdecker Lars Fredrik Nilson (1840–1899). Nilson war Chemiker, Professor an der Universität von Uppsala und der Königlichen Akademie in Stockholm. Er bestimmte die Atommasse von Beryllium (s. Strategische Metalle) und isolierte erstmals Thorium, ein Actinoid.

Schon 1869 sagte der russische Chemiker Dmitri Iwanowitsch Mendelejew (1834–1907, s. auch Kapitel »Periodensystem«) aufgrund von Berechnungen ein Element mit der Ordnungszahl 21 voraus.

Abb. 12.29: Scandium

Mendelejew war ein bedeutender Wissenschaftler, der sich in Russland auch gesellschaftlich und politisch engagierte. Nach entsprechenden Studien in den USA baute er in Russland die Ölindustrie auf, legte sich mit dem Zarregime an und ließ bei seinen Vorlesungen auch Frauen zu. Auf seinen vielen Reisen durch Russland suchte er stets den Kontakt mit der Bevölkerung und reiste immer nur Dritter Klasse. Er war Direktor des Russischen Amtes für Maße und Gewichte und führte das metrische System in Russland ein. Eine für die russische Seele ganz wichtige

Abb. 12.30: Dmitri Iwanowitsch Mendelejew

Arbeit war seine Promotion. Seine Doktorarbeit handelte von Alkohol und Wasser zur Verbesserung der Wodkaherstellung und ist noch heute Grundlage der Wodkaproduktion.

Mendelejew sagte noch zwei weitere neue Elemente voraus und erarbeitete das Periodensystem als Systematik der chemischen Elemente. Nach seinem Namen ist das Element Mendelevium benannt. Später wurde er Professor an der Universität Sankt Petersburg.

Der schwedische Naturforscher Per Teodor Cleve (1840–1905, s. Holmium) erkannte später die Übereinstimmung des von Mendelejew vorausgesagten Elements mit Scandium.

Reines Scandium wurde erstmals 1937 elektrolytisch hergestellt.

Die wichtigsten Eigenschaften sind:

Name, Symbol, Ordnungszahl	Scandium, Sc, 21
Massenanteil an der Erdhülle	5,1 ppm
Dichte	2,985 g/cm³
Mohshärte	2,5
Schmelzpunkt	1541 °C
Elektrische Leitfähigkeit	1,81 x 10^6 A / V x m

Scandium zählt zu den Leichtmetallen. An der Luft bildet sich eine gelbliche Oxidschicht. Es reagiert mit verdünnten Säuren unter Bildung von Wasserstoff. Schwierigkeiten kann es bei analytischen Trennungen geben, da sich in wässrigen Lösungen Scandium-Kationen ähnlich wie Aluminium verhalten.

Scandiumpulver ist leicht entzündlich und hat die Gefahrstoffkennzeichnung F.

Vorkommen
Scandium findet sich zwar in geringer Konzentration in über 800 Mineralien und wird dort oft nur als Verunreinigung angesehen, es ist aber ein seltenes Element.

Meist aus Thortveitit wird in mehreren Schritten Scandiumoxid gewonnen, das dann ebenfalls in mehreren Schritten zu metallischem Scandium reduziert wird.

Anwendungen
Man findet Scandium in Hochleistungs-Hochdruck-Quecksilberdampf-lampen, oft zusammen mit Holmium und Dysprosium. Damit kann eine tageslichtähnliche Beleuchtung beispielsweise in Fußballstadien erzeugt werden. Scandiumlegierungen sind sehr leicht und stabil und können als tragende Elemente eingesetzt werden.

➲ TERBIUM

Wie auch Erbium, Ytterbium und Yttrium ist Terbium nach der Grube Ytterby bei Stockholm benannt, wo die ersten Seltenerdmetalle gefunden wurden.

Die von allen Seltenerdmetallen bekannten Schwierigkeiten ihrer exakten Bestimmung lassen auch die genauen Umstände der Entdeckungshistorie von Terbium bis heute ungeklärt. Wahrscheinlich fand Carl Gustav Mosander (1797–1858, s. Cer) als Erster vermeintlich Terbium in Yttererde, wobei dieses

Abb. 12.31: Terbium

aber mit anderen Lanthaniden gemischt war.

Reines Terbium konnte erst 1945 mittels der Ionenaustauschtechnik hergestellt werden.

Terbium ist duktil und schmiedbar. In Luft ist es beständig, überzieht sich aber langsam mit einer Oxidschicht. Mit Wasser reagiert es unter Wasserstoffentwicklung.

Terbium hat keine Gefahrenstoffkennzeichnungen.

Die wichtigsten Eigenschaften sind:

Name, Symbol, Ordnungszahl	Terbium, Tb, 65
Massenanteil an der Erdhülle	0,85 ppm
Dichte	8,219 g/cm³
Mohshärte	o.A.
Schmelzpunkt	1356 °C
Elektrische Leitfähigkeit	0,87 x 10⁶ A / V x m

Vorkommen und Anwendungen

Terbium kommt in der Natur nur in Verbindungen vor. Terbiumminerale sind Cerit, Monazit, Gadolinit u. a.

Nachdem Terbiumoxid von den anderen Begleitstoffen aufwendig abgetrennt wurde, wird es in mehreren Verfahrensschritten über den Umweg Terbiumfluorid zu metallischem Terbium reduziert. Terbium wird zum Dotieren (Erklärung s. Europium) verschiedener Verbindungen zur Verwendung in Halbleitern genutzt. Außerdem wird es verwendet in Brennstoffzellen, Fluoreszenzlampen und als Lasermaterial.

In Legierungen findet man es auf wiederbeschreibbaren magneto-optischen Disks. In Magneten erhöht es die Entmagnetisierungs-Resistenz. Es wird benötigt für die Motoren in Elektroautos.

Liefer- und Anlageaspekte

Terbium wird als Terbiumoxid Tb_4O_7 in einer Reinheit von 99,99 % gehandelt. Verpackt wird es üblicherweise in Plastik- oder Stahlfässern mit einem Gewicht von 25 kg bzw. 50 kg. Es ist sehr lagerstabil.

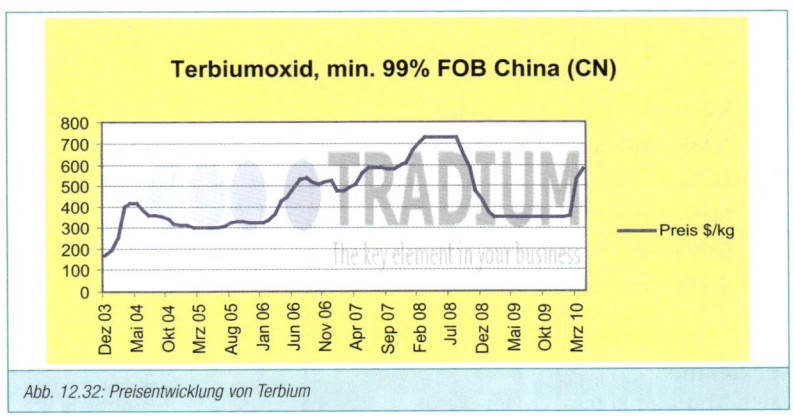

Abb. 12.32: Preisentwicklung von Terbium

➲ Thulium

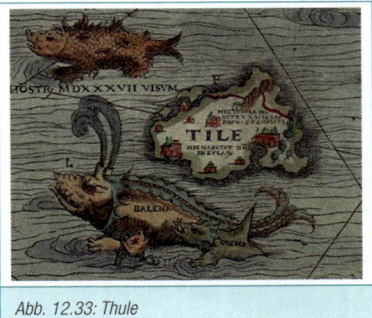

Thulium wurde 1879 von Per Theodor Cleve (1840–1905) zusammen mit Holmium in Erbiumoxid entdeckt und nach der nordischen Insel Thule benannt, die seit dem 4. Jahrhundert v. Chr. in vielen Mythologien herumgeistert und als nördlicher Rand unserer Welt angesehen wurde.

Abb. 12.33: Thule

Gemeint war mit diesem geheimnisvollen Ort nach heutiger Kenntnis entweder Island, Färöer, eine Shetland-Insel, oder die Insel Smøla vor Norwegen.

Thulium ist weich, gut dehnbar und schmiedbar. In trockener Luft ist es beständig, in feuchter Luft läuft es grau an. Mit Wasser reagiert es unter Wasserstoffentwicklung. Thulium ist gering toxisch, außerdem leicht entzündlich und reizend und hat somit die Gefahrstoffkennzeichnungen F und Xi.

Die wichtigsten Eigenschaften sind:

Name, Symbol, Ordnungszahl	Thulium, Tm, 69
Massenanteil an der Erdhülle	0,19 ppm
Dichte	9,321 g/cm³
Mohshärte	o.A.
Schmelzpunkt	1545 °C
Elektrische Leitfähigkeit	1,477 x 10⁶ A / V x m

Vorkommen
Auch Thulium kommt in der Natur nur in Verbindungen vor. In geringer Konzentration findet man es in Monazit und Gadolinit.

Nach aufwendiger Abtrennung der anderen Stoffe wird das Oxid reduziert.

Anwendungen
Aufgrund seiner Seltenheit gibt es nur wenige Anwendungen. Es aktiviert Leuchtstoffe auf Bildschirmen, dient als Röntgenstrahlungsquelle und als Medium in Festkörperlasern.

Abb. 12.34: Thulium in Argongas

➲ Ytterbium

Ytterbium wurde wie auch Yttrium, Terbium und Erbium nach der Grube Ytterby bei Stockholm benannt. 1878 entdeckte der Schweizer Jean Charles Galissard de Marignac (1817–1894) einen neuen Bestandteil, vermutete ein neues Element und nannte es Ytterbia. Dieses zerlegte jedoch 1907 der französische Chemiker Georges Urbain (1872–1938, s. o.) in zwei weitere Komponenten, die er Neoytterbia und Lutetia nannte. Zur gleichen Zeit entdeckte auch Carl Auer von Welsbach (1858–1929, s. Monazit) die beiden Komponenten, nannte sie aber Aldebaranium und Cassiopeium (s. Lutetium).

Die wichtigsten Eigenschaften sind:

Name, Symbol, Ordnungszahl	Ytterbium, Yb, 70
Massenanteil an der Erdhülle	2,5 ppm
Dichte	6,57 g/cm³
Mohshärte	o.A.
Schmelzpunkt	824 °C
Elektrische Leitfähigkeit	4,0 x 10⁶ A / V x m

Als Name für das neue Metall hat sich dann die Verkürzung von Neoytterbia, nämlich Ytterbium durchgesetzt. Reines Ytterbium konnte erst 1953 hergestellt werden.

Ytterbium ist dehnbar und weich. Es läuft in trockener Luft an. Mit Wasser reagiert es langsam unter Entwicklung von Wasserstoff. In Mineralsäuren löst es sich auf. Ytterbium ist gering toxisch, außerdem leicht entzündlich und gesundheitsschädlich und hat somit die Gefahrstoffkennzeichnungen F und Xn.

Abb. 12.35: Ytterbium

Vorkommen

Ytterbium kommt nur vor in Verbindungen wie Monazit, Euxenit und Xenotim vor. Nach aufwendiger Abtrennung der anderen Bestandteile wird das Oxid reduziert.

Anwendungen

Ytterbium kann als Legierungsbestandteil für rostfreien Stahl verwendet werden. Ein radioaktives Isotop wird als Strahlenquelle in der Nuklearmedizin genutzt.

Ytterbium-Cobalt-Eisen-Mangan-Legierungen sind hochwertige Dauermagnete.

➲ YTTRIUM

Auch Yttrium ist wie Ytterbium, Erbium und Terbium nach der Grube Ytterby bei Stockholm benannt. 1794 wurde es im Mineral Ytterbit von dem finnischen Chemiker Johan Gadolin (1760–1852, s. Gadolinium) entdeckt. Friedrich Wöhler (1800–1882) konnte 1824 verunreinigtes Yttrium durch Reduktion von Yttriumchlorid mit Kalium herstellen.

Abb. 12.36: Briefmarke mit Wöhlers Harnstoffsynthese

Friedrich Wöhler war einer der bedeutendsten Chemiker seiner Zeit. Geboren in Frankfurt am Main als Sohn eines Tierarztes und Agrarwissenschaftlers studierte er einige Jahre Medizin und promovierte in Heidelberg zum Doktor der Medizin

Neben der Medizin studierte Wöhler Chemie, die ihn noch mehr als die Medizin interessierte. So ging

Abb. 12.37: Yttrium

er zu Jöns Jakob Berzelius (1797–1848) nach Stockholm, um dort mehr über die analytische Chemie zu erfahren. Später war er Professor an mehreren Standorten, zuletzt an der Universität Göttingen für Medizin, Chemie und Pharmazie. 1857 wurde er zum Ehrenbürger Göttingens ernannt und auch auf einem Denkmal und einer Briefmarke verewigt.

Wöhler galt als Pionier der organischen Chemie und begründete gemeinsam mit seinem Freund Justus Liebig die sogenannte Radikaltheorie.

Die Trennung von Yttrium von den Begleitelementen Erbium und Terbium gelang aber erst 1842 durch Carl Gustav Mosander (1797–1858, s. Cer).

Die wichtigsten Eigenschaften sind:

Name, Symbol, Ordnungszahl	Yttrium, Y, 39
Massenanteil an der Erdhülle	26 ppm
Dichte	4,472 g/cm³
Mohshärte	o.A.
Schmelzpunkt	1526 °C
Elektrische Leitfähigkeit	$1{,}66 \times 10^6$ A / V x m

Yttrium ist an Luft zwar beständig, dunkelt aber unter Lichteinfluss langsam nach. Es ist ungiftig, aber leichtentzündlich und hat die Gefahrstoffkennzeichnung F.

Vorkommen
Yttrium findet sich vergesellschaftet mit andren Yttererden in Monazit, Bastnäsit und Xenotim. Größter Produzent auch für Yttrium ist China.

Aufkonzentriertes Yttriumoxid wird zu Fluorid umgesetzt und anschließend im Vakuum zu Yttrium reduziert.

Anwendungen
Metallisches Yttrium wird in der Reaktortechnik verwendet. In der Metallurgie werden Yttriumzusätze zur Festigkeitssteigerung und für Heizleiterlegierungen eingesetzt.

Oxidische Yttriumverbindungen nutzt man in Glühstrümpfen, Laserkristallen, Brennstoffzellen und als Mikrowellenfilter.

In Verbindung mit anderen Stoffen benötigt man Yttrium in Bildröhren, Leuchtstofflampen, LEDs und Radarröhren.

Yttrium-Keramiken werden genutzt in Lambda-Sonden, Supraleitern und Zündkerzen.

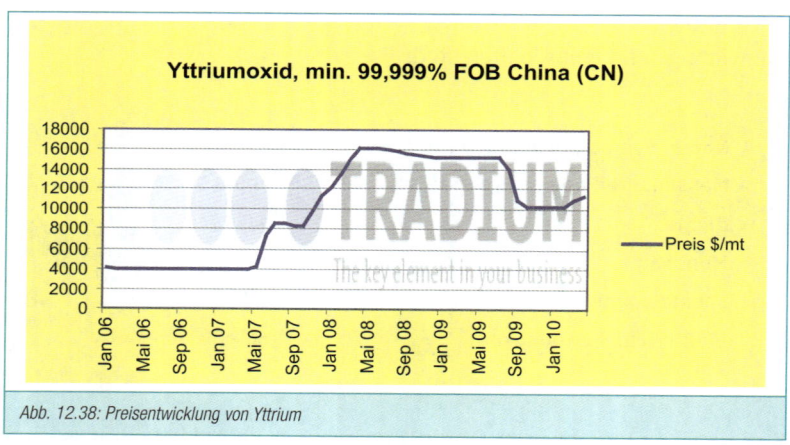

Abb. 12.38: Preisentwicklung von Yttrium

Liefer- und Anlageaspekte
Yttrium wird als Yttriumoxid Y_2O_3 in einer Reinheit von 99,99 % gehandelt. Verpackt wird es üblicherweise in Plastik- oder Stahlfässern mit einem Gewicht von 25 kg bzw. 50 kg. Es ist sehr lagerstabil.

Fazit

Für diese Metallgruppe gilt generell das gleiche Fazit wie für die »Strategischen Metalle« und die »Sondermetalle« auf Seite 292.

Handelsformen sind aber hier nicht die Metalle selbst in verschiedenen Reinheiten, sondern in Form von Oxidverbindungen.

Viel mehr noch als die anderen Metalle sind die Seltenerdmetalle von der Entwicklung Chinas und von dessen Marktverhalten abhängig, da China nicht nur der größte Verbraucher ist, sondern mit Abstand auch der bedeutendste Lieferant.

Aus diesem Grund wird für diese Metallgruppe mit den zu erwartenden steigenden Preisen zwangsläufig in Zukunft das Thema Recycling eine immer größere Rolle spielen.

Im anschließenden Kapitel »Internetadressen« finden Sie eine Zusammenstellung vieler Seiten, die Ihnen mit weitere Informationen weiterhelfen. Mit aufgeführt sind dort auch die Auftritte von Anbietern und der wichtigsten Produzenten.

13 Internetadressen

Auf den im Folgenden aufgeführten Internetseiten zum Thema Industrierohstoffe und Metalle, insbesondere zu den Strategischen und den Seltenerdmetalle, können Sie sich über verschiedene Themenfelder informieren. Dabei erhebt diese Auflistung auch nicht annähernd einen Anspruch auf Vollständigkeit und konnte von den verschiedenen Anbietern nur einige berücksichtigen. Weitere Anbieter finden Sie über die diversen Suchmaschinen.

Insbesondere gibt es zahllose allgemeine Finanzportale in allen Sprachen, die neben Informationen über Aktien, Fonds, Indizes, Devisen, Zertifikate, Optionsscheine, Anleihen usw. auch über Anlagemöglichkeiten in und Wertentwicklungen von Rohstoffen aller Art berichten.

Die Internetadressen wurden nach drei Kriterien gelistet:

> deutschsprachige allgemeine und spezifische Adressen,
> englischsprachige mit allgemeinen Informationen und zuletzt
> Minen, Produzenten und Lieferanten.

Letztere sind der Herkunft und den Märkten entsprechend in englischer Sprache, manche haben deutschsprachige Unteradressen.

Auch Wikipedia, vor einiger Zeit noch in seinem Informationsgehalt oft als unzuverlässig beschrieben, wurde professioneller, ist nun generell eine Fundgrube für Infos über Metalle aller Art und wurde teilweise auch mit herangezogen für den Inhalt dieses Buches.

Einige Internetseiten bieten kostenfrei lediglich Basisinformationen; weitere Detailinformationen sind über ein Abonnement kostenpflichtig. Adressenstand ist Mai 2010.

Deutschsprachige Internetauftritte

Anbieter von Technologiemetallen	www.tradium.com
Anbieter von Investments in physische Metalle	www.multi-invest-ffm.com
Branchenportal für Metalle	www.metalle.com
Bundesanstalt für Geowissenschaften u. Rohstoffe	www.bgr.bund.de
Wirtschaftsvereinigung Metalle	www.wvmetalle.de
Deutsche Rohstoff AG	www.rohstoff.de
Finanzmärkte Rohstoffe	www.rohstoff-welt.de
Goldseiten Infoportal Edelmetalle	www.goldseiten.de
Arbeitsgemeinschaft Edelmetalle	www.ag-edelmetalle.de
Initiative NR-Metallindustrie	www.metalleproklima.de
Markt-Daten für Wirtschaft, Börse etc.	www.markt-daten.de
Investor Verlag	www.investor-verlag.de
Wissenschaftsseite	www.wissenschaft-online.de
Wissenschaftsseite	www.wissenschaft-aktuell.de
Allgemeines Finanzportal	www.onvista.de
Allgemeines Finanzportal	www.finanztreff.de
Allgemeines Finanzportal	www.boerse.de
Allgemeines Finanzportal	www.wallstreet-online.de
Allgemeines Finanzportal	www.aktienboard.com

Englischsprachige Internetauftritte
(Einige der folgenden Seiten haben auch deutschsprachige Inhalte)

U.S. Commodity Futures Trading Commission	www.cftc.gov
World's Metal Markets	www.metal-pages.com
Business Information for Metals	www.metalbulletin.com
Minor Metals Prices	www.minormetals.com
U.S. Geological Survey	www.usgs.gov
Mining Newspaper	www.northernminor.com
Weekly Mining Journal	www.mining-journal.com
Mining Magazines	www.strategicmetals.net
Precious Metals Information	www.kitco.com
Minor Metals Trading Association	www.mmta.com.uk
Metals Place News	www.metalsplace.com
Asian Metal Information	www.asianmetal.com
Baotou National Rare Earth Hi-Tech Ind. Dev. Zone	www.rev.cn/en
Zimtu Capital Corp. Investment	www.zimtu.com

Minenunternehmen, Produzenten, Lieferanten
(Auch hier finden Sie zum Teil deutschsprachige Seiten)

Rockwood Holdings Inc.	www.rockwoodspecialties.com
Moly Corp Division, the rare earth company	www.molycorp.com
Rare Element Resources Ltd.	www.rareelementresources.com
Lynas Corporation Ltd.	www.lynascorp.com
Arafura Resources Ltd.	www.arafuraresources.co.au
Tianjiao International	www.baotou.com
Sichuan GMT International Inc.	www.scgmt.com
Gansu Tianxing Rare Earth ... Co., Ltd.	www.txre.net
China Rare Earth Holdings Ltd.	www.creh.com.hk
Avalon Rare Metals Inc.	www.avalonraremetals.com
Quantum Rare Earth Developments Corp.	www.quantumrareearth.com
NEO Material Technologies Inc.	www.amr-ltd.com
Commerce Resources Corp.	www.commerceresources.com
Great Western Minerals Group Ltd.	www.gwmg.ca
Energizer Resources Inc.	www.energizerresources.com
Showa Denko Group	www.sdk.co.jp
C & L Development Corp.	www.candldevelopment.com
Continental Metals, Inc.	www.con-metals.com
Rare Earth Products Supplier	www.metall.com.cn
Cathay Advanced Materials Ltd.	www.cathaymaterials.com
HEFA Rare Earth	www.baotou-rareearth.com
Sociedad Quimica y Minera de Chile SA (Lithium)	www.sqm.com
FMC Corporation (Lithium)	www.fmc.com
Metal Supptier	www.americanelements.com
Metal Suptier	www.junliantech.com

Falls die eine oder andere Internetadresse nicht mehr auffindbar sein sollte, versuchen Sie am besten, über eine Suchmaschine Informationen über das Unternehmen zu finden. Schließlich ist es in unserer schnelllebigen Zeit nicht ungewöhnlich, dass Unternehmen kommen und gehen, gekauft oder verkauft werden oder sich zusammenschließen und einen neuen Internetauftritt generieren.

Zusammenfassung

Sie haben nun einiges an Informationen aufgenommen, falls Sie das ganze Buch gelesen haben. Ich hoffe, Sie waren nicht nur an den finanziellen Aspekten interessiert, die an den entsprechenden Stellen ausführlich beschrieben wurden, sondern haben auch Freude gefunden an Geschichten, Anekdoten, Technik und Entdeckern.

Forschung wird nun einmal nicht nur wegen der finanziellen Anreize getrieben oder wegen der Ausübung politischer Macht, nein, der Antrieb der Forschung ist die schlichte Neugierde der Menschen. Wie groß diese Neugier ist, zeigt eindrucksvoll das im Kapitel Geschichte beschriebene Forschungszentrum CERN, das Milliarden kostet und rein wissenschaftlichen Interessen dient. Gleiches gilt auch für die riesigen astronomischen Einrichtungen weltweit, mit denen die unermesslichen Tiefen des Weltraums erkundet werden. Dass hierbei oft auch Erkenntnisse für nutzbare Technologien entstehen, ist ein angenehmer Nebeneffekt, aber nicht das Ziel dieser Forschungen.

Ich habe dieses Buch in den ersten Monaten des Jahres 2010 geschrieben. Verwendet wurden hierfür Informationen bis Mai 2010. Die Aktualität endet also mitten in einer Zeit aufregender wirtschaftlicher und politischer Umbrüche mit großen Auswirkungen auf die Verfügbarkeit und die künftige Verwendung der so wichtigen Technologiemetalle. Wer sich für das Thema interessiert, der muss also dranbleiben und sich permanent über alle verfügbaren Medien weiter informieren. Es lohnt sich, auch die Veränderungen in der Welt der Technik zu beobachten, denn man wird dort natürlich auf die Versorgungslage von Rohstoffen reagieren.

Den erforderlichen Rahmen mit den grundlegenden Daten habe ich Ihnen mit auf den Weg gegeben. Bei den Verlagsinformationen vorne im Buch finden Sie auch meine E-Mail-Adresse. Ich würde mich freuen, wenn Sie hiervon regen Gebrauch machen und mir für eine nächste Auflage Hinweise zukommen lassen.

Den letzten Absatz möchte ich gerne aus der Zusammenfassung des Buches »Sicher mit Anlagemetallen« wiederholen, da er auch dieses Buch wunderbar abschließt:

Auch wer sich nur mit Grauen an Physik und Chemie in der Schule erinnert, wird sich der Informationen der Medienlandschaft über neue Technologien, die uns alle angehen, nicht verschließen können. Hierzu gehören nicht nur neue Anwendungen, die uns das Leben leichter machen, sondern insbesondere auch neue Technologien zur Energieeinsparung und der Entwicklung erneuerbarer Energien zum Wohle unseres blauen Planeten, der einzigartigen Erde. Alle sind mit Metallen verbunden.

Na, wenn das kein Schlusswort ist …

Über den Autor

Mikael Henrik von Nauckhoff,
Diplom-Ingenieur,
geb. 1947 in Schweden,
lebt und arbeitet in Frankfurt am Main

Maschinenbaustudium

Projektleiter, Vertriebsleiter und
Geschäftsführer Anlagenbau

In freiberuflicher Tätigkeit:

> Unternehmensberatung, Management auf Zeit
  Maschinenbauunternehmen
> Leitung eines Finanzdienstleistungsunternehmens
> Freie Mitarbeit

Stichwortverzeichnis

Exportgut 215
Exportnation 27
Exportstopp 297
Exportvolumen 92
EXW (Ex Works) 222, 290, 315
EZB (Europäische Zentralbank) 19
EZB-Chef2 20

Fannie Mae (Hypothekenbank) 17
»Fat Man« 157
Fen 94
FES (Frankfurter Entsorgungs- und Service GmbH) 112
Finanzangebote 10
Finanzanlagen 10, 101, 292f.
Finanzderivat 52, 195
Finanzierung 104
Finanzinstitution 16
Finanzinstrument 15, 22, 51
Finanzkrise 10, 15f., 51, 75, 90, 106
Finanzmärkte 16, 22, 60, 354
Finanzsituation 23
Finanzspekulation 16
Finanzwelt 11, 47, 49, 52, 199, 215, 219, 295
Fitch Rating 76
Flugverkehr 42f., 51, 89
FOB (Free On Board) 221f., 315, 317, 319, 324, 326, 330, 334, 336, 340, 345, 350
Fonds 11, 15, 72f., 101, 106, 180, 193, 218, 220, 307, 353
Fondsmanager 73, 92
Fondsrichtlinien 74, 76
Fondsstruktur 75
Forexhandel 22
Förderkosten 97
Frankfurter Aktienbörse 70
Französische Revolution 146
Fraunhofer-Institut 59, 103, 112
Freddie Mac (Hypothekenbank) 17

G-20 60
GDP 29, 90
Gebühr 25, 34, 36, 113, 220, 307
Geldmarktindizes 73
Gesetzgeber 142, 181
Gläubiger 28, 89

Globalisierung 87f.
Global Rare Mining Index 218
Goldbarren 171, 181
Goldreserve 172
Greenpeace 116
Grenzregion 88
Griechenlandintervention 18
Griechenlandkrise 61
Großmächte 158, 203
GSCI (S & P Goldman Sachs Commodity Index) 64

Hallstattkultur 129f.
Handelsblatt 20
Handelsform 168, 181, 217, 241, 314, 350
Handelsvolumen 16, 77, 183
Hang Seng 18, 70
Hedgefonds 22
Hedging 22
Hochkultur 84
Hypothekenbank 17
Hypothekenkredit 16
Hypothekenzinsen 30

Immobilie 16, 30, 65
Immobilienpreis 16
Import 28, 92, 94, 192
Incoterms (International Commercial Terms) 221, 315
Indexfonds 73f., 307
Indexzertifikat 76
Industrialisierung 216
Industrial Mineral Company of Australia (IMCOA) 297
Industrieproduktion 81
Industrierohstoffe 52, 58f., 98, 169, 215, 353
Inflation 19, 30, 32
Inflationsgefahr 93
Inflationsschutz 9, 181f., 292
Infrastruktur 92f., 104
Infrastrukturprojekt 28
Insolvent 17
Insolvenz 21, 24, 75
Insolvenzmasse 74
Investition 33, 73, 93, 103, 105, 108f., 207, 293

Orts-/Länderregister

Namensregister

Metalle

Technische/Wissenschaftliche Begriffe